国家职业技能等级认定培训教程
国家基本职业培训包教材资源

茶 艺 师

（基础知识）

编审委员会

主　任　刘　康　张　斌
副主任　荣庆华　冯　政
委　员　葛恒双　赵　欢　王小兵　张灵芝　吕红文　张晓燕　贾成千
　　　　　高　文　瞿伟洁

本书编审人员

主　编　余　悦
副主编　刘　燕
编　者　余　悦　刘　燕　王　欢　曾添媛　李　捷　龚夏薇　龚凤婷
　　　　　赖蓓蓓　刘凤英　龚建华　连振娟　柏　凡
审　稿　程　琳

中国人力资源和社会保障出版集团

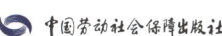 中国劳动社会保障出版社　 中国人事出版社

图书在版编目（CIP）数据

茶艺师. 基础知识 / 中国就业培训技术指导中心组织编写. -- 北京：中国劳动社会保障出版社：中国人事出版社，2020
国家职业技能等级认定培训教程
ISBN 978-7-5167-4800-8

Ⅰ.①茶… Ⅱ.①中… Ⅲ.①茶艺-中国-职业技能-鉴定-教材 Ⅳ.①TS971.21

中国版本图书馆 CIP 数据核字（2020）第 253397 号

中国劳动社会保障出版社
中国人事出版社 出版发行
（北京市惠新东街 1 号 邮政编码：100029）

*

北京市艺辉印刷有限公司印刷装订 新华书店经销
787 毫米 × 1092 毫米 16 开本 20.75 印张 341 千字
2020 年 12 月第 1 版 2023 年 1 月第 4 次印刷
定价：68.00 元

营销中心电话：400-606-6496
出版社网址：http://www.class.com.cn

版权专有 侵权必究

如有印装差错，请与本社联系调换：（010）81211666
我社将与版权执法机关配合，大力打击盗印、销售和使用盗版图书活动，敬请广大读者协助举报，经查实将给予举报者奖励。
举报电话：（010）64954652

前　言

为加快建立劳动者终身职业技能培训制度，大力实施职业技能提升行动，全面推行职业技能等级制度，推进技能人才评价制度改革，促进国家基本职业培训包制度与职业技能等级认定制度的有效衔接，进一步规范培训管理，提高培训质量，中国就业培训技术指导中心组织有关专家在《茶艺师国家职业技能标准（2018年版）》（以下简称《标准》）制定工作基础上，编写了茶艺师国家职业技能等级认定培训教程（以下简称等级教程）。

茶艺师等级教程紧贴《标准》要求编写，内容上突出职业能力优先的编写原则，结构上按照职业功能模块分级别编写。该等级教程共包括《茶艺师（基础知识）》《茶艺师（初级）》《茶艺师（中级）》《茶艺师（高级）》《茶艺师（技师　高级技师）》5本。《茶艺师（基础知识）》是各级别茶艺师均需掌握的基础知识，其他各级别教程内容分别包括各级别茶艺师应掌握的理论知识和操作技能。

本书是茶艺师等级教程中的一本，是职业技能等级认定推荐教程，也是职业技能等级认定题库开发的重要依据，已纳入国家基本职业培训包教材资源，适用于职业技能等级认定培训和中短期职业技能培训。

本书在编写过程中得到江西省职业技能鉴定指导中心、江西省茶艺师职业技能培训中心、六悦河茶学堂、江西六悦河文化传播有限公司、江西中和茶艺文化传播有限公司等单位的大力支持与协助，在此一并表示衷心感谢。

中国就业培训技术指导中心

目 录 CONTENTS

培训模块一 职业道德 ·· 1
　培训项目1　职业道德基本知识 ·· 3
　培训项目2　职业守则 ·· 7

培训模块二 茶文化基本知识 ·· 11
　培训项目1　中国茶的源流 ·· 13
　培训项目2　饮茶方法的演变 ·· 23
　培训项目3　中国茶文化精神 ·· 37
　培训项目4　中国饮茶风俗 ·· 55
　培训项目5　茶与非物质文化遗产 ·· 61
　培训项目6　茶的外传及影响 ·· 73
　培训项目7　外国饮茶风俗 ·· 77

培训模块三 茶叶知识 ·· 93
　培训项目1　茶树基本知识 ·· 95
　培训项目2　茶叶种类 ·· 112
　培训项目3　茶叶加工工艺及特点 ·· 121
　培训项目4　中国名茶及其产地 ·· 124
　培训项目5　茶叶品质鉴别知识 ·· 166
　培训项目6　茶叶储存方法 ·· 171
　培训项目7　茶叶产销概况 ·· 175

培训模块四 茶具知识 ·· 191
　培训项目1　茶具的历史演变 ·· 193
　培训项目2　茶具的种类及产地 ·· 197
　培训项目3　瓷器茶具的特色 ·· 215
　培训项目4　陶器茶具的特色 ·· 221
　培训项目5　其他茶具的特色 ·· 237

培训模块五　品茗用水知识 239
培训项目1　品茗与用水的关系 241
培训项目2　品茗用水的分类 244
培训项目3　品茗用水的选择方法 247

培训模块六　茶艺基本知识 253
培训项目1　品饮要义 255
培训项目2　冲泡技巧 269
培训项目3　茶点选配 274

培训模块七　茶与健康及科学饮茶 279
培训项目1　茶叶的主要成分 281
培训项目2　茶与健康的关系 285
培训项目3　科学饮茶常识 287

培训模块八　食品与茶叶营养卫生 291
培训项目1　食品与茶叶卫生基础知识 293
培训项目2　饮食行业食品卫生制度 295

培训模块九　劳动安全基本知识 303
培训项目1　安全生产知识 305
培训项目2　安全防护知识 306
培训项目3　安全生产事故报告知识 307

培训模块十　相关法律、法规知识 309
培训项目1　《中华人民共和国劳动法》相关知识 311
培训项目2　《中华人民共和国劳动合同法》相关知识 314
培训项目3　《中华人民共和国食品安全法》相关知识 317
培训项目4　《中华人民共和国消费者权益保护法》相关知识 320
培训项目5　《公共场所卫生管理条例》相关知识 323

参考文献 326

培训模块 一

职业道德

学习目标

1. 了解职业道德的定义。
2. 熟悉职业守则。
3. 掌握茶艺师职业道德的基本准则。

学习重点

职业道德的作用、职业道德的基本准则、职业守则。

关键词

茶艺师　职业道德　职业守则　工匠精神

内容结构图

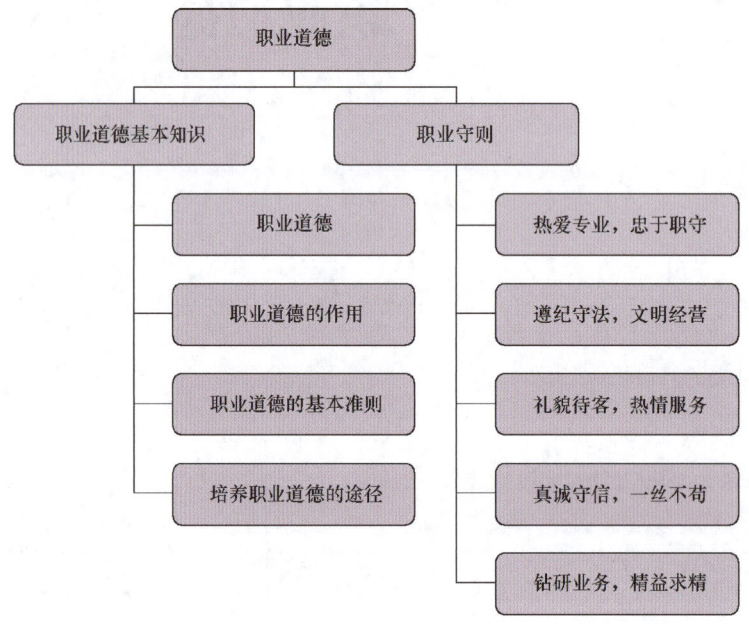

培训项目 1

职业道德基本知识

道德是人们共同生活及其行为的准则和规范,是人的人生观和价值观的具体体现。职业道德就是从事一定职业的人们在工作和劳动的过程中,所应遵循的与其职业活动紧密联系的道德原则和规范的总和。不同时代和不同职业对于人都有其特殊的行为规范要求。职业道德是社会道德的重要组成部分,它作为一种社会规范,具有具体、明确、针对性强等特点。人们在长期的职业实践中,逐步形成了职业道德观念、职业良心、职业自豪感等职业道德品质。

《中华人民共和国职业分类大典(2015年版)》规定:"茶艺师是指在茶室、茶楼等场所,展示茶水冲泡流程和技巧,以及传播品茶知识的人员。"这里的"茶室、茶楼等场所",是指茶馆、茶艺馆及称为茶坊、茶社、茶座的品茶、休闲场所,茶庄、宾馆、酒店等区域内设置的用于品茶、休闲的场所,茶空间、茶书房、茶体验馆等用于品茶、休闲的场所。茶艺师应具有良好的语言表达能力,一定的人际交往能力,较好的形体知觉能力与动作协调能力,较敏锐的色觉、嗅觉和味觉。

茶艺师不仅是"展示茶水冲泡流程和技巧"的服务人员,而且是"传播品茶知识"的人员,肩负着传承优秀中华民族文化的使命。茶艺师要将中国茶文化传承理念贯穿于学习和工作过程当中,让更多的人热爱茶艺、热爱茶文化。中国茶文化可以通过茶艺师这一岗位来促进传播、加强交流,使世界更加了解中国的茶文化,从而提升中国茶文化及茶产业的影响力。

茶艺师的职业道德是社会主义道德基本原则在茶艺服务中的具体体现,是评价茶艺师从业人员职业行为的总准则。其作用是调整好茶艺师与顾客之间的关系,树立起热情友好、诚实守信、忠于职守、文明礼貌、一切为宾客着想的服务理念和工作作风。

一、职业道德

1. 职业道德的概念

职业道德是指茶艺师在职业活动中应遵循的，能体现职业特征和调整职业关系的职业行为准则和规范。

2. 职业道德的基本范畴

职业道德的基本范畴包括职业义务、职业权利、职业责任、职业纪律、职业良心、职业荣誉和职业幸福。

二、职业道德的作用

1. 有利于提高茶艺师的道德素质和修养

良好的职业道德素质和修养是茶艺师必须具备的基本素质，它不但能够激发茶艺师的工作热情和责任感，而且能使茶艺师更加努力地提高服务质量。

2. 有利于形成茶艺行业良好的职业道德风尚

茶艺行业的从业人员肩负着文化传承的使命，因此尤其需要树立起良好的职业道德风尚。必须加强茶艺师的职业道德教育，在茶艺行业中营造良好的学习氛围，从而让茶艺师养成良好的职业道德习惯，促使茶艺行业形成良好的职业道德风尚。

3. 有利于促进茶艺事业的发展

茶艺师遵守职业道德不仅有利于提高个人修养，促使茶艺行业形成良好的道德风尚，而且能够提高茶艺师的工作效率，提高企业的经济效益，进而促进个人茶艺事业的发展。茶艺师的职业道德水平直接关系到茶艺师的精神面貌和行业形象，只有奋发向上、精神饱满的工作状态和良好的行业形象，才能被社会大众认同，整体茶艺事业才能得到长足有效的发展。

三、职业道德的基本准则

职业道德在整个茶艺工作中占据重要位置，它反映了道德在茶艺工作中的特殊内容和要求。其基本准则包含以下几方面内容。

1. 遵守职业道德原则

职业道德原则是指在职业活动中最根本的职业道德规范，是指导整个茶艺活动的总体方针，是茶艺师进行职业活动的指导思想，也是对每个茶艺从业人员的职业行为进行职业道德评价的基本标准。

2. 热爱茶艺事业

热爱本职工作，是一切职业道德最基本的要求。热爱茶艺事业作为一项道德原则，首先是一个道德认识问题，如果对茶艺事业的性质、任务以及它的社会作用和道德价值等一无所知，那就不是真正的热爱。

茶艺行业承载着宣扬茶文化的重任。茶是和平的象征。通过各种茶艺活动来增进各国人民之间的相互了解和友谊，同时开展民间性质的茶文化交流，可以实现政治和经济效益的双丰收。可见，茶艺事业在人们的经济文化生活中是一件大事。作为一项文化事业，茶艺事业能促进祖国传统文化的交流与发展，丰富人们的物质生活，满足人们的精神需要，其社会作用也是显而易见的。

茶艺事业的道德价值表现为：人们在品茶过程中得到了茶艺从业人员所提供的各种服务，不仅品了香茗，而且增长了茶艺知识、开阔了视野、陶冶了情操、净化了心灵，更看到了中华民族悠久的历史和灿烂的茶文化。另外，茶艺工作者在茶艺服务过程中处处为品茶的来宾着想，尊重他们，关心他们，做到主动、热情、耐心、周到，而且诚实守信，一视同仁，不收小费，充分体现了新时代人与人之间的新型关系。对于茶艺工作者来说，只有真正了解和体会到这些，才能从内心激起热爱茶艺事业的道德情感。

3. 不断提高服务质量

茶艺师应具备认真负责、积极主动的服务态度。服务态度是服务质量的基础，优质的服务是从优良的服务态度开始的。茶艺师的服务态度是指在接待品茶对象时所持的态度，一般包括心理状态、面部表情、形体动作、语言表达、服饰装扮等。茶艺师的服务质量，是指茶艺师为品茶对象所提供的服务的优劣，一般应包括服务的准备工作是否周全、品茗环境的布置是否舒适雅致、操作是否娴熟优雅、工作是否高效等。

在茶艺服务中，服务态度和服务质量具有特别重要的意义。首先，茶艺服务是茶艺师与品茶对象之间的一种直接的、面对面的服务。其次，茶艺服务的对象一般是追求较高生活质量的人，他们在享受物质生活的同时追求精神上的享受，所以他们特别需要人格的尊重和生活方面的关心、照料。再次，茶艺服务的产品是要在提供服务的过程中被宾客享用的，所以要求一次性达标。从茶艺服务的进一步发展来看，也要重视服务态度的改善和服务质量的提高，使茶艺师增强自制力和职业敏感性，形成高尚的职业品格和良好的职业习惯。

四、培养职业道德的途径

1. 强化道德意识，提高道德修养

茶艺师应该深刻认识到其职业的价值，时刻不忘自己的职责，并把它转化为高度的责任感，从而形成强大的动力，不断激励和鞭策自己干好各项工作。茶艺师应该明白，良好的言行会给品茶的宾客送去温馨和快乐，而不良的言行会给他们带来不悦，所以，茶艺师应做到谨言慎行，时刻调整好自己的言行举止，使之符合职业道德规范。

此外，茶艺师还应做到慎独。慎独是指讲究个人道德水平的修养，看重个人品行的操守，是个人风范的最高境界。茶艺师应自尊自爱，时刻都能按照职业道德的原则和规范严格要求自己，对工作尽职尽责，经过长期的锻炼，一定会成为一个品德高尚的人。

2. 积极参加社会实践，做到理论与实际相结合

学习正确的理论并用它来指导实践是培养职业道德的根本途径。马克思主义伦理学认为，社会实践在道德修养的培养过程中具有决定性的意义，道德修养必须做到理论联系实际。

理论从实践中来，并接受实践的检验。这要求茶艺师努力掌握马克思主义的立场、观点和方法，密切联系当前的社会实际、茶艺活动的实际和自己思想的实际，加强道德修养。茶艺师只有在实践中时刻以职业道德规范来约束自己，才能逐步养成良好的职业道德品质。

3. 开展道德评价，检点自身言行

正确开展道德评价与自身言行检点既是形成良好风尚的精神力量，促使道德原则转化为道德品质的重要手段，又是加强道德修养的重要途径。道德评价是道德领域里的批评与自我批评，正确开展批评和自我批评，既可以在茶艺师之间实现相互监督和帮助，又可以促进个人道德品质的提高。

对于茶艺师提高道德品质修养来说，自我批评尤为重要，这种方法从古至今都对个人素质提升具有深刻意义。

培训项目 2 职业守则

职业守则是职业道德的基本要求在茶艺服务活动中的具体体现,也是职业道德基本原则的具体化和补充。因此,它既是茶艺师在茶艺服务活动中必须遵循的行为准则,又是人们评判茶艺师职业道德行为的标准。

一、热爱专业,忠于职守

热爱专业是茶艺师职业守则首要的一条,茶艺师只有对本职工作充满热爱,才能积极、主动、创造性地去工作。茶艺工作是经济活动的一个组成部分,做好茶艺工作,对于促进茶文化的发展、市场的繁荣,满足消费,促进社会物质文明和精神文明的发展,加强与世界各国人民的友谊,都有极其重要的现实意义。因此,茶艺师要认识到茶艺工作的价值,热爱茶艺工作,了解本工作的岗位职责、要求,以高水平完成茶艺服务任务。

二、遵纪守法,文明经营

茶艺工作有着特定的职业纪律要求。具体是指茶艺师在茶艺服务活动中必须遵守的行为准则,它是正常进行茶艺服务活动和履行职业守则的保证。

职业纪律包括劳动、组织、财物等方面的要求。茶艺师在服务过程中要有服从意识,听从指挥和安排,使工作处于有序状态,并严格执行各项规章制度,如考勤制度、安全制度等,以确保工作成效。茶艺师每天都会与钱物打交道,因此要做到不侵占公物、公款,爱惜公共财物,维护集体利益。

此外,满足服务对象的需求是茶艺工作的最终目的。因此,茶艺师要在维护宾客利益的基础上方便宾客、服务宾客,为宾客排忧解难,做到文明经营。

三、礼貌待客，热情服务

礼貌待客与热情服务是茶艺工作最重要的业务要求和行为规范之一，也是茶艺师职业道德的基本要求之一。它体现出茶艺师对工作的积极态度和对他人的尊重，这也是做好茶艺工作的基本条件。礼貌待客、热情服务主要体现在以下三个方面。

1. 文明用语，和气待客

文明用语是指茶艺师在接待宾客时需使用的礼貌语言。它是茶艺师与宾客交流的重要工具，同时又具有体现礼貌和提供服务的双重特性。

文明用语是通过说话的语气、表情、声调等形式表现出来的。因此，茶艺师在与宾客交流时，要语气平和、态度和蔼、热情友好。这一方面取决于茶艺师内在的素质和敬业的精神；另一方面，茶艺师也要在长期的工作中不断训练自己，运用好语言这门艺术，正确表述茶艺师的理念，这样能更好地感染宾客，从而提高服务质量和效果。

2. 整洁的仪容、仪表，端庄的仪态

在与人交往的过程中，仪容、仪表常常是给人的"第一印象"。待人接物时，一举一动都会产生不同的效果。对于茶艺师来说，整洁的仪容、仪表和端庄的仪态不仅是个人修养问题，也是服务态度和服务质量的一部分，更是职业道德规范的重要内容和要求。茶艺师在工作中保持精神饱满、全神贯注的状态，会给宾客以认真负责、可以信赖的感觉。另外，茶艺师以整洁的仪容、仪表，端庄的仪态体现出对宾客的尊重和对本行业的热爱，能够给人留下美好的印象。

3. 尽心尽职，态度热情

茶艺师要在茶艺服务中充分发挥主观能动性，尽最大努力履行职责，处处为品茶的宾客着想，使他们体验到标准化、程序化、制度化和规范化的茶艺服务。同时，茶艺师要在实际工作中倾注极大的热情，耐心周到地把现代社会人与人之间平等、和谐的良好人际关系，通过茶艺服务传达给每一位宾客，使他们感受到服务的温馨。

四、真诚守信，一丝不苟

真诚守信与一丝不苟是做人的基本准则，也是一种社会公德。对于茶艺师来说，它更是一种职业态度，其基本作用是树立茶艺师的信誉，树立起值得他人信赖的道德形象。

一个茶艺馆，如果不重视茶品的质量，不注重为宾客服务，只是一味地追求经济利益，那么这个茶艺馆的信誉就会受到影响；反之，则会赢得更多的宾客，也会在竞争中占据优势。

五、钻研业务，精益求精

钻研业务与精益求精是对茶艺师在业务上的要求。茶艺师要为宾客提供优质的服务，使茶文化得到进一步的发展，就必须具备丰富的业务知识和高超的操作技能。另外，茶艺师还应具有"工匠精神"。工匠精神是一种职业精神，是社会文明进步的重要尺度，是职业道德、职业能力、职业品质的体现，也是从业者职业价值取向和职业行为的表现。茶艺师在工作中面对宾客时，应注重细节、追求卓越，不断改进茶艺操作技能和完善茶艺服务，做到精益求精。

作为一名茶艺师，要主动、热情、耐心、周到地接待宾客，了解不同品茶对象的品饮习惯和特殊要求，熟练掌握不同茶品的沏泡方法，这与茶艺师日常不断钻研业务、工作精益求精有很大关系。茶艺师在日常学习中不仅要有正确的动机、良好的愿望和坚强的毅力，而且要用正确的途径和方法（一是要从书本中学习，二是要向前辈学习）学好茶艺的有关业务知识和操作技能，从而积累丰富的业务知识，提高技能水平，并在实践中加以检验。茶艺师以科学的态度认真对待自己的职业实践，才能练就过硬的基本功，更好地做好茶艺工作。

培训模块 二

茶文化基本知识

学习目标

1. 了解中国茶的源流、茶与非物质文化遗产。
2. 熟悉中国茶文化精神。
3. 掌握饮茶方法的演变、中国饮茶风俗。

学习重点

中国茶的源流、中国茶文化精神、茶的外传及影响。

关键词

茶文化　茶俗　茶艺　茶道　非物质文化遗产

内容结构图

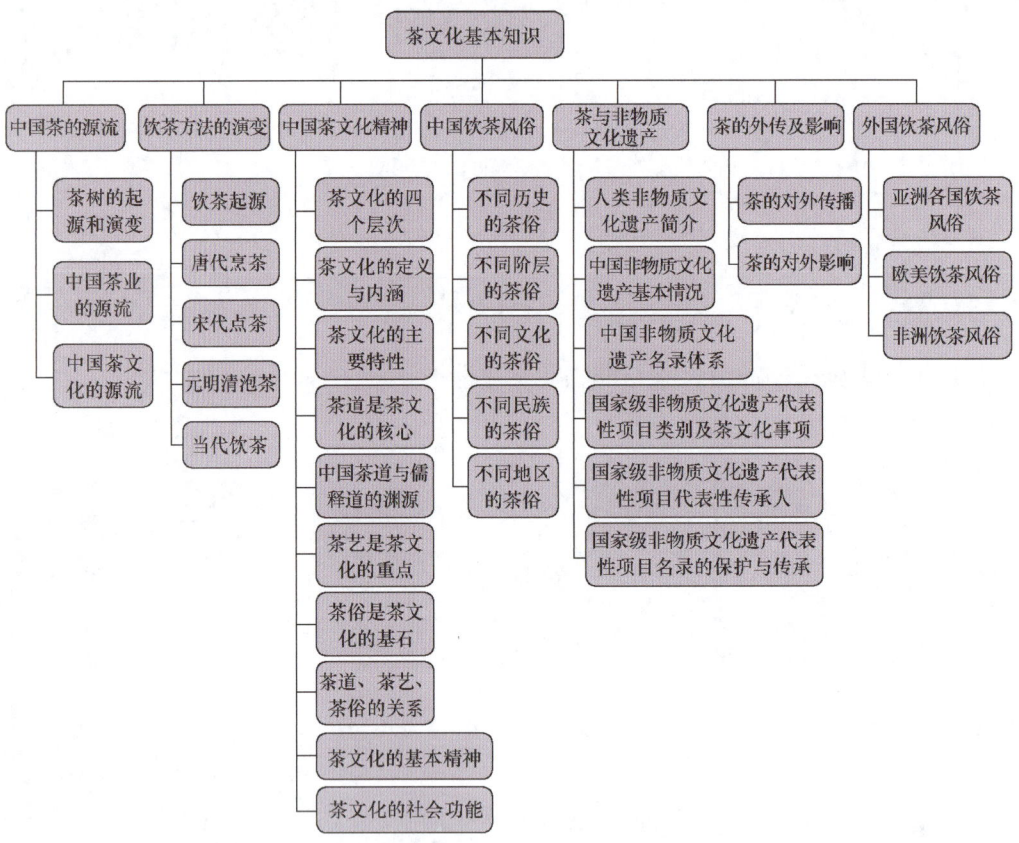

培训项目 1 中国茶的源流

中国茶的源流包括三个板块：茶树的起源和演变，中国茶业的源流，中国茶文化的源流。每个板块又有若干具体内容。

一、茶树的起源和演变

1. 茶树的原产地

关于茶树的原产地，近代一些学者有不同意见，有人认为在印度，有人认为在包括缅甸、泰国、越南、印度、中国西南地区在内的整个地带。但根据史料记载和实地调查，多数学者已经确认中国是茶树的原产地，中国西南地区（主要包括云南省、贵州省和四川省）是茶树原产地的中心。其依据是：

（1）中国西南地区主要指云南省、贵州省和四川省，既是世界上最早发现、利用和栽培茶树的地方，又是世界上最早发现野生茶树和现存野生大茶树最多、最集中的地方，那些野生大茶树都具有最原始的特征和特性。

（2）唐代陆羽在《茶经》写道："茶者，南方之嘉木也。一尺、二尺乃至数十尺；其巴山峡川，有两人合抱者……"这里所指的"南方"即为中国的西南地区。

（3）中国是世界上最早确立"茶"字字形、字音和字义的国家，现今世界各国的"茶"字及"茶叶"译音均起源于中国。

（4）中国有世界上最古老、保存最多的茶文物和与茶相关的典籍，有世界上第一本茶书。

（5）茶树的分布、地质的变迁、气候的变化等方面的大量资料，也证实中国是茶树原产地。

2. 古老的野生茶树

资料显示，我国已有10个省区发现了200多株野生大茶树，在云南一带还发现了成片的野生茶树林。例如，在云南省普洱市镇沅县千家寨的原始森林中，科研人员发现野生大茶树群落数千亩，其中一株大茶树树龄约有 2 700 年；云南西双版纳巴达贺松大黑山密林中有一株高 32 米的野生大茶树，树龄约有 1 700 年；云南勐海南糯山还有上万亩的古茶树林。野生大茶树如图 2-1 所示。

图 2-1　野生大茶树

3. 茶树的发现与利用

一般认为，茶树的发现与利用可以追溯到四五千年前的原始社会。陆羽在《茶经》中写道："茶之为饮，发乎神农氏，闻于鲁周公。"神农氏（见图 2-2）是中国上古时期姜姓部落的首领，古代传说中农业与医药的发明者、茶的发现与利用者。这些资料说明，茶的发现与利用最早起源于中国。

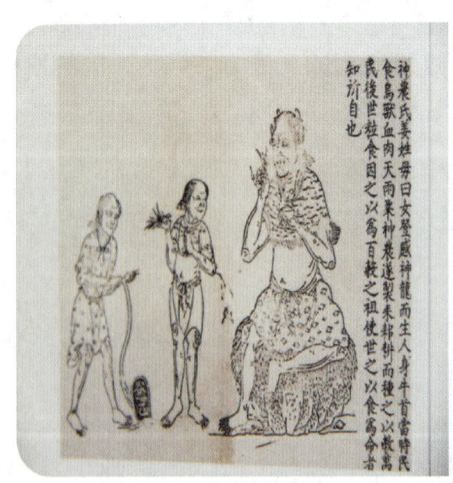

图 2-2　神农氏

4. 茶树从野生到栽培的演化

随着茶树从药用发展为饮用，野生茶树已不能满足需要，人们或采茶籽，或掘取野生茶苗进行栽培、种植。东晋（317—420年）常璩所著的《华阳国志·巴志》中提到，周武王于公元前1066年联合巴蜀部落共同讨纣之后，将当地所产的茶列为贡品，并记载有"园有芳蒻香茗"。由此推断，巴蜀当地在公元前1 000多年已经开始人工栽培茶树了，那么茶树栽培距今已有3 000多年历史了。

茶树在中国的传播，首先从四川传入当时政治文化中心陕西、甘肃一带，但由于自然条件的限制，没能实现大量栽培。秦、汉以后，随着经济、文化交流日渐增多，茶树由四川传到长江中下游一带，由于那里的地理气候等条件更适宜茶树生长，后者逐渐取代了巴蜀在茶业领域的中心地位。

到了唐、宋时期，茶叶已成为人们日常生活不可缺少的物品。茶叶产区遍及四川、陕西、湖南、湖北、福建、江苏、浙江、安徽、河南、广东、广西、云南、贵州等地，几乎与近代茶区相当，达到了兴盛阶段，使茶叶从一种地区性的小农生产变成了一种全国性的社会经济文化产物。统治阶级也制定了各种制度来控制茶叶的生产、贸易、税收等。自此，茶作为一种产业逐渐普及、发展起来。

5. 茶树种植向国外传播

茶树最早由我国传到朝鲜和日本。6世纪下半叶，随着佛教僧侣的相互往来，茶叶首先传入朝鲜半岛；而日本则在唐代中期（805年）才开始种植茶树，日本最澄和尚来中国浙江天台山学佛，回国时携带茶籽种于日本近江（今滋贺县境内），这是中国茶种传向国外的最早记载。

1684年，德国人由日本输入茶籽在印度尼西亚的爪哇岛试种，没有成功；又于1731年从中国引入大批茶籽，种在爪哇岛和苏门答腊岛，自此茶叶生产在印度尼西亚开始发展起来。1788年，印度由中国首次引入茶籽，但种植失败。1834年以后，英国开始从中国引入茶籽，雇用熟练工人，在印度大规模发展茶叶种植；之后，又相继在斯里兰卡、孟加拉等国发展茶场。

19世纪50年代，英国利用其殖民政策，在非洲的肯尼亚、坦桑尼亚、乌干达等国发展茶叶种植；至20世纪初，茶业在非洲已具有相当规模。

欧洲曾经只有苏联种茶。该国最早于1833年由中国引入茶苗，在黑海东部的格鲁吉亚种植，经过多年试验，于1883年开始大面积发展，所用的茶籽、茶苗均从我国湖北羊楼洞引入。20世纪以后，格鲁吉亚已成为茶叶生产的主要区域。

茶树起源于中国，在中国经过了几千年的发展之后，其种植和使用逐渐传播到世界各地，与茶相关的知识、文化也作为中国特有的文化而风靡全球，茶叶从一种民间饮品变成一种产业、一种商品、一种文化。而茶叶贸易不仅吸引了全世界的商人，更是打开了中国的大门，成为中国与世界交流的桥梁。

二、中国茶业的源流

1. 唐代以前——茶业的发展

中国茶业的始发点在巴蜀，据文字记载和考证，战国时期，巴蜀就已形成一定规模的茶区。顾炎武曾经指出，"自秦人取蜀而后，始有茗饮之事"，认为中国的饮茶是秦统一巴蜀之后慢慢传播开来的。随着茶沿长江而下，长江中游或华中地区成为茶业中心。

秦统一中国后，茶业随着巴蜀与各地经济文化的交流而继续发展，茶的加工、种植首先向东南部湘、粤、赣毗邻地区传播。

两汉时，《尔雅》《说文解字》等文献中有关于茶的专门介绍和记述。王褒《僮约》中"武阳买茶"这一记载表明巴蜀地区在西汉时已经形成若干茶业产区，其中武阳还形成了专门销售茶叶的市场。当时，不仅长江中游的巴蜀范围内有茶叶生产。西汉时，茶业还发展到位于湖南、广东和江西接壤之处的茶陵，这一时期种茶业有相当不错的发展。

三国西晋时期，随着荆楚茶业和茶叶文化的日益发展，也由于地理上的有利条件，长江中游或华中地区在中国茶文化传播上的地位逐渐取代了巴蜀。三国时期，南方栽种茶树的规模和范围有很大的发展，而茶的饮用也更为普及，流传到了北方豪门贵族。西晋时期长江中游茶业的发展，还可以从当时的《荆州土地记》中得到佐证。

东晋南北朝时期，长江下游和东南沿海茶业迅速发展。晋室南渡之后，北方豪门过江侨居，建康（今南京）成为我国南方的政治中心。这一时期，由于上层社会崇茶之风盛行，使得南方尤其是江东饮茶和茶叶文化有了较大的发展，也进一步促进了我国茶业向东南推进。这一时期，我国东南的茶叶种植，由浙西进而扩展到了现今温州、宁波沿海一线。同时，两晋之后，茶业重心东移的趋势更加明显。

2. 隋唐五代——茶业的繁荣

隋朝统一全国后修凿了一条沟通南北的运河，大大促进了中国经济、文化及茶业的发展。

唐代，尤其是唐代中期，是中国茶业快速发展的时期。在这一时期，茶从南方传到中原，又由中原传到边疆少数民族地区，变成了众所周知的举国之饮，所以在中国史籍中有"茶兴于唐"之说。

在唐代的文献中有很多关于茶及茶事的记载。唐代中叶陆羽所著《茶经》问世，成为世界上最早的一部茶叶专著，推动了中国茶业的快速发展，一直为后人使用。其中"八之出"中列举了当时中国茶叶的产区，有山南、淮南、浙西、剑南、浙东、黔中、江南和岭南，可见当时茶叶生产的规模有着相当不错的局面。唐代诗人白居易《琵琶行》中的"商人重利轻别离，前月浮梁买茶去"，也凸显了南方茶叶贸易的兴盛。

唐代中叶以后，茶产量大幅度提高，制茶技术也得到进一步的发展，中国茶叶的生产和技术的中心向长江中下游转移。

3. 宋元——茶业的发展和变革

茶有"兴于唐而盛于宋"的说法。宋代茶叶的发展和变革主要表现为四方面。一是茶叶生产和技术中心向南迁移，由于气候等原因，闽南、岭南茶业得到了明显的发展。二是福建建安茶名冠全国，制茶技术卓越，北苑龙凤团茶被列为贡茶。三是各地饮茶习俗普及，城镇茶馆林立，茶馆文化得到了较大的发展。四是唐代未成形的榷茶制度在宋代正式得到推行实施，榷茶与茶马互市是中国宋代乃至明清茶政的两项主要内容。

元代统一全国后，中原和北方地区饮茶习俗再次兴起。元代在统治过程中，推行了有利于农业生产的措施，由官府编写和印发了《农桑辑要》一书。另外，王祯出版了《农书》，书中介绍了茶树的栽培和茶叶的制作。元代统治者对茶的生产和贸易采取支持的态度，这对中原和北方茶业的发展有一定的促进作用。

4. 明清——茶业的发展与变革

明清茶业的发展与变革主要表现在：一是茶叶的生产制作由紧压茶转向散茶；二是明代朱元璋"废团兴叶"，散茶入贡；三是简化饮茶方法，推崇瀹饮法，即用热水直接冲泡叶茶的方法；四是随着茶叶加工技术的快速发展，中国六大基本茶类已齐全。

值得注意的是，明清时期茶业呈现两极：一方面，茶叶饮用方式不断变化，茶叶加工技艺高速发展，中国茶叶对外贸易走向欧洲、俄罗斯等国；另一方面，清代末期西方殖民者的入侵，使中国茶业遭受到极大的破坏。

5. 近现代——茶业由盛而衰

中国茶业有着悠久的历史，与社会民生密切相关，历史上茶叶曾是中国主要的出口商品，出口量一直保持递增的势头。

在19世纪80年代中期前的百余年间，中国茶叶一直享誉世界。19世纪80年代后期开始，由于殖民者扶持并经营世界各地殖民地的茶叶生产，于是有了印度、斯里兰卡（旧称锡兰）、印度尼西亚（旧称荷印）等地茶业的兴起，逐渐抢占了中国茶叶的对外贸易市场。同时，也由于清政府的无能，国内经济落后，致使中国茶业日趋衰退。1912年以后，由于内受政变的影响，又没有改革的政策，外受各国的倾轧，又碰到了欧洲的大战和俄国的革命，于是中国茶叶出口额从1886年的3亿磅，骤降为1920年的4 000多万磅。

民国时期，中国茶业备受多重摧残，洋行、买办和茶栈剥削内地茶商，内地茶商又重重盘剥茶农，处于最底层的茶农生活苦不堪言，种茶甚至成了一种负担，使得中国茶业走到了崩溃的边缘。在重重剥削和压迫下，1949年，中国仅有茶园面积15.30万公顷，茶叶产量4.10万吨，茶叶出口0.99万吨，处于历史最低水平。

6. 当代——茶业复兴时期

中华人民共和国成立以后，中国茶业发展跨入新时期，虽然有过一些曲折，但依然取得了较大的成绩。从1966年开始，中国茶园面积超过印度，成为世界上茶树种植面积最大的国家；从2004年开始，中国茶叶产量超过印度，成为世界最大产茶国；至2012年，中国茶园面积、茶叶产量位居世界第一，茶叶出口位居世界第二，已进入世界产茶大国之列。

如今，中国茶业正在创造一种新的活力，赋予一种新的精神。

三、中国茶文化的源流

1. 唐代以前——茶文化萌芽期

"茶"字最早是借用"荼"字来记载，"荼"字最早出现于《诗经》《尔雅》等书，书中的荼字都是指带苦味的叶子，即苦菜或苦茶。后来人们进一步认识到苦菜是草本植物，而苦茶则是木本植物，为了区分，就在荼字左边加木旁，成为（木+荼）字，或用槚字，专指木本的茶树及其叶子加工成的饮料。

在历史上，"茶"曾用许多字来代替，陆羽（见图2-3）的《茶经》（见图2-4）中提到了五种："其字，或从草，或从木，或草木并。其名，一曰茶，二曰槚，三曰蔎，四曰茗，五曰荈。"文中提到茶的名称有五种，商末周初周公说，槚就是苦茶；西汉扬雄说，蜀西南人称茶为蔎；两晋郭璞说，早采者为茶，晚取者为茗；有的也称茶为荈。

图 2-3 陆羽

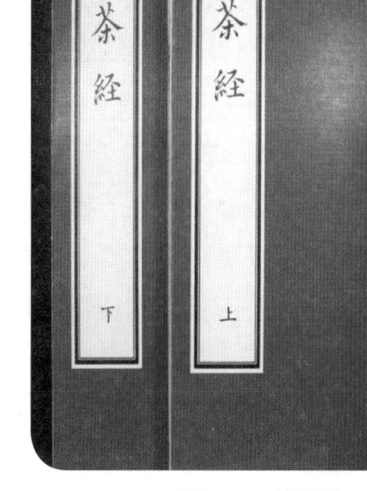
图 2-4 《茶经》

　　唐代陆羽所著《茶经》称："茶之为饮，发乎神农氏，闻于鲁周公。"说明茶之饮用，发源于史前的神农时代。茶是我国先民在寻求各种可食之物、治病之药的过程中发现的，先为药用，之后才发展为食用和饮用。因此，中国发现与利用茶的历史已有四五千年了。

　　据史籍记载，早在商末周初已有种茶、产茶的迹象，东晋常璩所著《华阳国志·巴志》称，周武王灭纣后，巴地出产的"……丹漆、茶、蜜……皆纳贡之"，其地"园有……香茗"。《华阳国志·蜀志》载，"什邡县，山出好茶"，又有"南安、武阳，皆出名茶"。说明商末周初时期就有茶叶种植，以及名茶、贡茶之称了。公元前316年，蜀国王曾以葭萌（古代茶的称呼）作为人名、地名。公元前202年，汉高祖五年于古长沙国置"茶陵县"（因产茶多而名之）。三国时期魏国张揖所著《广雅》载："荆巴间采茶作饼，成以米膏出之。"西晋孙楚《出歌》中有"姜桂茶荈出巴蜀"之句。古时"荼"字虽有苦菜、茶等多种解释，但音茶者多指茶。汉代许慎《说文解字》记载："茶，苦茶也。""茗，荼芽也。"《三国志·吴书·韦曜传》中还有以茶代酒的记载。西晋张载《登成都白菟楼》中有"芳茶冠六清，溢味播九区"的诗句，称茶是最好的饮料。《晋书·桓温传》中有以茶果表示俭朴的记述……以上均说明萌芽状态下茶文化的发展过程。

　　杜育《荈赋》载："灵山惟岳，奇产所钟。瞻彼卷阿，实曰夕阳。厥生荈草，弥谷被岗。承丰壤之滋润，受甘霖之霄降。月惟初秋，农功少休，结偶同旅，是采是求。水则岷方之注,挹彼清流;器择陶简,出自东隅;酌之以匏,取式公刘。惟兹初成,沫成华浮,焕如积雪,晔若春敷。"这首诗全面而真实地叙述了茶树种植、培育、采摘、器具选用、冲泡等茶事活动,描绘了晋代茶业发展的史实,是最早的专门歌吟茶事的诗词类作品。

2. 唐代——茶文化形成期

在唐代皇宫中,皇帝将紫笋茶和阳羡茶列为贡茶,还常以茶赏赐群臣,以示恩信。这种习惯和制度促成了宫廷饮茶之风的盛行,也让饮茶上升为一种文化。当时还制有专门的饮茶用具,有金银、陶瓷、琉璃等质地。《茶经》"四之器"中列举了茶器和饮茶用具二十余件。1987年4月3日,陕西扶风法门寺唐代地宫出土了一套宫廷茶具,被视为世界上发现的时代最早、最完整、最为精美华贵的茶具。

唐代中期成书的《膳夫经手录》记载:"茶,古不闻食之,近晋、宋以降,吴人采其叶煮,是为茗粥。至开元、天宝之间,稍稍有茶,至德、大历遂多,建中以后盛矣。"封演所撰《封氏闻见记》中说:"古人亦饮茶耳,但不如今人溺之甚;穷日尽夜,殆成风俗。始自中地,流于塞外。"北方也开始流行饮茶,正如《膳夫经手录》所说:"今关西、山东,闾阎村落皆吃之,累日不食犹得,不得一日无茶也。"唐贞观十五年(641年),唐太宗李世民将文成公主嫁给吐蕃松赞干布时带去了茶叶和饮茶技艺,自此,西藏也开始普及饮茶。唐德宗建中三年(782年)开始征收茶税。唐顺宗永贞元年(805年),日本来唐留学僧人最澄,将中国的茶叶、饮茶技艺和茶种传入日本。这些都说明在唐代,饮茶文化和传播都有了一定的发展。

唐代时期的茶诗、茶书、茶画等茶文化作品日益增多,其中茶诗词作品甚多,以茶作诗的诗人有百余人,作诗391首,如李白的《答族侄僧中孚赠玉泉仙人掌茶并序》、卢仝的《走笔谢孟谏议寄新茶》(七碗茶诗)、白居易的《山泉煎茶有怀》等,它们都是茶文化的精彩篇章,大力推动着中国茶文化的快速发展。

陆羽撰写的《茶经》问世后成为世界上最早的一部茶叶专著,被称为茶业的百科全书,对中国茶业及茶文化的发展做出了卓越的贡献。陆羽因此被称为"茶圣",是中国茶文化的奠基人。

3. 宋元——茶文化发展期

宋代相比唐代,饮茶更为普及,斗茶之风盛行,皇帝、群臣及老百姓都爱斗茶,形成了一股热潮。宋代茶文化朝着更高阶段的品茗迈进。

经过了繁复、奢侈的宋代茶艺，到了元代，茶艺又开始返璞归真、重返自然、追求简约。与宋代茶艺崇尚奢华、烦琐的茶艺形式相反，元代特别是北方少数民族虽嗜茶如命，但主要出于生活的需要，对品茶煮茗和茶艺没有多大的兴趣。此外，与宋代茶书兴盛的状况相反，元代与茶相关的著作数量迅速减少。

宋元时期的茶书、茶画和茶诗并进，其中茶书25种，以宋徽宗赵佶的《大观茶论》最为引人注目，因为这是历史上唯一的一部由在位帝王亲自撰写的茶书。茶画有刘松年的《撵茶图》《茗园赌市图》《斗茶图卷》，钱选的《卢仝煮茶图》，赵孟頫的《斗茶图》，赵原的《陆羽烹茶图》，等等。这些作品都是我国茶文化的瑰宝。宋代茶诗也不少，陆游曾写下300多首茶诗，苏东坡也写下了70多首茶诗词。

4. 明清——茶文化改革期

明清时期，茶类得到改革和发展，明太祖朱元璋发布诏令"罢造龙团，惟采芽茶以进"，从此进贡的茶叶改为散芽茶。另外，从明代开始，茶叶的生产工艺也呈现出多样化，开始有炒青茶，出现黄茶、白茶和黑茶。在清代，中国六大基本茶类已全部齐全。

明清时期，茶具中紫砂茶具得到很大的发展，一些工艺大师的作品流传至今，成为中国茶文化的瑰宝。

明清时期饮茶技艺形式多样化，凡事从简，提倡简单的冲泡方法，以壶、杯、盖碗冲泡为主。由于饮茶的普及，全国各地的茶馆也因势兴起，到茶馆去喝茶的风气十分浓厚。

明清时期的茶诗、茶书等著作也不少，其中茶诗著作者有明代的徐渭、文徵明、黄宗羲、唐寅等，清代的曹庭栋、曹雪芹、郑板桥、高鹗、陆廷灿、顾炎武等；有茶书60余部，钱椿年的《茶谱》、许次纾的《茶疏》、罗廪的《茶解》、张源的《茶录》、鲍承荫的《茶马政要》、陆廷灿的《续茶经》等都是颇有影响的茶书。

5. 近现代——茶文化进一步走向民间

近现代以来，具有浓郁地方特色的各种茶俗得到定型和发展，最终把综合性的茶馆文化推到了最高峰。各地的茶馆越来越多，现代茶馆业欣欣向荣、蓬勃发展，茶馆成为人们生活不可缺少的组成部分，受到人们的普遍喜爱。"柴米油盐酱醋茶"，茶是物质的，是生活必需品；但"琴棋书画诗曲茶"，茶又是一种文化，是精神"食粮"。

6. 当代——茶文化再创辉煌

当代中国，茶文化发展突飞猛进，名茶数量和品质均为世界前列。历史名茶得以恢复和发展的同时，也新创制了更多的名优茶。

全国各地陆续开设了各种类型的茶文化机构和社团，有茶叶博物馆、茶文化研究会、茶业联合会、茶人联谊会等。茶文化团体的增加，促进了中国茶文化事业及茶产业的发展。

随着茶文化事业的发展和茶文化热潮的兴起，社会上涌现出了不少茶文化著作和艺术品，如《中国茶经》《中国名茶志》《中国茶文化经典》《中国茶叶大辞典》《中国茶文化大辞典》《中国古代茶叶全书》《中华茶文化丛书》等。茶文化艺术品也是琳琅满目，如各种构思、造型巧妙的紫砂壶艺术品，以茶为主题的书画艺术品，还有茶文化内容的篆刻、雕塑、纺织品等都纷纷涌现出来。

进入 21 世纪以来，茶文化事业发展更快，成绩更加喜人，源于中国的茶文化不但在世界范围内发扬光大，而且更加博大精深，无论是在广度和深度上，还是在高度和精度上，都达到了一个新的境界。

培训项目 2 饮茶方法的演变

我国饮茶方法先后经过烹茶、点茶、泡茶及当代饮法等几个阶段。每个时期的饮茶方法都有其出现的经济基础、茶业状况，以及相应的思想观念、文化背景。

一、饮茶起源

根据文献记载，中国饮茶起源于原始社会的神农氏，也有人说起源于秦汉、三国两晋南北朝，众说纷纭，各有所据。

1. 神农说

中国饮茶起源于神农氏的说法，因民间传说而衍生出不同的观点。有人认为神农在野外以釜锅煮水时，刚好有几片叶子飘进锅中，煮好的水其色微黄，喝入口中生津止渴、提神醒脑，以神农过去尝百草的经验，判断它是一种药，因而发现茶。也有人认为神农天生长着一副透明肚皮，有一次在尝尽百草后，头昏目眩，靠坐在一棵树下休息，这时正好有一片树叶掉落下来，神农咀嚼叶子后整个人神清气爽，看见肚皮里的茶汁到处流动，把肠胃洗涤得干干净净，才知道这片神奇的叶子具有解毒功效，由此发现茶。

神农氏发现茶并利用茶，是中国饮茶起源最普遍的说法。

2. 秦汉说

汉代王褒《僮约》中提到"烹茶尽具""武阳买茶"。这一记载告诉人们，早在西汉时期茶就已经商品化了，可以用来买卖，而且当时还有专门的饮茶用具。因此，在西汉时期人们就已经开始饮茶了。

3. 三国两晋南北朝说

除了上述说法，还有人认为饮茶源自三国时期，吴国末代皇帝孙皓留下"以茶代酒"的典故；也有人认为，是曹魏著名经学家王肃提倡茗饮而开启饮茶风尚的。晋代杜育的《荈赋》，写出了茶树生长至茶叶饮用的全过程，反映了当时饮茶对茶叶、茶具、水质和茶汤的追求，因此有人以此为饮茶之源。

二、唐代烹茶

唐代，饮茶渐渐在百姓中流传开来，尤其在中唐之后，饮茶风俗日盛，茶成为国饮。唐代饮茶以烹煎为主，将茶饼碾碎成末再饮。这种饮茶方式一直延续至宋代，宋人点茶技艺更加高超。元末明初，饼茶生产渐渐衰落，散茶开始被人们接受，用沸水冲泡散茶的饮茶方式走进了人们的生活。仿唐宫廷茶艺如图2-5所示。

图2-5 仿唐宫廷茶艺

自唐开元年间起，几乎所有人都不同程度地饮茶，专门采造宫廷用茶的贡焙也是在这一时期设立的。皇室的嗜茶让王公贵族争相效仿。当时活跃的诗人、画家、书法家、文学家中都有嗜茶者，如白居易、颜真卿、柳宗元、刘禹锡、皮日休、陆龟蒙等人。这些文人雅士不仅品茶评水、吟茶诗、作茶画、著茶书，甚至参与名茶培植。他们以茶会友，辟茶室，办茶宴，成为唐代茶饮的一道独特、亮丽的风景线。

唐中期饮茶风气的形成不是偶然的。唐代以前，我国已经有了三千多年饮茶的历史。六朝时，不但有固定的茶叶生产基地和茶叶集散地，还有范围广阔的茶叶消费区域。尽管那时茶叶生产仍以采制野生茶为主，技术比较落后，规模也不大，但在长期的生产实践中，已经积累了不少采茶、制茶的经验。更重要的是，人们在长期的饮茶过程中已经对茶叶有了一定的了解，并逐渐喜爱上这种饮料。到了唐代，随着经济的繁荣，茶的生产有了进一步的发展，种植面积扩大，品种增加，品质明显提高，所有这些，都为唐中期饮茶风气的形成奠定了坚实的基础。

唐代饮茶风气的形成还与唐代社会状况有密切的关系。唐代是我国封建社会中极为鼎盛的时代，当时国家空前统一，交通发达。国家的统一结束了之前分裂割据的局面，加强了南方与北方、边疆与内地的联系，使南北方之间经常性的经济文化交流成为可能。同时，唐代发达的交通使南茶北运成为可能，造就了饮茶风俗不断传播的有利条件。

茶叶是一种社会消费品，茶叶的消费状况与人们的生活水平有直接的关系。唐朝国力强盛，经济富足，人们生活水平普遍提高，为饮茶提供了物质保障。

唐代中外交往频繁，社会风气开放。这种开放的风气使唐代不仅能继承六朝文化的优良传统，而且敢于突破这些传统，同时不断采撷国内外各民族文化的精华。佛教及道教在我国的发展，正是唐代兼容并蓄各种文化的表现。佛教自天竺传来后，历经汉、魏、南北朝而流传甚广，又经隋文帝大力提倡，到唐代时发展到顶峰。僧尼在学佛时，尤其是在"坐禅"时，很少吃饭和睡眠，故常依赖于茶叶。禅宗的兴盛使饮茶习惯在上至皇族、世家，下至士大夫、文人、百姓中风行。

唐代王室自称是道教始祖老子李耳的后裔，并有意识地扶持道教，使道教在这一时期得以大兴。道士、女冠在修炼时，须清心寡欲、聚精会神，为了达到提神、解乏、保健的目的，常常在道观中饮茶。这也对饮茶风气产生一定影响。

除了以上原因，唐代之所以能够在全国范围内形成浓厚的饮茶风气，还与陆羽等人的大力提倡有极为密切的关系。陆羽之前，虽然饮茶已从南方传入北方，社会上饮茶的人越来越多，但是还没有一本专门介绍茶叶的书，人们对茶叶的历史和现状缺乏应有的了解，许多人不知道茶叶的性能和饮用方法，至于茶树的栽培和茶叶的制作工艺，知道的人就更少了。鉴于此，陆羽写成我国，也是世界上第一部茶书——《茶经》，第一次较全面地总结了唐代以前有关茶叶诸方面的经验，大力提倡饮茶，对于推动茶叶生产和茶学的发展有重要意义。

《茶经》中对种茶、采茶、茶具的选择、煮茶的火候、用水以及如何品饮都有详细的论述。唐人饮茶已开始注重品饮艺术，这与唐代之前茶主要作为药用或是粗放型的解渴的饮用形式相比，是一个质变的过程。茶的发展从以茶为药开始，继而以茶为羹，再到唐代茶之为品饮，这一演变过程的里程碑就是《茶经》。

唐人饮茶讲究鉴茗、品水、观火、辨器。在饮茶方式上，唐代有煎茶、庵茶、煮茶等。

唐中叶盛行煎茶。陆羽在《茶经》中力倡煎饮法，对煎茶方法做了详细的叙述。唐代茶有粗茶、散茶、末茶、饼茶四种。煎茶法用的茶是饼茶。饼茶须经炙、碾、罗三道工序，将饼茶加工成细末状颗粒的茶末，再进行煎茶。具体来说，先将茶饼复烘干燥，谓之"炙茶"。炙烤茶饼，注意不要在通风的地方或用余火烤，因为风吹会使火焰骤急，或飘忽不定，致使冷热不均匀。要靠近火烤，同时不断地翻动，等到茶叶被烤出像蛤蟆背一样的疙瘩时，然后离火五寸继续烤。如果卷曲的茶饼又伸展开来，则按开始烤茶的方法再烤。待到茶饼变软或透发出香气时趁热放在纸袋子里，以免茶叶的香气散失。等到茶叶冷了，再取出打碎，碾成粉末状。好的茶末像细米粒，不好的像菱角。碾成的茶末还要经过罗的细筛，罗下的茶即成待烹的茶末，存放在茶盒里备用。

另外，烤茶的燃料用炭最好，其次是火力猛的木柴，如桑、槐、桐、栎等。烤过肉、染有膻味和油腻的木炭，或是含有油脂的木柴（如柏、桂、桧之类），以及朽坏了的木器，都不可用来烤茶。烧水用的燃料也是如此。木炭要用炭挝打碎，再投入风炉烧水。

煎茶包括烧水与煮茶。先将水放到两侧有方形耳的大口锅中烧开。水以山水为最好，其次是江河水，井水再次之。

煮茶分为三个阶段，即"三沸"。水煮到出现鱼眼大的气泡，并微有沸声时，是第一沸。这时根据水的多少加入适量盐调味，尝尝水味，不要使水太咸，否则成了盐水的味道。当锅边缘有连珠般的水泡向上冒时，是第二沸。舀出一瓢开水，用竹夹在水中搅动形成水涡，使水沸度均匀，用量茶小勺量取茶末，投入水涡中心，再次搅动。过一会儿，水面波浪翻腾，溅出许多沫子时，就是第三沸了，将原先舀出的一瓢水倒回去，使开水停沸，生成茶沫。此时，要把茶沫上形似黑云母的一层水膜去掉，因为它的味道不正。"三沸"之后不宜接着煮，因为水已煮老，不能再饮用。煮茶之水也不能多加，否则味道就淡薄了。

陆羽认为茶汤的精华是茶汤上面的沫饽。薄的叫沫，厚的叫饽，细而轻的叫花。花就像枣花在圆形水池上面浮动，像曲折的潭水和凸出的小洲间新生长的青萍,又像晴朗天空中鱼鳞状的浮云。沫就像浮在水边的绿钱,又像散在杯盘里的菊花瓣。饽是指煮茶的渣滓,水一沸腾,就有很多白色泡沫重叠积聚于水面,一片纯白状如积雪。

煮茶完成后就开始酌茶,即用瓢向茶盏分茶,其基本要领是使各碗沫饽均匀。从锅中舀出的第一碗茶汤叫隽永,味道永久的意思,也指最好的东西。舀出放在熟盂里面,以备止沸和育华的时候用。煮一升水,可分作五碗,每碗的沫饽要均匀。要想喝到鲜香、味浓的茶,除隽永外,一锅煮出的头三碗最好,较次一等的最多煮到第五碗。若有数位宾客,则五人可分酌三碗,七人可分酌五碗,六人则按五人计,不要计较碗数上是否差了一个人的,可以用隽永补给喝不足的人。若多到十人,就应煮两炉。

饮茶要趁热,将鲜白的茶沫、咸香的茶汤和嫩柔的茶末一起喝下去。茶汤热时,重浊的物质凝结下沉,精华则浮在上面。茶汤冷了,精华就随热气散发掉,没有喝完的茶,精华也会散发掉。

唐代茶的饮法除煎茶法外,还有庵茶、煮茶等。将茶叶先碾碎,再煎熬、烤干、舂捣,然后放在瓶子或细口瓦器中,灌上沸水浸泡后饮用的,称为庵茶。"庵"字原义为半卧半起的疾病,在此用来称庵茶,是夹生茶的意思。在唐代,庵茶法不仅在民间流传,在宫廷中也用此法饮茶。唐佚名的《宫乐图》(见图2-6)就描绘了宫廷中用庵茶法冲饮的画面。

图2-6 《宫乐图》

煮茶法是唐以前就盛行的饮茶法(见图2-7),即把葱、姜、枣、橘皮、薄荷等物与茶放在一起充分煮沸，或者使汤更加沸腾以求汤滑，或者煮去茶沫。这种方法在唐代已经过时，陆羽认为这种方法所煮出的茶"斯沟渠间弃水耳，而习俗不已"，意为就如同应倒在沟里的废水一样不堪饮用，而世人一向的习惯就是这样。现代民间喜爱的打油茶、擂茶等，则为原始煮茶遗风。

图2-7 煮茶

唐朝是我国饮茶历史上的鼎盛时期。陆羽写出了《茶经》，创制了二十四器，还将饮茶分为赏茶、鉴水、列具、烹煮、品饮等若干环节，每个环节都使人在饮茶过程中置身于美的境界之中。这就把饮茶的方法程序化了，并辅以美学思想，从而形成优美的意境和韵律，将饮茶上升到艺术的高度。所以说，唐代饮茶开了品饮艺术的先河，使饮茶成为精神生活的享受。

三、宋代点茶

继唐代的辉煌之后，中国茶饮经历了五代十国的纷争割据，尽管当时政局动荡，饮茶之风却未衰反盛，依然延续下来，至宋代更为盛行。宋代制茶工艺有了新的突破，福建建安北苑出产的龙凤茶名冠天下。这种模压成龙形或凤形的专用贡茶又称龙团凤饼（见图2-8）。贡茶的发展与宫廷中嗜茶之风盛行是分不开的。宋徽宗赵佶（见图2-9）甚至御笔亲书了一部《大观茶论》，流传后世。与宫廷嗜茶相适应的是当时民间饮茶之风。宋代饮茶已在社会各个阶层中普及，包括下层平民，茶不仅成为人们日常生活中不可或缺的物品，而且饮茶的风俗深入到民间生活的各个方面。开封、临安两都茶肆、茶坊林立，客来敬茶的礼俗也已广为流传。总之，宋代茶饮已经"飞入寻常百姓家"。

图 2-8　北苑龙凤饼茶模型

图 2-9　宋徽宗赵佶（1082—1135 年）画像

宋代饮茶方法在唐代基础上又迈进了一步，迅速发展出了点茶法。点茶法比唐代煎茶法更讲究，是包括炙茶、碾茶、罗茶、候汤、熠盏、点茶在内的一套程序。仿宋点茶如图 2-10 所示。

图 2-10　仿宋点茶

宋代点茶用饼茶。饼茶也需炙烤加工后使用，炙茶的过程与煎茶相同，也是用炭火烤干水汽，然后将茶饼碾碎成粉末，再用罗筛过，茶粉越细越好，所以要求茶罗十分细密。候汤则是掌握点茶用水的沸滚程度，这是点茶成败的关键。掌握水沸的程度，冲点出色味俱佳的茶汤，只能凭点茶人个人的经验来完成。另外，唐人煎茶时所用的盉在宋人煮水时被体积较小的茶瓶代替。

在点茶之前，还要用沸水冲洗杯盏，预热饮具。

点茶尤为不易。先要将适量茶粉放入茶盏，点泡一些沸水，将茶粉调和成膏状，然后再添加沸水，边添边用茶筅击沸。点泡后，如果茶汤的颜色呈乳白色，茶汤表面泛起的汤花能较长时间凝住杯盏内壁不动，这样才算泡出一杯好茶。点茶追求茶的真香、真味，不掺任何杂质，并且十分注重茶过程中动作的优美协调。点茶以茶粉为原料，再用沸水点冲，所以人们饮用时要连茶粉带水一起喝下。与唐代煎茶相比，宋人更喜爱典雅精致的点茶艺术，最终发展到王公贵族、文人、僧侣、百姓无不点茶。

宋代饮茶之风炽盛，风行评比调茶技术和茶质优劣的斗茶，也称茗战。我国斗茶始于唐而盛于宋，随着贡茶的兴起而产生。在因产贡茶而闻名于世的唐代建州茶乡，新茶制成后，茶农们为了评比新茶品序而进行比赛。这种活动后来被广泛传播，时间也不再限于采制新茶之时，参加者也不仅限于茶农，目的也不限于评比茶叶的品第，而更重视评比斗茶者点汤、击拂技艺的高低。

宋代斗茶选用的茶以建茶（福建建安所产）中的白茶为最佳，一般是加工精细的饼茶。饼茶要坚密、干燥、纯净，然后经碾茶、过罗、置于盏中、加注沸水、用茶筅搅动等程序，直到茶汤表面浮起一层白色泡沫。

斗茶既为斗，就一定要决出胜负。决定胜负的因素有二：一是汤色，二是汤花。汤色是指茶汤的颜色，当时的标准是以纯白如乳为上，其他色泽则等而下之。汤色是制茶技艺的反映，如果色纯白，表明茶质鲜嫩，制作精良；色偏青，则表明蒸时火候不足；色泛灰，则是蒸时火候太过；色泛黄，则是茶叶采制不及时；色泛红，则是烘焙时火候太过。民间一般将汤色纯白如乳的叫冷面粥，因为这种汤色的茶汤会像白米粥一样冷却后稍有凝结，所以茶面通常又叫粥面。汤花是指汤面泛起的泡沫。汤花的色泽和汤色的要求是一致的。汤花泛起后，如果茶末研碾细腻，点汤、搅动都恰到好处，汤花匀细，就可紧咬盏沿，而且久聚不散，这种效果叫作咬盏。汤花散退较快的叫云脚涣散。汤花散退后，茶盏内沿与汤相接的地方就会露出水痕，宋人称之为水脚。汤花散退较早，先出现水痕的为负。最后斗茶者还要品评茶汤，茶汤要做到味、香、色三者俱佳，才能算是最后获胜。不过，斗茶决胜负不限一次，如果共斗三次，则以两胜为最后胜利。

斗茶所用的茶盏以建安产的兔毫盏为佳。建安建窑以出产黑釉瓷闻名，黑釉瓷釉色黑如漆，莹润闪光，条纹细密如丝。因其结晶所显斑点、纹理各异，故可分兔毫釉、油滴釉、曜变釉、鹧鸪斑釉、鳝皮釉等品种，兔毫盏为其中珍品，因纹理细密、状如兔毫得名。它大口小底，形似漏斗，造型凝重，古朴厚实。因其黑，而衬出茶汤之色白，且可清楚看出咬盏及水痕的情况。因其厚实，预热之，热难冷，易使茶香散发，所以斗茶者多青睐兔毫盏。

宋代斗茶之风普及民间（见图2-11），不仅帝王将相、达官显贵、骚人墨客，连市井细民也喜斗茶。宋徽宗赵佶经常在宫中召集群臣斗茶，直至将他们全部斗倒为止。

宋代点茶还流行多种饮茶方式，如分茶、水丹青等。分茶又称茶百戏，始于宋初。先将茶末放入茶盏，注入沸水，再用茶筅击拂茶汤，使茶乳变成图形或字迹。茶汤在泛出汤花时，汤花转瞬间就会消失殆尽，要使汤花在这极短的时间内显现出奇幻莫测的物象，就需要高超的技艺。还有一种分茶方法更是技高一筹。此法只需单手提壶，将沸水由上而下注入放好茶末的茶盏之中，茶面立即显现出奇丽的图形或文字。分茶法今已失传，人们只能从古代文献记载当中去感受这种高超的技趣。

图 2-11　宋代民间斗茶

四、元代、明代、清代泡茶

明清时期，无论是茶叶的生产和消费，还是茶的品饮技术都发生了变革，达到新的高度，在中国茶饮史上留下了灿烂辉煌的一页。清宫茶艺如图 2-12 所示。

图 2-12　清宫茶艺

处于这两个高峰之间的元代，在我国茶饮史上起到了承上启下的作用。元代虽然历史较短，但在饮茶法上却进一步走向成熟，可以说这一时期是中国茶饮方式转变的一个重要阶段。元代除了继续饼茶的生产和使用外，散茶也渐渐在茶叶消费中占有了一席之地。饼茶的使用主要在宫廷贵族之中，散茶的消费则主要在民间。除了继承前人的饮茶方式外，元代的饮茶也出现了一些新的趋势。

唐之前至唐宋时期，人们饮茶时加入葱、姜、盐等香料、调料与茶混煮的习惯，到了元代逐渐被人们摒弃，而代之以更为简单的清饮方式。《饮膳正要》中载："玉磨末茶一匙，入碗内研匀，百沸汤点之。"可以得知，元代清饮使用的是茶末而非今日人们常用的焙干的茶叶。

尽管元代立国时期短暂，但在中国茶饮史上仍是个不可忽视的阶段。这一时期在饮茶方式上的改变与革新为明清时期茶文化的再创新打下了重要的基础。

饮茶风尚发展到明代，发生了具有时代意义的变革。随着茶叶加工方法的简化，茶的品饮方式也走向简单化。宋元时期"全民皆斗"的斗茶之风已经衰退，穷工极巧的饼茶被散茶所代替，盛行了几百年的点茶也变革成了用沸水冲泡的瀹饮法。明代饮茶方式发生了如此巨大的变革，与大环境的变化有直接关系，明太祖朱元璋下令贡茶改制就是其中之一。朱元璋此举是从体察民情、减轻负担的方面来考虑的，但却对元朝以来"重散略饼"的趋势起到了推波助澜的作用，促进了散茶生产技术的发展。从饼茶生产向散茶生产的转型是茶品生产工艺由繁到简的过程，随之而来的则是茶饮方式的简约化。

最早提倡饮茶方式从简，并且在实际操作上改革传统茶具和茶艺的是明代的宁王朱权。朱权的"崇新改易"主要体现在对点茶、煎汤的具体要求，比起宋人烦琐的程序，更简单，也更容易掌握。

朱权的煎汤法要求用活火来煎汤，并且须经"三沸"之后才算煎好。这些前人都已做过要求，但较之宋朝的极其讲究，朱权的煎汤法更易掌握。朱权对点茶的要求与宋人要求大同小异，又不似宋人那样十分重视点茶效果。朱权使用的器具也简易了许多，除保留了一些必不可少的器具，如茶炉、茶磨、茶碾、茶架、茶瓶之外，他还自创了"茶灶"，虽有所增创，比陆羽的"二十四器"及宋人的器具，还是大大减少了。此外，古人对于茶器具多崇尚金银制品，朱权却追求自然、简朴，偏爱石、竹、椰壳等自然之物。他对于茶的要求，也以叶茶为最。

由朱权倡导的简约的饮茶风气影响后人而形成了瀹饮法。瀹饮法逐渐取代了煎点法（煎茶法、点茶法）的主导地位，成为中国人至今都在使用的饮茶方法。

瀹有浸、渍的意思。瀹饮法，即以沸水直接冲泡叶茶的方法。

明代前期煎点法仍是主流，直到明末清初瀹饮法才成为品饮的主要方式。瀹饮无须经过以往的炙茶、碾茶、罗茶三道工序，只要有干燥的叶茶即可。首先要用上品泉水洗涤茶具，务鲜务洁；然后以热水洗涤茶叶，水不可滚，滚则一洗无余味矣；再以竹筋夹茶于涤器中，反复涤荡，去尘土、黄叶、老梗，以手搦干置涤器内，少顷开视，色清香冽，急取沸水泼之。

候汤仍是重点。辨别汤是否纯熟有三种方法。第一种方法是从外观上辨别，如果汤中只冒出如虾眼、蟹眼、鱼眼，连珠般大小的气泡，此时仅是初沸，直到汤沸如腾波鼓浪，水汽全消的时候才是真正的纯熟。第二种方法是从水的响声来辨别，初声、转声、振声、骤声皆为初沸，到没有响声时才是纯熟。第三种方法则从水的冒气情况辨别，如气浮一缕、二缕、三四缕，以及缕乱不分、氤氲乱绕，则都是水刚开的样子，气直冲贯方是纯熟。投茶有序，先茶后汤，称为下投；汤半下茶，复以汤满，称为中投；先汤后茶，称为上投。春秋季宜中投，夏季宜上投，冬季宜下投。投茶多寡宜酌，茶多则味苦，水多则色清气寡。

茶汤应香、色、味俱全。味以甘润为上，苦涩为下。茶自有真香、真色、真味，一经点染，便失其真，如在水中加盐、茶汤中加佐料或果子之类，都会使茶汤失其真味。

随着冲泡散茶这一饮用方法的兴起，茶具中出现了茶壶，且以窑器为上，锡次之。茶壶以小为贵。每一客，壶一把，任其自斟自饮，方为得趣。壶小则香不涣散、味不耽搁。况茶中香味，不先不后，只有一时。太早则未足，太迟则已过。窑器中又以宜兴紫砂为最，古朴雅致的紫砂茶具由于瀹饮法的兴盛而发展起来。同时由于瀹饮对茶汤香、色、味的追求，刺激了白瓷以及青花瓷的发展。

瀹饮这种沸水冲泡散茶的饮用方法还促进了我国茶叶生产技术的进步，散茶的品种迅速增多，除绿茶外，红茶、青茶、花茶、黑茶等茶类也出现并发展起来。

瀹饮具体程序不像煎茶、点茶那样严格，给人留下自我发挥的空间。明清以来，这种品饮方式广泛深入到社会各个阶层，植根于广大平民百姓之中。

五、当代饮茶

随着沸水冲泡法主导地位的确立，清饮成为我国大部分人的主要饮茶方式，但调饮方式依然存在。除此之外，由于社会生活的发展以及科技的进步，再加上与世界其他国家的交流不断加深，当代饮茶呈现出多样化走向，一些新的内容和形式，如袋泡茶、罐装茶、冷饮等陆续出现。

1. 茶的内含物

（1）清饮

清饮是以无拘无束，潇洒自如，趋向生活化、大众化为特征的品饮方式。清饮主要选用原叶茶或紧压茶，用开水冲泡或煮饮，讲究泡茶的水质、水温及茶炉、茶具，茶中不加奶、糖等佐料。在清饮品尝中，能够欣赏茶的色、香、味、形，慢斟细啜时领略幽雅闲逸、洒脱自然的情趣。

（2）调饮

相对于清饮，调饮会在茶汤中添加其他物品，如酒、果汁、牛奶等，一般为现调即饮，也有加冰块冷饮。

2. 饮用方式

（1）热饮

热饮就是用热水冲泡的茶饮。六大茶类都适合用热水冲泡饮用，另有一些茶还可以采取煮饮的方式，如黑茶、普洱熟茶、老白茶等。

（2）冷饮

相对于热饮，冷饮是指用冷开水冲泡茶叶，或待沸水冲泡茶冷却，或在冲泡好的茶饮中加冰的饮用方法。适合冷饮的冲泡茶类有红茶、绿茶、青茶、花茶等。冷饮方便快捷，深受当代年轻人喜爱。

（3）冷热均可

有些茶既可热饮也可冷饮，如绿茶、白茶、黄茶等。另外，季节不同也可采取不同的饮茶方式，如夏天可采用冷饮或在茶汤中加冰块，冬天可采用热饮、煮饮的方法。

3. 商品包装方式

除了原叶茶、紧压茶之外，还出现了以新的商品包装方式为特点的茶品。

（1）袋泡茶

袋泡茶是将茶叶装在滤纸袋中连袋冲泡饮用的一种小包装茶。现在世界上生产的袋泡茶有红茶、绿茶、乌龙茶、花茶等，还有添加其他物料的混配茶，以及药用保健茶等。

（2）罐装茶

罐装茶是成品茶经过萃取、过滤、添加保护剂、灭菌、装罐制成的再加工茶。罐装茶通常分为两大类：一类是纯茶饮料，有红茶、绿茶、青茶、花茶等；另一类是添加香料或果汁的混配茶饮料，如薄荷茶、柠檬茶、荔枝茶、奶茶等。罐装茶饮用方便，适合作为旅游产品。

培训模块二　茶文化基本知识

培训项目 3　中国茶文化精神

茶艺师与其他非专业人士相比，他们对茶的理解并不单单停留在感性的基础之上，而是对茶有着深刻的理性认识，也就是对茶文化的精神有着充分的了解。

一、茶文化的四个层次

文化是人类社会特有的现象，是由人所创造、为人所享有的，是相对于经济、政治而言的人类全部精神活动及其产物。文化的内部结构包括下列几个层次：物态文化、制度文化、行为文化和心态文化。具体到茶文化上，这四个层次可以进行如下表述。

1. 物态文化

物态文化是人类物质生产活动方式和产品的总和，是可触知的具有物质实体的文化事物。茶文化中的物态文化是指人们从事茶叶生产和茶文化活动时，各种生产和活动方式与物品文化属性的展现，既包括茶叶的栽培、制造、加工、保存、化学成分及疗效研究等，也包括品茶时所使用的茶叶、水、茶具，以及桌椅、茶室等看得见摸得着的物品和建筑物。

2. 制度文化

制度文化是人类在社会实践中主动创制的各种社会行为规范体系。茶文化中的制度文化是指人们在从事茶叶生产和消费过程中形成的社会行为规范。例如，随着茶叶生产的发展，历代统治者不断加强相关管理措施，称为"茶政"，包括纳贡、税收、专卖、内销、外贸等。据《华阳国志·巴志》记载，早在周武王伐纣之时，巴蜀地区的"茶、蜜、灵龟……皆纳贡之。"至唐以后，贡茶的份额越来越大，名目繁多。从唐代建中元年（780年）开始，对茶叶征收赋税，"税天下茶、漆、竹、木，十取一"（《旧唐书·食货志》）。大和九年（835年）开始实行榷茶制，即实行茶叶专卖（《旧唐书·文宗》）。宋代蔡京立茶引制，商人领引时交税，然后到指定地点取茶。自宋至清，为了控制对西北少数民族的茶叶供应，设茶马司，实行茶马贸易，以达到"以茶治边"的目的；同时，对汉族地区的茶叶贸易也严加限制，多方盘剥。

3. 行为文化

行为文化是人际交往中约定俗成的以礼俗、民俗、风俗等形态表现出来的行为模式。茶文化中的行为文化是指人们在茶叶生产和消费过程中约定俗成的行为模式，通常是以茶礼、茶俗、茶艺等形式表现出来。例如，宋代诗人杜耒"寒夜客来茶当酒"的名句，说明客来敬茶是我国的传统礼节；千里寄茶表示对亲人的怀念；民间旧时行聘以茶为礼，称茶礼，送茶礼叫下茶，古时谚语曰"一女不吃两家茶"，即女方受了"茶礼"便不能再接受别家聘礼；还有以茶敬佛，以茶祭祀等礼俗。至于各地、各民族的饮茶习俗更是异彩纷呈，各种饮茶方法和茶艺在程式上也各不相同。

4. 心态文化

心态文化是人类在社会实践和意识活动中孕育出来的价值观念、审美情趣、思维方式等主观因素，相当于通常所说的精神文化、社会意识等概念，是文化的核心。茶文化中的心态文化是指人们在茶叶制作及品饮过程中孕育出来的价值观念、审美情趣、思维方式等主观因素。例如，人们在品饮茶汤时所追求的审美情趣，在茶艺操作过程中所追求的意境和韵味，以及由此生发的丰富联想；反映茶叶生产、茶区生活、饮茶情趣的文艺作品；将饮茶与人生处世哲学相结合，上升至哲理高度，形成所谓茶德、茶道等。这是茶文化的最高层次，也是茶文化的核心部分。

二、茶文化的定义与内涵

按照相关研究，文化可分为技术和价值两个体系。技术体系是指人类在改造自然过程中产生的技术的、器物的、非人格的、客观的东西；价值体系是指人类在改造自然、塑造自我的过程中形成的规范的、精神的、人格的、主观的东西。

通常文化的含义有广义和狭义之分。广义的文化，是指人类社会历史实践过程中所创造的物质财富和精神财富的总和。也就是说，人类在改造自然和社会过程中所创造的一切，都属于文化的范畴。狭义的文化，是指社会的意识形态，即精神财富，如文学、艺术、教育、科学等，同时也包括社会制度和组织机构。

作为文化体系中的一项，茶文化也有广义和狭义之分。

1. 广义茶文化

广义茶文化是指人类在社会历史发展过程中所创造的有关茶的物质财富和精神财富的总和。它包含自然科学和人文社会科学的诸多方面。茶文化的物质形态具体表现为：各种茶叶及其文化属性，茶具与器具文化，饮茶技艺和茶艺演示，茶馆、茶楼与茶文化空间，茶歌、茶舞、茶曲，茶书、茶画，茶的历史文物、遗址等。茶文化的精神形态具体表现为：茶道精神、茶德，以茶待客、以茶养廉、以茶养性、茶禅一味等。此外，茶文化还有介于中间状态的表现形式，如以茶政、茶法等为代表的制度文化，以礼规、习俗为内容的行为文化。

2. 狭义茶文化

狭义茶文化着重于茶的人文科学，主要是指与饮茶有关的文化现象，即精神财富部分。也就是说，人们要研究的狭义茶文化是属于平常所谓的"精神文明"范畴。但是，它又不是完全脱离"物质文明"的文化，而是二者的结合。

目前，在广义茶文化的四个层次中，第一层次，即物态文化早已形成一门完整、系统的科学——茶叶科学，简称茶学；第二层次，即制度文化属于经济史学科研究范畴，研究成果较为显著；第三、第四层次，即行为文化、心态文化，也就是狭义的茶文化，作为新兴的学科，目前研究还相对比较薄弱，应作为茶文化研究的重点。

三、茶文化的主要特性

从不同的角度来看，茶文化有不同的特性。总体来说，茶文化的主要特性包括历史性、时代性、民族性、地域性和国际性。

1. 历史性

历史性是指茶文化是历史的产物，具有不同历史时期的属性与遗存。

唐代陆羽《茶经》记载："茶之为饮，发乎神农氏，闻于鲁周公。"茶文化的源头可以追溯到神农时代，后来"兴于唐而盛于宋"，茶文化的形成和发展，历史非常悠久。

《华阳国志·巴志》记载，周武王伐纣时，茶叶已作为贡品。先秦之时，已有茶叶栽培。汉代，茶叶成为佛教"坐禅"的专用品。魏晋南北朝时期，饮茶追求风雅。唐代，茶业繁荣昌盛，出现茶馆、茶宴、茶会，提倡客来敬茶。宋代，茶叶制作精良，民间流行斗茶，茶成为人们日常生活中不可或缺的东西。清代，曲艺进入茶馆，茶叶对外贸易得到发展。

茶文化是伴随着历史进程的发展，特别是商品经济的出现和城市文化的形成而逐步发展的。历史上的茶文化注重文化意识形态，以道为魂，以雅为主，着重于品茗艺术，以及与诗词书画、歌曲舞蹈的协调。茶文化在形成和发展过程中，融入了儒家思想，以及道家和释家的哲学色彩，并演变为各民族的礼俗，成为优秀传统文化的组成部分和独具特色的一种文化模式。

2. 时代性

时代性是指茶文化是紧随时代发展变化的，能够体现出时代的风尚与特色。

当代物质文明和精神文明建设给茶文化注入了新的内涵和活力，茶文化的内涵及表现形式正在不断地扩大、延伸、创新和发展。新时期的科学技术、新型传播方式和市场经济精髓，给茶文化以巨大影响，也更加凸显出茶文化的价值功能，使茶文化对现代化社会的作用进一步增强。

茶的价值进一步强化了茶文化的核心意识。新时期茶文化传播形式呈现出大型化、现代化、社会化和国际化趋势。正是这种时代特性，让茶文化内涵迅速拓展。当前国际间的茶文化交往日益频繁，影响进一步扩大，为世人注目。

3. 民族性

民族性是指茶文化是中国各民族人民都普遍拥有的，并且体现出鲜明的民族特色。

中国有五十六个民族，茶与各民族文化生活相结合，形成各具民族特色的茶礼、茶艺和饮茶习俗。以民族茶饮方式为基础，经艺术加工和锤炼形成的各民族茶艺，富有生活性和文化性，表现出饮茶的多样性和丰富多彩的生活情趣。例如，茶与婚姻、茶与祭祀等礼俗，充分展示了茶文化的民族性。

4. 地域性

地域性是指茶文化在不同的地域，具有不同的特色与风貌，与当地的地理环境、历史文化、社会生活密切相关。

名茶、名山、名水、名人、名胜等，均能孕育出各具特色的地域茶文化。中国地域广阔，地理多样，茶类品种繁多，饮茶习俗各异，加之各地历史、文化、生活及经济差异，形成各具地方特色的茶文化。

5. 国际性

国际性是指茶文化在国际交流方面发挥着重要作用，以及不同国家或地区形成了独特的饮茶风俗与茶文化。

据不完全统计，世界上有一百六十多个国家与地区、三十多亿人饮茶。中国传统茶文化同各国的历史、经济及人文相结合，演变成英国茶文化、日本茶文化、韩国茶文化等。在英国，饮茶成为人们生活的一部分，是英国人表现绅士风度的一种礼仪，也是英国日常生活中必不可少的程序和重大社会活动中必需的仪式。日本茶道源于中国茶文化，经与本国传统文化相结合而演变形成。日本茶道具有浓郁的日本民族风情，并形成了独特的茶道体系、流派和礼仪。韩国茶礼吸取了中国茶文化与朱子家礼的精华，被视为韩国民族文化的根。每年5月25日，为韩国的"全国茶日"。

茶没有国界，不分种族和信仰。茶文化可以把全世界茶人联合起来。如今，各种国际性的茶文化活动不断举办，把切磋茶艺、学术交流和经贸洽谈结合起来。此外，还有"国际茶文化学术研讨会""国际无我茶会""世界禅茶文化交流大会"等，更是茶文化的盛会。

四、茶道是茶文化的核心

在茶文化体系中，茶道是茶文化的核心；茶道精神是茶文化的灵魂，是指导茶文化活动的最高原则。中国茶道精神是和中国的民族精神、民族性格的养成、民族的文化特征相一致的。中国茶道精神是中国民族精神、文化精神的组成部分之一。

1. 茶道的产生

茶道最早起源于中国。"茶道"一词最早出现在唐代诗僧皎然的《饮茶歌诮崔石使君》诗中："孰知茶道全尔真，惟有丹丘得如此。"唐代封演所著《封氏闻见记》中也提及"茶道"一词："有常伯熊者，又因鸿渐之论广润色之，于是茶道大行，王公朝士无不饮者。"唐代刘贞亮《茶十德》中提道："以茶可雅志，以茶可行道。"由此可见，茶道始于唐代。

2. 茶道的内涵

作为以饮茶为契机的综合文化体系，茶道以一定的环境氛围为基础，以品茶、置茶、烹茶、点茶为核心，以语言、动作、器具、装饰为体现，以饮茶过程中的思想和精神追求为内涵，是品茶过程中的整套礼仪和个人修养的全面体现，是修身养性、展现礼仪和进行交际的综合文化活动与特有风俗。

茶道具有一定的时代性和民族性，涉及艺术、道德、哲学、宗教以及文化的各个方面。唐代陆羽《茶经》强调"精行俭德"的人文精神，注重烹瀹条件和方法，追求恬静舒适的雅趣。佛教茶礼讲求安寂，幽静是品茶、修禅的共同文化情韵；宫廷茶道发展到一个富丽多彩的阶段，政治特性更加鲜明；民间茶事由南到北地普及与兴盛，使茶道呈现出多样化走向，极具丰富的内涵。

3. 茶道的轨迹

茶道是产生于特定时代的综合性文化，带有东方农业民族的生活气息和艺术情调，追求清雅，向往和谐。

唐代茶道以文人为主体，同时，融入了儒家、道教与佛教的文化因子。其思想精髓，是陆羽《茶经》倡导的"精行俭德"，并且形成了一整套的艺术、技能与规范，影响着后世与国外诸多国家和地区。

宋代文人茶道更加系统化，有炙茶、碾茶、罗茶、候汤、熁盏、点茶等基本程序，追求借茶励志的操守和淡泊以明志的风度。宫廷茶道的特点是茶叶精美、茶艺精湛、礼仪繁缛、等级鲜明，以教化民风为目的。民间还有以争香斗味为特色的斗茶和"使汤纹水脉为物象者"的分茶。

明代朱权改革传统茶道，"取烹茶之法，末茶之具，崇新改易，自成一家"。朱权晚年崇尚道家思想，认为茶发"自然之性"，饮者要"清心神""参造化""通仙灵"，追求秉于性灵、回归自然的境界。

明末清初，紫砂茶具兴起，饮茶法由煮向冲泡发展，茶道程序由复杂转为简单。茶道追求简约、张扬个性、茶德为上。当时，茶类齐备，茶具精美，用水宜佳，技能精湛，饮茶之风延续至今。

五、中国茶道与儒释道的渊源

中国茶道是东方文化的瑰宝，在自然、社会、文化、哲学等方面彰显和谐之美，是以饮茶艺术为中心的综合文化体系，融合了儒释道三家的思想精华。一方面，茶道基于儒家的治世机缘，倚于佛家的淡泊节操，洋溢道家的浪漫理想，借品茗倡导谦和、俭约、廉洁、求真、求美的高雅精神。另一方面，中国儒释道都有各自的茶道流派，儒家以茶励志，沟通人际关系；佛教以茶伴青灯，意在明心见性；道家茗饮追求空灵虚静，避世超尘。

1. 茶道与儒家

儒家是公元前5世纪起源于中国，流传并影响东亚地区国家的文化主流思想、哲理与宗教体系。中国茶道思想的主体就是儒家思想。

（1）茶道与儒家的历史渊源

以孔孟为代表的儒家思想，构成了以中庸为核心的思想体系。中国茶道体现了儒家中庸思想精神，"修身、齐家、治国、平天下"的哲理寓意于日常品茗活动中。

唐代刘贞亮《茶十德》的内涵就体现儒家中庸思想观念，旨在通过饮茶来修身养性、陶冶情操、协调人际关系。

（2）儒家"中庸之道"对茶道发展的贡献

儒家"中庸之道"注重和谐，万事万物和谐统一，方可国泰民安。儒家认为：在达到中庸、和谐的过程中，礼的作用不可忽视。孔子曾经说过："礼之用，和为贵。"礼是古代协调人际关系的根本和行为规范，以礼自律、以礼待人，社会才会处于和谐融洽的状态。

由于儒家的倡导和重视，中国人特别看重礼，言行举止都希望并力图讲礼、合礼。礼所追求的是和谐，而茶的属性所能产生的效果就是和谐，因而讲究茶礼便成了中国茶道的重要内容。

2. 茶道与佛教

佛教与基督教、伊斯兰教并称世界三大宗教。由于"自古名山出名茶"，且"自古名山僧占多"，所以佛教与茶的关系密不可分。

（1）茶道与佛教的历史渊源

相传公元前6世纪至公元前5世纪，古印度释迦牟尼创立佛教。佛教于东汉初年正式传入中国。公元2世纪开始，佛教分别南传到现今中国云南的傣族居住地区（小乘佛教），以及中国汉族、藏族、蒙古族等民族居住区（大乘佛教）。佛教传入中国后，历经汉、魏、南北朝而流传甚广，又经隋文帝大力提倡，到唐朝时发展到顶峰，自此，中国化的佛教——禅宗兴起。

佛教坐禅饮茶是僧侣与茶结缘的开始。据《晋书·艺术传》载，东晋（317—420年）僧人单道开（今甘肃敦煌人），在后赵都城邺城昭德寺修行时，坐禅十分刻苦。他不畏寒暑，经常昼夜不眠，诵经四十余万言，以"饮茶苏"解困。这表明佛教僧侣饮茶的最初目的，就是为了坐禅修行。

在佛教寺院中，设有专职的茶僧，建有专门的茶堂，设有专门的茶鼓，用来供僧侣饮茶和对香客施茶。

（2）佛教"禅茶一味"对茶道发展的贡献

佛教认为茶是修身养性之物，僧侣们把佛教清规、饮茶论经、佛教哲学、人生观念融为一体，从而产生了"禅茶一味"的佛家茶理。

在历史上，佛教对茶道和茶文化的发展做出了重要的贡献。佛教认为茶德精神是与禅学相通相融的，僧侣们大力提倡和传播饮茶文化，推动了禅宗饮茶之风，营造了饮茶意境。另外，佛教对茶的种植、品饮也有独到之处，对这些方面的发展与传播有重要推动作用，可谓功不可没。

3. 茶道与道教

道教发源于中国本土，春秋战国时期吸收神仙方术产生了方仙道，是崇拜诸多神明的多神教，在中国传统文化中占有重要地位。道教追求的长生不老、得道成仙、济世救人宗旨，与茶道倡导的强身健体、健康长寿、快乐生活观念是相通的。

（1）茶道与道教的历史渊源

道教奉中国古代伟大哲学家、思想家老子为始祖，并以老子的《道德经》等为修行的主要经典。老子《道德经》指出："道生一，一生二，二生三，三生万物。"古人认为"道"出于自然，即"道法自然"，强调人与自然的和谐统一。茶生于天地之间，采天地之灵气，吸日月之精华，加之泡茶用水也来自自然，茶道正是与自然相融合。

道教在思想上追求精行俭德、淡泊自守、天人合一，以达到清静之境。"静"是道教的特征，道家认为静能生慧。道教与茶道在"静"这个契合点上高度一致，茶清静淡泊、朴素天然；茶耐湿，蒙雾气，自守无欲，与清静相依；茶须静品，只有在宁静的环境中才能品出茶的真味，感悟茶的境界，才能获得品饮的愉悦。茶只有静品才能使人安详平和，才能实现人与自然的完美结合，才能让人进入超凡忘我的境界。

（2）道教"天人合一"的思想对茶道发展的贡献

道教"天人合一"的思想是中国茶道的灵魂。饮者在茶事活动中达到的最高境界是物我两忘、自我超越、人化自然，这种人和自然的高度契合，彰显出人类对真善美的精神追求，体现了自然与心灵的交融。

道教羽化成仙、长生不老的观念，对茶道的发展有着直接影响。唐代卢仝《走笔谢孟谏议寄新茶》诗中写道："七碗吃不得也，唯觉两腋习习清风生。"壶居士在《食忌》中说："苦茶，久食羽化。"可见在当时，人们已将饮茶与道教的得道成仙的观念联系在一起。

总之，中国茶道吸收了道教思想，把自然界中的万物看成具有人的品格和情感、能与人进行精神交流的生命体。茶道即是人道，茶品即为人品。

六、茶艺是茶文化的重点

茶文化的重点是茶艺。也就是说，茶文化的出发点、立足点，都是基于喝好一杯茶，缤纷多彩的茶文化事项与活动，都是围绕茶艺而延伸与展开的。

1. 茶艺的由来

茶艺的由来可以从茶艺技能和茶艺名称两方面叙述。

作为技能，中国茶艺早在魏晋时期就有记载。唐代时，茶艺已定型和完备，距今有一千二百多年的历史。唐代陆羽所著《茶经》总结了前人饮茶的经验，对茶艺做了系统的阐述。随后的宋代，饮茶风气更盛，茶艺也更为精深。明代茶艺最重要的贡献，是瀹饮法的定型与发展。自清代以来，流传至今的风格最独特、影响最大的茶艺，是流行于广东潮汕和福建漳泉等地区的工夫茶。当代社会，茶艺更是呈现出多元化的盛况。

茶艺名称的由来，则有一个发展过程。在唐代，"艺"字就与"茶"字"联姻"；宋代，"艺"与烹茶、饮茶联系在一起。而"茶艺"一词，早在20世纪40年代已经在中国内地出现。1940年，胡浩川先生在为傅宏镇辑纂的《中外茶业艺文志》一书所作的序里就使用了"茶艺"一词。胡浩川先生在序中写道："津梁茶艺，其大裨助乎吾人者""今之有志茶艺者，每苦阅读凭藉之太少"。他采用的"茶艺"一词，指包括茶树种植、茶叶加工、茶叶品评在内的各种茶艺。自20世纪70年代以来，"茶艺"一词被广泛使用，主要指茶叶的"品饮之艺"，具有新时期的内涵与特征。比较两者之间的差异，胡浩川先生所云"茶艺"偏向于"广义茶艺"，后者则重在"狭义茶艺"。其实，时至今日，各流派对于茶艺的理解依然不尽相同。

2. 茶艺的内涵与形态

（1）茶艺的内涵

通俗地说，茶艺是指如何泡好一杯茶的技艺和如何享受一杯茶的艺术。其内涵包括以下几个方面。

1）茶艺仅包括泡茶和饮茶，属于茶文化范畴，种茶、卖茶和其他方面的用茶都不包括在茶艺范围之内。因为种茶属于科技领域，卖茶属于茶业贸易学或茶叶商品学。而其他方面的用茶，根据用处的不同也应该归属于其他相应的范畴。

2）茶艺涉及泡茶和饮茶的技巧。泡茶技巧包括茶叶的识别、茶具的选择、泡茶用水的选择等；而饮茶技巧则包括对茶汤的品尝、鉴赏，以及对其色、香、味、韵的体味。此外，饮茶技巧不仅是指个人独饮，而且包括以茶待客的基本技巧。只有掌握了泡茶和饮茶的技巧，才可能真正地、更深入地体会到茶艺。

3）茶艺涉及泡茶和饮茶的艺术。艺术虽然和技巧有密切的联系，但是艺术要高于技巧。技巧是基本的、浅层次的，而艺术则进入到美学的范畴。艺术应该突出美学追求，茶艺属于实用美学、生活美学和休闲美学的范畴。茶艺包括环境的美、水质的美、茶叶的美、器具的美和艺术的美。而泡茶的艺术之美，又应该是泡茶者仪表美和心灵美的统一，即容貌、知识、风度和思想的统一。饮茶同样要强调美，应该与粗俗的、低劣的品茶行为严格地区别开来。待客之道也应该讲究艺术，讲究心灵的相通。这样的茶艺才能上升到艺术的高度。当然，泡茶与饮茶技艺只是茶艺外在的表现形式，体现出来的是饮者对茶文化精神的追求，是一种文化观念的外化。

（2）茶艺的形态

中国茶艺主要表现为三种形态。一是生活型茶艺。通过品饮一杯茶来追求潇洒自如的精神愉悦，或者是将茶作为与健康养生相关的日常生活型茶饮。二是经营型茶艺。例如，茶馆、茶楼、茶坊、茶店等场所，为宾客提供茶事服务时，根据不同的茶品展示相应的技艺。三是演示型茶艺。这种茶艺又称表演茶艺，或者主题茶艺，大多是为了茶文化活动和茶艺传播需要，专门编创的带有演示属性的茶艺。唐代陆羽、常伯熊等人可以说是演示型茶艺的先驱者。

3. 茶艺的类型

根据不同的划分原则和标准，茶艺具体可以分为以下几种类型。

（1）以茶事功能来分

以茶事功能来分，茶艺可分为生活型茶艺、经营型茶艺和演示型茶艺。生活型茶艺主要包括个人品茗和奉茶待客两方面。经营型茶艺主要是指在茶馆、茶艺馆、茶叶店、餐饮店、宾馆以及其他经营场所为宾客服务的茶艺。演示型茶艺又可以分为技能型茶艺演示（如四川的长嘴壶茶艺）和艺术型茶艺演示（如现在普遍流行的经过艺术加工的各种茶艺演示）。

（2）以茶叶种类来分

茶艺类型还可按照茶叶种类来细分，如红茶茶艺、绿茶茶艺（见图2-13）、乌龙茶茶艺、黑茶茶艺、花茶茶艺等。

（3）以饮茶器具来分

以饮茶器具来分，茶艺主要有壶泡法（包括紫砂壶冲泡、瓷壶冲泡、玻璃壶冲泡等）、盖碗泡法和玻璃杯泡法。

（4）以冲泡方式来分

以冲泡方式来分，茶艺主要有烹茶法、点茶法、泡茶法、冷饮法、调饮法等。

（5）以社会阶层来分

以社会阶层来分，茶艺主要有宫廷茶艺、文士茶艺、宗教茶艺（如道教茶艺，见图2-14）、民间茶艺等。

图 2-13 绿茶茶艺

图 2-14 道教茶艺

(6) 以饮茶人群来分

以饮茶人群来分,茶艺主要是指一些特殊群体的茶艺,如现在比较流行的少儿茶艺、伤残人茶艺等。

(7) 以民族来分

以民族来分,茶艺包括汉族茶艺和少数民族茶艺。少数民族茶艺主要包括蒙古族、藏族、维吾尔族、回族、白族、苗族、侗族、土家族、傣族、纳西族、基诺族、布朗族、景颇族、彝族、佤族茶艺等。例如,大家所熟知的蒙古族咸奶茶、藏族酥油茶、白族三道茶(见图 2-15)、纳西族龙虎斗、基诺族凉拌茶等,都有或曾有茶艺演示。

图 2-15 白族三道茶

（8）以民俗来分

以民俗来分，茶艺主要有客家擂茶（见图 2-16）、惠安女茶俗、新娘茶（见图 2-17）等。

图 2-16 擂茶

（9）以地域来分

以地域来分，茶艺主要有北京盖碗茶、西湖龙井茶艺、婺源文士茶（见图 2-18）、修水礼宾茶、潮汕工夫茶等。

图 2-17 新娘茶

图 2-18 婺源文士茶

（10）以时期来分

以时期来分，茶艺可分为古代茶艺和当代茶艺。古代茶艺又根据历史时期分为唐代茶艺、宋代茶艺、明代茶艺、清代茶艺等。

4. 茶艺的特点

不论何种茶艺，都有一些共同的特点，都体现出中国茶艺共性与个性的和谐统一。这主要表现为四个方面。

（1）哲理为先

中国茶艺最重要的是道法自然，崇尚简净。道法自然，就是与自然相一致、相契合，物我两忘，发自心性。崇尚简净是以简为德，心静如水，怡然自得，返璞归真。

（2）审美为重

中国茶艺之美表现为自由旷达，毫不造作，注重内省，不拘一格。所以，中国茶艺虽然有规范要求，但不僵化、不凝滞，充满着生活的气息、生命的活力。

（3）个性为要

中国茶艺注重意境，各类茶艺百花齐放、多姿多彩，儒雅含蓄与热情奔放，缤纷多彩与清丽脱俗，各种风格都能一一展现。

（4）实用为佳

茶是用来喝的，是和民众的生活息息相关的。因此，中国茶艺不仅关注冲泡过程，同时把茶的滋味与心理感受很好地融为一体，追求美好的生活享受。

七、茶俗是茶文化的基石

茶文化深深植根在社会之中，与民众的日常生活紧密相连。茶俗是茶文化生存的肥田沃土，是茶文化立足的坚固基石。

1. 茶俗的概念

茶俗是在长期社会生活中，逐渐形成的以茶为主题或以茶为媒介的风俗、习惯和礼仪，是一定社会政治、经济、文化下的产物，随着社会形态的演变而变化。茶俗是民俗重要的组成部分之一，又和民俗中的其他事项有着千丝万缕的联系。

2. 茶俗的类型

从不同角度出发，茶俗有不同的类型呈现。一般来说，有以下几种划分形式。

以茶俗内容划分，有茶叶信仰习俗、茶叶生产习俗、茶叶经营习俗、茶叶品饮习俗等。

以时期划分，有古代茶俗、现代茶俗、当代茶俗等。

以享用茶俗的阶层划分，有宫廷茶俗、文士茶俗、僧道茶俗、世俗茶俗等。

以茶俗文化划分，有日常饮茶、客来敬茶、岁时饮茶、婚恋用茶、祭祀供茶、茶馆文化、其他茶规等。

以民族划分，许多民族都有具有民族特色的茶俗，其中对茶的观念、茶叶制作方法、茶具使用方法、茶饮品味等，均不相同。

以地域划分，可将我国领土分为东南、西南、东北、西北和中原五大板块，每一板块又可分出若干茶俗区。

3. 茶俗的特点

茶俗涉及政治、经济、信仰、游艺等各个层面，具有地域性、社会性、继承性、播布性和自发性的特点。

（1）地域性

地域性是指茶俗产生和存在于特定的区域和环境。俗话说，"十里不同风，百里不同俗"，又有"一方水土养一方人"。除了地理位置、温度气候、物产特点、生活习惯等的影响，社会环境、文化氛围等也会使各地茶俗呈现出不同的形态和特征。茶俗表现出来的南北差异、城乡差别，正是其地域性的体现。

（2）社会性

社会性是指茶俗在一定社会时期产生和发展，并且带有深深的社会烙印。据唐代杨华《膳夫经手录》记载：在开元、天宝年间，饮茶之风稍有滋蔓，到广德、大历年间"遂多"，至建中之际"盛矣"。封演的《封氏闻见记》也提道："古人亦饮茶耳，但不如今人溺之甚；穷日尽夜，殆成风俗。始于中地，流于塞外。"唐人的两则记录，正好说明了茶俗的这种社会性。

（3）继承性

继承性是指茶俗在历史发展过程中世代承袭的特点和方式。这种"世代承袭"，并非父传子、子传孙式的家族传承，而是从整个历史时代、整个社会群体角度的宏观观察，是一种历时性的考察。例如，"时新献人"的赠茶习俗，也就是新茶初制时以茶为礼，馈赠亲友。这种赠茶习俗从唐代兴起后，一直延续到当代。

（4）播布性

播布性是指茶俗具有传播和散布的自由属性。这与继承性是有区别的。茶俗的播布性存在多种层面：一是带有本土特征的区域内传播和散布，二是跨越地域的传播和散布，三是超越不同阶层的传播和散布。播布的方式，大多是口耳相传，或以书面形式或其他媒介为载体，加速和扩大茶俗的影响力。当然，播布还与接受与否有关，只有接受才会产生实效性。

（5）自发性

自发性是指茶俗的发生和发展具有自然状态的、自发自为的属性。茶俗的出现，除了极个别事项外，大多是在不经意间产生的，并非由于政府或其他外力的介入。这种自发性的存在，使茶俗产生的具体时间很难界定；同时，自发性也导致了首创人员的模糊性，很难说茶俗是某人的创造、创意或创新，只能说是一定区域的群体意识和行为。

八、茶道、茶艺、茶俗的关系

茶道是以修行得道为宗旨的饮茶艺术，包含茶艺、礼法、环境、修行四大要素。茶艺是茶道的基础，是茶道的必要条件，可以独立于茶道而存在。茶道以茶艺为载体，依存于茶艺。

茶艺的重点在"艺"，重在学习茶的艺术，以获得审美享受；茶道的重点在"道"，旨在通过茶艺修身养性。茶艺与茶道结合，艺中有道，道中有艺，是物质与精神高度统一的结果。但茶艺与茶道的内涵、外延均不相同，应严格区别二者，不要混为一谈。

"无茶不成俗，无茶不为敬"，说的正是茶与民俗的密切关系。在中国许多地方，饮茶、敬茶、祭茶、供茶等习俗早已融入人们的日常生活中。人们常说开门七件事（柴、米、油、盐、酱、醋、茶），茶就是生活中的必需品。另外，在属于民俗的嫁娶习俗中，茶是吉祥物；在祭祀习俗中，茶是圣洁之物；在待客习俗中，茶是清雅之物。总之，民间大众的茶俗观念深植于茶道思想之中。茶艺类型包括了民俗茶艺，而民俗茶饮不但有茶艺，同时也蕴含着茶道。茶道、茶艺、茶俗三者"你中有我，我中有你"，互相融合，无法分离。

九、茶文化的基本精神

1. 中和之道

"中和"为中庸之道的主要内涵。儒家认为若能"致中和"，则天地万物均能各得其所，达于和谐境界。人们常常把这种相对的和谐作为一种理想的境界。"文质彬彬，然后君子"，人的生理与心理、心理与伦理、内在与外在、个体与群体都达到高度和谐统一，是古人追求的理想境界。而个体与社会以及社会中各种关系均衡、和谐、有序、稳定地发展，则是封建社会理想中的太平盛世。

2. 自然之性

"自然"一词最早见于老子《道德经》："人法地，地法天，天法道，道法自然。"这里的自然具有两方面的意义：一是天地万物，二是自然而然的人性。就第一个意义来说，自然是人类生存的整个宇宙空间，是天地日月、风雨雷电、春夏秋冬、花鸟虫鱼等诸种现象。就第二个意义来说，自然又是人们在大自然中获得的思想和艺术启示，是人在自然境界里的升华。

自然是生命的体现，尊重自然就是尊重生命。在中国传统文化中，生是自然的最高品格——"天地之大德曰生"。中国传统文化的自然精神主要体现为"万物含生"的生命精神。从这样的原则出发，生命是融会贯通的，人与自然是相连的。在思想主张上，中国的儒释道各有不同，但其基本倾向都是肯定自然，肯定生生不息的生命流动。

3. 清雅之美

清雅在此处，不用"静"，因为"清"本身是和"静"有联系的，而且"清"可指物质的环境，也可指人格的清逸。清雅之人于清静之境品饮清澈茶汤，茶道之意即为此。"雅"可以雅俗并称，可以有"高雅""文雅"等多种意义。环境要雅，茶具要雅，茶客要雅，饮茶方式要雅，无雅则无茶艺，无茶文化，自然也就达不到茶道的境界。

4. 明伦之礼

礼仪作为一种人类形式化了的行为体系，可追溯到原始社会。当原始人的生存尚处于各种压力之下时，他们把万事万物的存在归之于超自然存在。中国数千年的社会发展史，也是一个礼制发展的历史。礼制的产生与中华文明、国家的形成有着直接的内在联系。历代封建统治者"礼义以为纪"，"礼"是用以维系社会专制秩序的基本制度和规则；而"非礼勿视，非礼勿听，非礼勿言，非礼勿动"乃是社会成员之间的交往规则。

十、茶文化的社会功能

茶文化与一般的饮食文化有很大的区别，它除了满足人们的生理需要之外，更重要的是满足人们的心理需求。茶道精神是在茶艺操作过程中体现的，是人们在品茗活动中的一种高品位的精神追求。人们走进现代的茶艺馆，并不是为了解渴，也不仅仅是为了保健的需要，更多的是追求一种文化上的满足感，是高品位的文化休闲，可以说是一种高档次的文化消费。

经营茶艺馆者，当然应该讲究经济效益，但同时也要重视茶文化知识的普及和推广，经常举行茶艺演示，举办茶艺知识讲座和培训，以及开展其他茶文化活动，要展现出自觉的文化积极性。

在茶艺馆从事茶艺工作的人员，要具备较高的文化素质要求，他们除了服务顾客之外，还肩负着普及茶艺知识、推广茶文化的重要任务，应该具有一种使命感和荣誉感。

唐代刘贞亮在《茶十德》中将饮茶的功效归纳为十项,其中"利礼仁""表敬意""可雅志""可行道"等就属于茶道范围。因此,弘扬茶文化,倡导茶艺,除了增进人们健康、促进茶业经济的发展、弘扬传统文化之外,还可以有更大的社会功能与精神价值。茶文化的社会功能可以简化归纳为以下三个方面。

第一,以茶雅志,陶冶个人情操。茶道中的"清""寂""廉""美""静""俭""洁""性"等,侧重个人的修身养性,旨在通过茶艺活动来提高个人道德品质和文化修养。

第二,以茶敬客,协调人际关系。茶道中的"和""敬""融""理""伦"等,侧重于人际关系的调整,要求以诚处世,敬人爱民,化解矛盾,增进团结,以利于社会秩序的稳定。

第三,以茶行道,净化社会风气。当今现实生活中,生活节奏加快、竞争激烈,人的心理往往易于失衡,容易导致人际关系紧张。而茶文化是一种雅静、健康的文化,它能使人们绷紧的心灵之弦得以松弛,倾斜的心理得以平衡。

茶文化的社会功能,不仅适合中国,而且具有世界共识。2019年12月19日,第74届联合国大会通过决议,将每年5月21日定为"国际茶日"。决议确认茶叶是最重要的经济作物之一,能够对发展中国家的农村发展、减贫和粮食安全发挥重要作用。每一位从事茶文化事业的人,都应该自觉地以此作为最高指导原则和追求,为祖国茶文化事业的蓬勃发展作出积极的贡献。

培训项目 4

中国饮茶风俗

中国茶俗厚重而广博，既有历史的延续，又有不同阶层的特点；既有不同文化的累积，又有不同民族的特点；既有不同地区的风尚，又有不同区域的差异。

一、不同历史时期的茶俗

1. 唐代的茶俗

在唐代以前，文献中就有关于茶饮的相关风俗，如汉代开始有饮茶的记载，汉代的南方，尤其是在西南地区，饮茶已成为风尚。魏晋南北朝时期关于饮茶风俗的记载逐渐增多，茶饮比较简单和粗糙，茶俗文化处于初级阶段。隋代统一全国后，南北经济文化交流更加便利，饮茶风尚在北方进一步传播，为唐代饮茶风气的广泛普及打下基础。

唐代饮茶风气的兴盛是中国茶叶生产和品饮发展的必然。唐代是中国历史上的鼎盛时期，物质文明和精神文明都达到了一个新的高度。经济的发展、消费的普及促进了茶业的兴旺，同时也促进了饮茶风尚的流行。

晚唐诗人皮日休在《茶中杂咏》序中提到，在陆羽之前，对茶文化的源流、制作方法、茶具设置、烹饮艺术都不够重视，饮茶就像是煮菜喝汤一样。《茶经》问世以后，这些方面才得到重视，并日益讲究起来。陆羽的《茶经》在理论和方法上对饮茶加以深化提高，使饮者通过品饮达到淡泊、宁静、超脱的精神境界和心灵上的愉悦，将日常生活中的普通饮茶行为提升为一种充满情趣和诗意的文化现象，使茶道达到澄心静虑、畅心怡神的深层美学和文化层次，使饮茶这一活动具有丰盈的美学趣味和深厚的文化内涵。

唐代饮茶主要采用烹煮法，重在品其味。在陆羽的倡导下，社会各阶层对茶有了进一步的认识，喜欢饮茶的人越来越多。

2. 宋辽金元时期的茶俗

宋代是一个饮茶之风兴盛的王朝，饮茶成为人们日常生活中不可缺少的一部分。宋代饮茶，一方面是市井日常饮茶的世俗情趣，另一方面是文士饮茶追求的精致雅趣。宋代研制了一些新的饮茶方式，如斗茶、分茶，重在玩其味，是带有趣味性的饮茶方式。

辽代与五代同始，与北宋同终，是契丹人建立的王朝。契丹人长期保持着游牧民族的风气，多食乳肉，而乏菜蔬，饮茶可以帮助消化，又可清热解毒，于是他们渐渐有了饮茶习俗，到后来发展成"一日不可无茶"的地步。辽人待客，是"先汤后茶"，汤用中药甘草煎制，团茶则用锯锯碎，用银壶或铜壶直接煨于炉口之上煮饮。由于辽地处北方，人们以牛羊肉食为主，故爱好紧压茶，便于长途运输和储存，制茶时先将茶叶敲碎，再放入锅内煮饮，有的还加入牛奶、羊奶，制成香浓的奶茶。

饮茶也是金朝各族人民的习俗。当时饮茶之风在各阶层都很盛行，有些文人以茶代酒，品茶成癖，茶的地位可与酒并驾齐驱，甚至高于酒。女真族的饮茶方式与契丹人相似，也为"先汤后茶"，在饮茶时还配以茶食。茶食很有民族特色，如蜜糕，做得非常精致，"以松实、胡桃肉渍蜜，和糯粉为之，形或方或圆"。

元代茶文化的发展起到承上启下的作用，饮茶习俗得以创新和发展，为明清饮茶习俗开辟了新途径。蒙古人最初的饮料为马奶酒，入主中原后，受各方面的影响，茶成为蒙古人日常止渴、消食的饮料，并形成具有蒙古特色的饮茶方式。例如，加入酥油并配加特殊作料的茶，如炒茶、兰膏茶和酥签茶。

3. 明清时期的茶俗

明清时期是我国茶俗发展的重要时期，茶逐渐走进了千家万户。明代倡导以散茶代替穷极工巧的饼（团）茶，以沸水冲泡的瀹饮法代替传统的研末而饮的煎饮法，是具有划时代意义的变革。在清代，原有的各具地方特色的茶俗继续流传，新兴的地方茶俗也日益丰富并沿袭至今，如广州的吃早茶、潮汕和闽南地区的工夫茶等。

4. 当代茶俗

新时期以来，当代茶业领域迅速拓展，茶文化的发展呈现出前所未有的锐气和活力。茶文化旅游兴起，人们走入茶园，体验采茶乐趣，参与手工炒茶，参观茶馆，了解茶文化历史，观看茶艺演示，品尝各地名茶，体验各地茶俗。

二、不同阶层的茶俗

1. 传统宫廷茶俗

传统宫廷茶俗指的是王公贵族阶层所享有的茶事活动与茶饮习俗,不仅涉及皇家的修身养性,还赋予了安邦治国和君臣教化之道,带有鲜明的阶级特点。传统宫廷茶俗形成于唐代,之后饮茶成为宫廷日常生活的一部分,还成为宫廷政治生活的组成部分,在皇家内廷各种场合中占有重要地位。

中国历代帝王大多好茶,历朝历代都建有专属茶院,设有专门茶房,皇宫内会举办隆重的茶宴,还形成了赐茶、赠茶的制度文化。

2. 古代文士茶俗

中国古代文人雅士和茶有着不解之缘。文士们提高了饮茶的地位,形成了以"品"为主的饮茶艺术,将这源于民间的饮料提升为至清至雅之物。文士们对饮茶颇有讲究,精益求精,为品茗技艺发展做出了贡献。文士们饮茶,品的不仅是茶,更是茶蕴含着的哲理诗意。文士们离不开茶,饮茶可激发灵感、促深思、助诗兴。文士们爱茶,在文学作品和绘画中多有表现饮茶的内容。

3. 僧道茶俗

道教很早对茶的养生保健功效有了认识,他们将茶当成使人长生不老的仙丹妙药。茶是道士修炼时的重要辅助手段,饮茶有助于习道之人达到虚静玄远的境界。

同时,茶与佛教关系也极为密切,很早就与之结缘,在寺院文化中占有突出的地位。寺院内常开辟茶园,研制名茶,举办茶宴,传播茶文化。茶对禅宗而言,既是养生之物,又是得悟途径,更是修行法门。饮茶成了参禅悟道重要的辅助手段,能延年益寿、祛病除疾。

4. 民间茶俗

民间茶俗是指源于民间,根植于民间,与老百姓日常生活息息相关的,具有传承性的茶饮习俗。民间茶俗是平民化的、大众化的饮茶习俗,包括日常家居饮茶、民间迎客茶、民间"吃茶"习俗等。日常家居饮茶讲究平淡、淳朴、随意、舒心,给人一种清静、放松、透明、自省的享受。民间迎客茶体现了中华民族"热情好客,客来敬茶"的传统美德,三五茶友,品茶叙旧,美哉乐哉。民间"吃茶"习俗一方面指饮用茶汤后将茶叶渣一并吃下,另一方面指茶中配以佐料的茶饮需连同茶叶、佐料一起吃下,味道醇香爽口,如擂茶、姜盐豆子茶等。我国地域辽阔,气候相差悬殊,随着季节的变化,各地茶俗也会发生变化,如擂茶,在不同的地域环境、不同的气候，加入茶饮中的佐料也不同。

在民间，还存在各种奇特的茶俗，有些是为了调解纠纷，以茶壶、茶碗大摆茶阵，如民间帮会"茶碗阵"、调解纠纷的"吃讲茶"等；有些是以某个团体活动为由，以茶命名举办各类活动。

三、不同文化的茶俗

1. 日常生活茶俗

日常生活中处处离不开茶，人们以茶庆祝喜庆年节，以茶祈求平安。茶是洁净的象征，因此与心意、信仰关系紧密，家中有喜事时，人们往往相聚在一起饮茶庆祝；遭遇不幸时，人们也往往以茶祛秽气、祈平安。例如，"寿礼茶""满月茶""上梁茶""新居茶""亲家茶""元宝茶""送茶料""启蒙茶""元宵茶""七夕茶""避邪茶""七宝瓮"等。

2. 人生礼仪茶俗

唐代兴起的"茶礼"历经宋元明清直到当代，从萌芽、演变到发展，几乎成为婚俗的代名词。千百年来，我国人民在恋爱、定亲、嫁娶时，始终把茶叶当作媒介物和吉祥美满的信物。例如，以前从定亲到完婚的各个阶段皆以茶命名。女方接受男方聘礼，叫"下茶"或"定茶"，有的叫"受茶"或"吃茶"。江浙一带，把整个婚姻的礼仪统称为"三茶六礼"。"三茶"指的是定亲时的"下茶"，结婚时的"定茶"，同房时的"合茶"。

3. 祭祀茶俗

"以茶为祭"是我国民俗文化的重要组成部分。在我国民间习俗中，茶与祭丧的关系十分密切。在人们的心目中，茶叶是圣洁之物，膜拜神祇、供奉佛祖、追思先人之时，常献上一杯清茶以表达无限敬意，如以茶祭神灵、以茶祭祖、以茶祭丧及祭拜茶神等。

4. 茶馆茶俗

茶馆之风，历经千年而不衰。唐代最早出现"茗铺"，主要供行人与过往商贾歇脚解渴。到宋代，茶馆逐渐兴盛，已具备多种功能，如休闲娱乐、商务交易、会友、信息传播等。明清市井文化的发展，使茶馆文化更加大众化。近代茶馆的发展则颇为坎坷，由于社会动荡，原本清静的茶馆也变得复杂喧嚣起来。新时期以来，各地茶馆、茶楼又如雨后春笋般兴起，茶客日益增多。人们闲暇日总爱到茶馆泡上一杯茶，细品慢饮，既提神醒脑又悠闲自得。

四、不同民族的茶俗

1. 西南少数民族茶俗

西南地区是我国少数民族最为集中的地区。少数民族同胞大部分居住在山区，交通不便，与外界的交流较少，还保留着古老的生活和生产方式，同时也保留了古老的茶餐饮文化习俗，如白族的三道茶、纳西族的"龙虎斗"、拉祜族的烤茶、侗族和苗族的打油茶（见图 2-19）等。

吃打油茶

打油茶茶汤

图 2-19 打油茶

2. 西北少数民族茶俗

西北少数民族饮茶重在粗犷豪迈、酣畅淋漓，喝茶要喝饱喝透。饮茶是西北少数民族必不可少的事情，一日不饮茶便会觉得心神不宁。藏族就有"一日无茶则滞，三日无茶则病"的谚语。西北少数民族常见的茶饮有藏族聚居区的酥油茶（见图 2-20）、北疆的奶茶和南疆的清茶、回族的盖碗茶及甘陕的罐罐茶等。

3. 其他民族茶俗

其他民族茶俗主要是指西南、西北地区以外的饮茶风俗。例如，内蒙古地区喜爱奶茶，以茶当饭，南方地区以竹制作烹茶、饮茶的用具，东北地区多饮红茶，游牧民族喜饮调饮茶。

图 2-20 酥油茶

五、不同地区的茶俗

1. 南北茶俗

我国南北地区饮茶习俗有很大差异。例如,山西酽茶投茶量大,浓度高,味极苦;山东人喜欢大碗喝外形粗犷、味道醇酽的黄大茶;江南人喝茶较文雅,喜欢细啜慢饮,注重茶叶品质。

2. 城乡茶俗

城市中的饮茶讲究闲情雅致,器具选择上注重精致美观;乡村饮茶注重淳朴厚实,喝茶不求名贵,以止渴为主。乡村饮茶的茶具更趋于实用性,崇尚本色,大多就地取材,自己制作,具有浓郁的地方特色。

城市中的饮茶推动着茶馆文化的有序发展,各地茶馆、茶楼、茶坊遍布林立,成为洽谈生意、亲友相聚的好去处,如北京老舍茶馆、雅俗并存的南京茶馆、休闲娱乐的成都茶馆、广州的茶楼等。

培训项目 5

茶与非物质文化遗产

非物质文化遗产是以人为本的活态文化遗产，它强调的是以人为核心的技艺、经验和精神，其特点是活态流变。

非物质文化遗产保护，是当代社会的重要活动和重大事件。其范围不仅涉及中国，而且广及世界。中国国家级非物质文化遗产的申报与名录的公布，已经成为全国人民和学术界关注的焦点。

一、人类非物质文化遗产简介

1. 人类非物质文化遗产的定义

1997年11月，联合国教科文组织通过了建立"人类口头和非物质遗产代表作"的决议，并于1998年11月审议通过了《宣布人类口头和非物质遗产代表作条例》。2001年、2003年和2005年，联合国教科文组织先后公布了三批人类口头和非物质遗产代表作名录，共计90个非物质文化遗产文化表现形式或文化空间，其中包括我国申报列入的昆曲、古琴艺术、新疆维吾尔木卡姆艺术和蒙古族长调民歌（与蒙古国联合申报）。

2003年10月17日，联合国教科文组织第32届大会通过了《保护非物质文化遗产公约》（以下简称《公约》）。《公约》在第八章"过渡条款"中明确规定：委员会应把在公约生效前宣布为"人类口头和非物质遗产代表作"的遗产纳入人类非物质文化遗产代表作名录。

截至2019年12月，联合国教科文组织非物质文化遗产名录（名册）项目共计549个，涉及127个国家。其中，人类非物质文化遗产代表作463项，涉及124个国家；急需保护的非物质文化遗产64项，涉及34个国家；最佳非物质文化遗产保护实践项目名册22项，涉及18个国家。

《公约》对非物质文化遗产的定义：非物质文化遗产是指被各社区、群体，有时是个人，视为其文化遗产组成部分的各种社会实践、观念表述、表现形式、知识、技能以及相关的工具、实物、手工艺品和文化场所。

2.《公约》的宗旨

（1）保护非物质文化遗产。

（2）尊重有关社区、群体和个人的非物质文化遗产。

（3）在地方、国家和国际一级提高对非物质文化遗产及其相互欣赏的重要性的意识。

（4）开展国际合作及提供国际援助。

3. 人类非物质文化遗产代表作名录中的中国项目

截至2019年12月，中国列入联合国教科文组织非物质文化遗产名录（名册）项目共计40项。其中，人类非物质文化遗产代表作32项，急需保护的非物质文化遗产7项，优秀实践1项。

（1）人类非物质文化遗产代表作名录（中国项目）

2008年列入的：昆曲、古琴艺术、新疆维吾尔木卡姆艺术、蒙古族长调民歌。

2009年列入的：中国传统桑蚕丝织技艺、南音、南京云锦织造技艺、宣纸传统制作技艺、侗族大歌、粤剧、蒙古族呼麦歌唱艺术、格萨（斯）尔、龙泉青瓷传统烧制技艺、热贡艺术、藏戏、玛纳斯、花儿、西安鼓乐、中国朝鲜族农乐舞、中国书法、中国篆刻、中国剪纸、中国雕版印刷技艺、中国传统木结构建筑营造技艺、端午节、妈祖信俗。

2010年列入的：京剧、中医针灸。

2011年列入的：中国皮影戏。

2013年列入的：中国珠算。

2016年列入的：二十四节气。

2018年列入的：藏医药浴法。

（2）急需保护的非物质文化遗产名录（中国项目）

2009年列入的：羌年、黎族传统纺染织绣技艺、中国木拱桥传统营造技艺。

2010年列入的：麦西热甫、中国水密隔舱福船制造技艺、中国活字印刷术。

2011年列入的：赫哲族伊玛堪。

（3）优秀实践名册（中国项目）

2012年列入的：福建木偶戏后继人才培养计划。

二、中国非物质文化遗产基本情况

中国是一个多民族的国家，悠久的历史和灿烂的古代文明为中华民族留下了极其丰富的文化遗产。为进一步加强我国文化遗产保护，继承和弘扬中华民族优秀传统文化，推进社会主义先进文化建设，2005 年 12 月，国务院决定从 2006 年起，每年六月的第二个星期六为中国的"文化遗产日"。2016 年 9 月，国务院批复住房城乡建设部，同意自 2017 年起，将每年六月第二个星期六的"文化遗产日"，调整设立为"文化和自然遗产日"。

1. 非物质文化遗产的定义

《中华人民共和国非物质文化遗产法》规定：非物质文化遗产是指各族人民世代相传并视为其文化遗产组成部分的各种传统文化表现形式，以及与传统文化表现形式相关的实物和场所。

2. 非物质文化遗产包括的内容

（1）传统口头文学以及作为其载体的语言。

（2）传统美术、书法、音乐、舞蹈、戏剧、曲艺和杂技。

（3）传统技艺、医药和历法。

（4）传统礼仪、节庆等民俗。

（5）传统体育和游艺。

（6）其他非物质文化遗产。

三、中国非物质文化遗产名录体系

为使中国的非物质文化遗产保护工作规范化，国务院发布《关于加强文化遗产保护的通知》，并建立"国家+省+市+县"4 级保护体系，各省、直辖市、自治区也都建立了自己的非物质文化遗产保护名录，并逐步向市/县扩展。

1. 国家级

国家级非物质文化遗产名录是经中华人民共和国国务院批准，由原文化部确定并公布的非物质文化遗产名录。

国务院先后批准公示四批国家级非物质文化遗产名录，分别是：2006 年 5 月 20 日，国务院公布第一批国家级非物质文化遗产名录；2008 年 6 月 7 日，国务院公布第二批国家级非物质文化遗产名录和第一批国家级非物质文化遗产扩展项目名录；2011 年 5 月 23 日，国务院公布第三批国家级非物质文化遗产名录；2014

年11月11日，国务院公布第四批国家级非物质文化遗产代表性项目名录。

2. 省级

主要包括江苏省省级非物质文化遗产名录、山西省省级非物质文化遗产名录、安徽省省级非物质文化遗产名录、山东省省级非物质文化遗产名录等31个省级非物质文化遗产名录。

3. 市级

主要包括扬州市市级非物质文化遗产名录、徐州市市级非物质文化遗产名录、南昌市市级非物质文化遗产名录等334个市级非物质文化遗产名录。

4. 县级

主要包括高邑县县级非物质文化遗产名录、广德县县级非物质文化遗产名录、衡南县县级非物质文化遗产名录等2 853个县级非物质文化遗产名录。

四、国家级非物质文化遗产代表性项目类别及茶文化事项

目前，我国法律对茶文化类非物质文化遗产的概念没有明确界定，根据非物质文化遗产的定义及茶业相关概念，茶文化类非物质文化遗产是指各种以茶叶为主题、世代相传的传统文化表现形式及相关实物和场所，具体包括茶叶典故传说、与茶相关的文艺作品、传统制茶技艺、茶礼茶俗、涉茶节庆活动、传统茶艺等，以及相关文物和场所。

国家级名录将非物质文化遗产分为十大门类，目前历经四批名录，共有1 372个项目，3 145个子项目。其中茶文化类非物质文化遗产代表性项目分别归属传统技艺、传统音乐、传统戏剧、传统舞蹈、民俗五类。

1. 第一批国家级非物质文化遗产名录——茶文化事项

第一批名录中入选的茶文化事项主要是在"传统技艺"门类，包括：

（1）"武夷岩茶（大红袍）制作技艺"（序号413，编号Ⅷ-63），由福建省武夷山市申报。

（2）"界首彩陶烧制技艺"（序号352，编号Ⅷ-2），由安徽省界首市申报。

（3）"维吾尔族模制法土陶烧制技艺"（序号356，编号Ⅷ-6），由新疆维吾尔自治区英吉沙县、新疆维吾尔自治区喀什市、吐鲁番市申报。

（4）"耀州窑陶瓷烧制技艺"（序号358，编号Ⅷ-8），由陕西省铜川市申报。

（5）"龙泉青瓷烧制技艺"（序号359，编号Ⅷ-9），由浙江省龙泉市申报。

（6）"磁州窑烧制技艺"（序号360，编号Ⅷ-10），由河北省峰峰矿区申报。

（7）"德化瓷烧制技艺"（序号361，编号Ⅷ-11），由福建省德化县申报。

（8）"澄城尧头陶瓷烧制技艺"（序号362，编号Ⅷ-12），由陕西省澄城县申报。

此外，"传统戏剧"门类的"采茶戏（赣南采茶戏、桂南采茶戏）"（序号209，编号Ⅳ-65），分别由江西省赣州市、广西壮族自治区博白县申报。

"传统技艺"门类中的"凉茶"（序号439，编号Ⅷ-89），由广东省文化厅、香港特别行政区民政事务局、澳门特别行政区文化局申报，凉茶虽然有"茶"字，但属"非茶之茶"，因此并不属于严格意义上的茶文化事项。另外，还有一些非物质文化遗产，如民歌、灯彩、舞蹈、戏剧、剪纸、制陶、制瓷、节日等，虽然也会存在某些以茶为内容的遗产，却并不是独立的类别形态。

2. 第二批国家级非物质文化遗产名录——茶文化事项

第二批名录中入选的茶文化事项数目有较大幅度增加，主要是在"传统技艺"门类，包括：

（1）"花茶制作技艺（张一元茉莉花茶制作技艺）"（序号930，编号Ⅷ-147），由北京张一元茶叶有限责任公司申报。

（2）"绿茶制作技艺（西湖龙井、婺州举岩、黄山毛峰、太平猴魁、六安瓜片）"（序号931，编号Ⅷ-148），分别由浙江省杭州市、浙江省金华市、安徽省黄山市徽州区、安徽省黄山市黄山区、安徽省六安市裕安区申报。

（3）"红茶制作技艺（祁门红茶制作技艺）"（序号932，编号Ⅷ-149），由安徽省祁门县申报。

（4）"乌龙茶制作技艺（铁观音制作技艺）"（序号933，编号Ⅷ-150），由福建省安溪县申报。

（5）"普洱茶制作技艺（贡茶制作技艺、大益茶制作技艺）"（序号934，编号Ⅷ-151），分别由云南省宁洱哈尼族彝族自治县、云南省勐海县申报。

（6）"黑茶制作技艺（千两茶制作技艺、茯砖茶制作技艺、南路边茶制作技艺）"（序号935，编号Ⅷ-152），分别由湖南省安化县、湖南省益阳市、四川省雅安市申报。

（7）"茶艺（潮州工夫茶艺）"（序号1014，编号Ⅹ-107），由广东省潮州市申报。

（8）"茶点制作技艺（富春茶点制作技艺）"（序号944，编号Ⅷ-161），由江苏省扬州市申报。

（9）"维吾尔族模制法土陶烧制技艺"（序号356，编号Ⅷ-6），由新疆生产建设兵团申报。

（10）"琉璃烧制技艺"（序号873，编号Ⅷ-90），由北京市门头沟区、山西省申报。

（11）"临清贡砖烧制技艺"（序号874，编号Ⅷ-91），由山东省临清市申报。

（12）"定瓷烧制技艺"（序号875，编号Ⅷ-92），由河北省曲阳县申报。

（13）"钧瓷烧制技艺"（序号876，编号Ⅷ-93），由河南省禹州市申报。

（14）"唐三彩烧制技艺"（序号877，编号Ⅷ-94），由河南省洛阳市申报。

（15）"醴陵釉下五彩瓷烧制技艺"（序号878，编号Ⅷ-95），由湖南省醴陵市申报。

（16）"枫溪瓷烧制技艺"（序号879，编号Ⅷ-96），由广东省潮州市枫溪区申报。

（17）"广彩瓷烧制技艺"（序号880，编号Ⅷ-97），由广东省广州市申报。

（18）"陶器烧制技艺（钦州坭兴陶烧制技艺、藏族黑陶烧制技艺、牙舟陶器烧制技艺、建水紫陶烧制技艺、荥经砂器烧制技艺）"（序号881，编号Ⅷ-98），分别由广西壮族自治区钦州市、四川省稻城县、云南省迪庆藏族自治州、青海省囊谦县、贵州省平塘县、云南省建水县、四川省荥经县申报。

（19）"土碱烧制技艺"（序号926，编号Ⅷ-143），由新疆生产建设兵团申报。

此外，还有属于"民俗"门类的"庙会（赶茶场）"（序号991，编号Ⅹ-84），由浙江省磐安县申报；"传统戏剧"门类的"采茶戏"（序号209，编号Ⅳ-65），由湖北省阳新县申报；"传统音乐"门类的"茶山号子"（序号588，编号Ⅱ-89），由湖南省辰溪县申报。

3. 第三批国家级非物质文化遗产名录——茶文化事项

第三批名录中入选的茶文化事项主要是在"传统技艺"门类，包括：

（1）"白茶制作技艺（福鼎白茶制作技艺）"（序号1183，编号Ⅷ-203），由福建省福鼎市申报。

（2）"花茶制作技艺（吴裕泰茉莉花茶制作技艺）"（序号930，编号Ⅷ-147），由北京市东城区申报。

（3）"绿茶制作技艺（碧螺春制作技艺、紫笋茶制作技艺、安吉白茶制作技艺）"（序号931，编号Ⅷ-148），分别由江苏省苏州市吴中区、浙江省长兴县、浙江省安吉县申报。

（4）"黑茶制作技艺（下关沱茶制作技艺）"（序号935，编号Ⅷ-152），由云南省大理白族自治州申报。

（5）"陶器烧制技艺（黎族泥片制陶技艺、荣昌陶器制作技艺）"（序号881，编号Ⅷ-98），分别由海南省白沙黎族自治县、重庆市荣昌区申报。

（6）"越窑青瓷烧制技艺"（序号1167，编号Ⅷ-187），由浙江省上虞区、杭州市、慈溪市申报。

（7）"建窑建盏烧制技艺"（序号1168，编号Ⅷ-188），由福建省南平市申报。

（8）"汝瓷烧制技艺"（序号1169，编号Ⅷ-189），由河南省汝州市、宝丰县申报。

（9）"淄博陶瓷烧制技艺"（序号1170，编号Ⅷ-190），由山东省淄博市申报。

（10）"长沙窑铜官陶瓷烧制技艺"（序号1171，编号Ⅷ-191），由湖南省长沙市望城区申报。

（11）"银铜器制作及鎏金技艺"（序号1176，编号Ⅷ-196），由青海省湟中县申报。

（12）"青铜器修复及复制技艺"（序号1177，编号Ⅷ-197），由故宫博物院申报。

此外，"传统戏剧"门类的"采茶戏（高安采茶戏、抚州采茶戏、粤北采茶戏）"（序号209，编号Ⅳ-65），分别由江西省高安市、抚州市临川区，广东省韶关市申报。"民俗"门类的"径山茶宴"（序号1215，编号Ⅹ-140），由浙江省杭州市余杭区申报。

4. 第四批国家级非物质文化遗产名录——茶文化事项

第四批名录中入选的茶文化事项主要是在"传统技艺"门类，包括：

（1）"花茶制作技艺（福州茉莉花茶窨制工艺）"（序号930，编号Ⅷ-147），由福建省福州市仓山区申报。

（2）"绿茶制作技艺（赣南客家擂茶制作技艺、婺源绿茶制作技艺、信阳毛尖茶制作技艺、恩施玉露制作技艺、都匀毛尖茶制作技艺）"（序号931，编号Ⅷ-148），分别由江西省全南县、婺源县，河南省信阳市，湖北省恩施市，贵州省都匀市申报。

（3）"红茶制作技艺（滇红茶制作技艺）"（序号932，编号Ⅷ-149），由云南省凤庆县申报。

（4）"黑茶制作技艺（赵李桥砖茶制作技艺、六堡茶制作技艺）"（序号935，编号Ⅷ-152），分别由湖北省赤壁市，广西壮族自治区苍梧县申报。

（5）"琉璃烧制技艺"（序号873，编号Ⅷ-90），由山东省淄博市博山区、山东省曲阜市申报。

（6）"邢窑陶瓷烧制技艺"（序号1327，编号Ⅷ-213），由河北省邢台市申报。

（7）"婺州窑陶瓷烧制技艺"（序号1328，编号Ⅷ-214），由浙江省金华市婺城区申报。

（8）"吉州窑陶瓷烧制技艺"（序号1329，编号Ⅷ-215），由江西省吉安市申报。

（9）"登封窑陶瓷烧制技艺"（序号1330，编号Ⅷ-216），由河南省登封市申报。

（10）"当阳峪绞胎瓷烧制技艺"（序号1331，编号Ⅷ-217），由河南省焦作市申报。

（11）"潮州彩瓷烧制技艺"（序号1332，编号Ⅷ-218），由广东省潮州市申报。

（12）"陶瓷微书"（序号1333，编号Ⅷ-219），由广东省汕头市申报。

（13）"古陶瓷修复技艺"（序号1334，编号Ⅷ-220），由上海市长宁区申报。

（14）"陶器烧制技艺（平定砂器制作技艺、平定黑釉刻花陶瓷制作技艺、宜兴均陶制作技艺、德州黑陶烧制技艺、枫溪手拉朱泥壶制作技艺）"（序号881，编号Ⅷ-98），分别由山西省平定县、江苏省宜兴市、山东省德州市、广东省潮州市申报。

另外，"传统舞蹈"门类的"龙岩采茶灯"（序号1269，编号Ⅲ-116），由福建省龙岩市新罗区申报。

五、国家级非物质文化遗产代表性项目代表性传承人

国家级非物质文化遗产代表性项目代表性传承人，是指经国务院文化行政部门认定的，承担国家级非物质文化遗产名录项目传承保护责任，具有公认的代表性、权威性与影响力的传承人。

国务院文化主管部门和省、自治区、直辖市人民政府文化主管部门对本级人民政府批准公布的非物质文化遗产代表性项目，可以认定为代表性传承人。认定非物质文化遗产代表性项目的代表性传承人，应当参照执行相关法律有关非物质文化遗产代表性项目评审的规定。

截至 2019 年 12 月 31 日，国家文化主管部门分别于 2007 年、2008 年、2009 年、2012 年和 2018 年，命名了五批国家级非物质文化遗产代表性项目代表性传承人，共计 3 068 人。

1. 非物质文化遗产代表性项目代表性传承人的申报条件

（1）熟练掌握其传承的非物质文化遗产。

（2）在特定领域内具有代表性，并在一定区域内具有较大影响。

（3）积极开展传承活动。

2. 非物质文化遗产代表性项目代表性传承人的申报材料

公民提出国家级非物质文化遗产项目代表性传承人申请的，应当向所在地县级以上文化行政部门提供以下材料：

（1）申请人基本情况，包括年龄、性别、文化程度、职业、工作单位等。

（2）该项目的传承谱系以及申请人的学习与实践经历。

（3）申请人的技艺特点、成就及相关的证明材料。

（4）申请人持有该项目的相关实物、资料的情况。

（5）其他有助于说明申请人代表性的材料。

3. 非物质文化遗产代表性项目代表性传承人的义务

（1）开展传承活动，培养后继人才。

（2）妥善保存相关的实物、资料。

（3）配合文化主管部门和其他有关部门进行非物质文化遗产调查。

（4）参与非物质文化遗产公益性宣传。

非物质文化遗产代表性项目的代表性传承人无正当理由不履行规定义务的，文化主管部门可以取消其代表性传承人资格，重新认定该项目的代表性传承人；丧失传承能力的，文化主管部门可以重新认定该项目的代表性传承人。

4. 非物质文化遗产代表性项目代表性传承人的政策保障

县级以上人民政府文化主管部门根据需要，支持非物质文化遗产代表性项目的代表性传承人开展传承、传播活动。

（1）提供必要的传承场所。

（2）提供必要的经费资助其开展授徒、传艺、交流等活动。

（3）支持其参与社会公益性活动。

（4）支持其开展传承、传播活动的其他措施。

六、国家级非物质文化遗产代表性项目名录的保护与传承

国务院建立国家级非物质文化遗产代表性项目名录，将体现中华民族优秀传统文化，具有重大历史、文学、艺术、科学价值的非物质文化遗产项目列入名录予以保护。省、自治区、直辖市人民政府建立地方非物质文化遗产代表性项目名录，将本行政区域内体现中华民族优秀传统文化，具有历史、文学、艺术、科学价值的非物质文化遗产项目列入名录予以保护。

保护非物质文化遗产，应当注重其真实性、整体性和传承性，有利于增强中华民族的文化认同，有利于维护国家统一和民族团结，有利于促进社会和谐和可持续发展。

1. 国家级非物质文化遗产代表性项目——茶文化事项的申报

按照中国民俗文化的分类，茶文化事项实际上是由物质、精神、言语、游艺构成的大体系。对遗迹、遗址的普查摸底，是保护和申报非物质文化遗产茶文化事项的基础工作。

《国家级非物质文化遗产代表作申报评定暂行办法》规范了国家级非物质文化遗产的申报和评定工作，申报国家级非物质文化遗产在项目分类认定方面有四个关键点：一是申报项目必须严格符合国家级非物质文化遗产代表作的定义和范围；二是申报大型文化活动项目时，必须正确理解"文化空间"的定义；三是必须保证申报项目的代表性和真实性；四是必须把非物质文化遗产保护的具体工作纳入整体保护的庞大系统工程中。茶文化事项的非遗申报，必须符合这些要求，按照申报的程序提供完善的材料。

茶文化事项申报国家级非物质文化遗产，大力促进了中国优秀传统茶文化事项的传承。国家级非物质文化遗产作为"国家名片"，可以进一步提升中国茶文化的地位，并扩大其影响力；申报的过程也是一个发现、宣传茶文化价值的过程，可以使政府、社会、大众都对茶文化有更加广泛和深刻的认识；可以促进茶文化事项得到国家和各级政府的重视和保护；可以促使茶文化事项的传承人将技艺传授给后人，也使年轻一代更有兴趣学习、掌握和继承各项遗产；可以促进茶文化事项保护与利用的现实性互动，在保护时开发利用，在合理利用时不离保护。

2. 国家级非物质文化遗产代表性项目——茶文化事项的保护

中国国际茶文化研究会名誉会长刘枫倡导的"茶为国饮"的理念，已经在全国范围内深入人心，形成了普遍共识。茶成为"中国之饮""举国之饮"，茶的事

业也将成为"举国之事"。

非物质文化遗产保护，担负着促进文化多样性和提高人类创造力的历史使命。中华民族五千年的灿烂文明，留下了丰富多彩的物质文化遗产和非物质文化遗产。这些文化遗产是中华民族生生不息的魂脉，是中华民族的根，是我们和遥远祖先沟通的唯一渠道，是人类灿烂历史留下的稀世物证。在社会发展的加速期，在文化作为综合国力和"软实力"的敏感期，人们更加需要增强保护传承历史文化的责任感，增强多元文化的基本价值观，只有这样，才能以更加坚实的步伐走向未来。

保护非物质文化遗产，是代表先进文化前进方向的有力体现，是维护文化安全、保持文化尊严的重要保障，是社会经济发展关键时期文化层面的重大举措，是社会和谐发展的重要内容。针对非物质文化遗产传承规律，专家提出了非物质文化遗产保护的十大原则，即"有形化"原则、以人为本的原则、整体保护原则、活态保护原则、民间事民间办原则、原真性保护原则、保护文化多样性原则、精品保护原则、濒危遗产的优先保护原则、保护与利用并举原则。

当前文化遗产保护还存在着一些不足，这同样表现在茶文化遗产保护之中。例如，一些依靠口传身授方式加以传承的非物质文化遗产正在不断消失；许多传统技艺濒临消亡；大量珍贵实物与资料遭到毁弃或流失境外；随意滥用、过度开发文化遗产的现象时有发生；甚至有人借继承、创新之名随意篡改茶艺，极大地损害了茶文化遗产的原真性。而且，茶文化遗产还具有物质遗产与非物质遗产并存的特性，如有的古茶树就是以保护的名义被损毁，成为不能再生的文化遗产损失。

3. 国家级非物质文化遗产代表性项目——茶文化事项的传承

国家级非物质文化遗产是一个民族或群体的文化及其传统的重要组成部分，对于人类社会或群体乃至民族和国家的文化认同、民族精神的承续，都具有十分重要的作用。要对非物质文化遗产进行传承，就要探讨和了解非物质文化遗产的生存特点和发展规律，只有这样，才能正确、有效地传承非物质文化遗产。

在非物质文化遗产传承过程中，真正的传承主体是那些深深植根于民间社会的非物质文化遗产传承人。按照区域性可分为国家级、省级、市级、县级等非物质文化遗产项目代表性传承人。国家及各级政府在公布非物质文化遗产代表性项目名录时，也会同时公布传承人名单。不过，遗产名录与传承人名单，有的可以对接，也有的并不衔接。

在国家非物质文化遗产茶文化事项传承这一过程中,应建立起茶文化遗产的县级、市级、省级和国家级名录,并采取切实可行的措施建档、保存、传承、传播和保护茶文化遗产。另外,还应该充分利用科研与教学机构,开展好茶文化遗产的研究与教学工作,达到非物质文化遗产传承的目的。

总之,中国茶文化遗产进入国家级非物质文化遗产代表性项目名录的同时,也要从实际出发,建立"国家级中国茶文化遗产名录",并且不遗余力地推动中国茶文化遗产进入"人类非物质文化遗产代表作名录"的行列。为此,需要茶界人士更多地关注、分析、研究茶文化遗产,宣传、呼吁茶文化遗产的传承、传播和保护,持之以恒地为之努力。

培训项目 6 茶的外传及影响

中国是茶的起源地，也是茶文化的发祥地。世界上的茶树、茶种，茶叶的生产、加工技艺，茶的品饮与文化，大多源自中国。

一、茶的对外传播

中国茶叶的对外传播，主要有两条路线，即海路传播路线和陆路传播路线。

1. 海路传播

中国茶叶最早传及的国家是朝鲜和日本。公元4世纪末5世纪初，佛教由中国传入高句丽，饮茶之风亦开始进入朝鲜半岛。不过，高句丽种茶，却始于我国唐代。据《东国通鉴》记载：公元828年，"新罗兴德王之时，遣唐大使金氏（即金大廉），蒙唐文宗赐予茶籽，始种于金罗道之智异山"。公元12世纪，高丽的松应寺、宝林寺等著名禅寺积极提倡饮茶，饮茶之风很快在民间普及。自此，朝鲜不但饮茶，而且种茶。由于环境、气候等原因，朝鲜半岛茶叶种植量小，主要依靠进口。

据传，汉代时，茶叶已通过海路传播到日本。但有确切史料记载的传入时间是唐代。唐顺宗永贞元年（805年），日本高僧最澄和弟子义真来我国天台山学佛，回国时带回茶籽，种于日本近江（今滋贺县境内），后成为日本最古老的茶园，即日吉茶园。次年，日本高僧空海又来华学佛，回国时也带回茶籽，种于日本京都高山寺等地。此后，日本嵯峨天皇于弘仁六年（815年）四月巡幸近江，在此经过梵释寺时，该寺大僧都永忠亲手煮茶进献。天皇巡幸后，下令畿内、近江、丹波、播磨等地种茶，每年采茶进献。自此，日本的茶叶生产才开始发展，其制茶法和饮茶方式均效仿唐代。中国饮茶之风和茶道传入日本后衍化为日本茶道，在此过程中的关键人物是日本临济宗的创始人荣西禅师。他留学中国时系统地学习了种茶、制茶和饮茶知识，撰写了茶学专著《吃茶养生记》，促进了日本茶业和饮茶之风的发展，为日本茶道的兴起开了先河。日本茶园如图 2-21 所示。

图 2-21　日本茶园

除了东亚，茶叶还通过印度洋、波斯湾、地中海运往欧洲各国。宋元时期，中国陶瓷和茶叶就运往亚欧各国。1517 年，葡萄牙海员从中国带回茶叶。1560 年，葡萄牙传教士克罗兹神父将中国茶叶的品类及饮茶方法等传入欧洲。明神宗万历三十五年（1607 年），荷兰人开始经海路从中国澳门贩运茶叶到印度尼西亚。1610 年，荷兰直接从中国运茶回国，并在欧洲销售。1637 年，英国船长威忒专程率船队东行，首次从中国直接运走茶叶。之后，英国商人从厦门、广州等地购买大量茶叶，除国内消费外还转运到美洲殖民地。1644 年，英国在厦门设立了专门贩茶的商务机构。1650 年，荷兰人贩运中国茶叶到达北美。1715 年，东印度公司在广州设立商馆，中国茶叶贩至英国的出口量逐年增大。后来，瑞典、丹麦、法国、德国等国的商船，每年都会从中国运走大批茶叶。

到了 19 世纪，中国茶叶的对外传播几乎遍及全球。

2. 陆路传播

中国茶叶陆路传播是从与中国接壤的邻国开始的。中国茶叶经陆路传播到阿拉伯国家后，当时许多阿拉伯商人在中国购买丝绸、瓷器的同时，也常常带回茶叶。后来，阿拉伯人再把中国的饮茶之风向中亚和西亚一带传播开来。

中国茶叶除经海路传到西欧外，还有一条陆路传播通道。此路以山西、河北为枢纽，经长城，过蒙古，穿越俄罗斯西伯利亚地区，直达欧洲腹地。蒙古由于是这条国际商路的出口,所以较早兴起饮茶之风。

据《宋史·张永德传》载:"永德在太原,尝令亲吏贩茶规利,阑出徼外市羊。"可见,宋时中国已与蒙古用茶换羊,说明当时蒙古已开始饮茶了。

据史料记载,明代仍有与塞外的"茶马互市",用茶易马进行贸易往来。明万历四十六年(1618年),中国公使携茶赴俄国,向俄国朝廷馈赠茶叶。由于当时俄国从未有人饮茶,因此并未引起重视。1638年,斯特可夫(Starkoff)又从蒙古将中国茶叶带去俄国。至18世纪初,中国茶叶始经蒙古从陆路销往俄国。18世纪50年代开始,俄国逐渐形成饮茶风尚,对茶叶的需求量与日俱增。从1833年开始,俄国从中国湖北羊楼洞引进茶籽、茶苗,试种于现今格鲁吉亚一带,但都未获得成功。1889年,俄国以吉霍米罗夫为首的考察团到中国研究茶叶的产制,回国后开辟茶园,后建了小型茶厂一座。1893年,茶园聘请刘峻周等10位中国茶工去格鲁吉亚进行种茶技术指导。在中国茶工的辛勤培育下,俄国茶叶种植渐成规模。

位于南亚的印度,1780年开始种茶,一直未获成功。为此,印度于1834年成立植茶问题委员会,并派遣委员会秘书哥登(G.J.Gordon)到中国购买茶籽,种于印度的大吉岭,并请雅州(今四川雅安)茶业技工传授种茶和制茶技术。经过百余年的努力,直到19世纪后期,茶叶终于在喜马拉雅山南麓的大吉岭一带发展起来。

南亚的孟加拉国是在印度之后开始种茶的。巴基斯坦种茶始于1983年,当时中国派专家指导试种,成功后开始建立茶园。

与中国相邻的缅甸、柬埔寨、越南等国也种茶,而且种茶的历史比较早。

二、茶的对外影响

中国茶文化博大精深,世界各国的茶及茶文化大都源自中国。中国茶对世界的影响是长期和多样的。概而言之,主要有以下三方面的影响。

1. 茶事生活的影响

唐代,茶已成为"举国之饮"。到了宋代,茶更是发展为"开门七件事"之一。如今,茶是中国之饮,同时也是国际之饮,茶事生活已经产生了世界影响。据统计,目前世界上有60多个国家种茶,160多个国家和地区的30多亿人喜欢饮茶,人均年饮茶约0.6千克。茶已成为受全世界人们普遍喜欢的一种天然、营养、保健饮料。

2. 饮茶方式的影响

饮茶源于中国，中国的饮茶方式影响着世界各国。中国的饮茶习俗传到国外以后，在各国民族、地理、气候、文化、风俗的影响下，饮茶方式变得更加多姿多彩。

饮茶可分为清饮法和调饮法。清饮法就是直接用沸水冲泡茶叶，追求茶的真香实味。清饮法一般出现在东方的国家和地区，如中国普遍推崇清饮，日本人推崇清饮"三绿"的蒸青绿茶，韩国及东南亚一些国家也推崇清饮。调饮法是在沏泡的过程中添加一些既可调味又富有营养的食品，如调味的有食盐、薄荷、柠檬等，以营养为主的有牛奶、蜂蜜、白糖等。

3. 文化的影响

东亚各国同属"东方文化圈"，诸多文化事项相连相通，茶文化的传播与沟通也更频繁和直接。日本、韩国是中国茶叶最早传入的国家，也是受中国茶文化影响最深的国度。唐代陆羽的《茶经》一直都是两国人学习和推崇的经典。从文化实践层面来看，国外有不少中国式的茶馆，还成立有茶文化团体，经常组织茶文化相关交流活动。

茶文化不仅仅是东方文化，它已走向全世界。中国茶与茶文化的影响，正在不断拓展与延伸。

培训项目 7

外国饮茶风俗

世界上凡是饮茶的国家都有茶俗。地理位置、人文环境、民族文化、饮食习惯的不同，使得各国形成千姿百态的饮茶风俗。

一、亚洲部分国家饮茶风俗

亚洲作为七大洲中面积最大、人口最多的一个洲，可分为东亚、东南亚、南亚、西亚、中亚、北亚等区域。由于地域广阔，各国（地区）文化和民俗差异大，茶俗也极不相同。

1. 日本饮茶风俗

日本的茶俗集中体现为茶道。15世纪奈良的村田珠光和尚是日本茶道的"开山之祖"，他创立的"草庵茶"为后世茶道的出发点。珠光和尚去世之后，武野绍鸥将其理想化作了茶道文化各个部分的具体形象，是珠光式美学理念的实现和升华。1555年，武野绍鸥去世，在其门下学习了15年茶道的千利休（1522—1592年）集前人大成，将中世纪茶道真正提高到了艺术水平。千利休把深奥的禅宗思想渗入茶道之中，提倡朴素廉洁、奢侈有害、恪守清寂的原则，把茶道视为陶冶性格的修身方法。为了贯穿这一思想，他对茶道进行了一系列改革：改茶室北向为南向，滑门为雪白纸糊，室为小间，平面布局紧凑，除壁龛外，分点茶席、贵人席、脚踏席、地炉席、客人席五个专门地方，同时分蹋口、茶道口、贵人口、给仕口等出入口；窗孔小而多，不对称，有连子窗、下地窗、突上窗、色纸窗等；造材天然，具有茅舍风格、农家风范；通道狭小，安有石灯笼、篱笆、踏脚石和蹲踞；碗用乐茶碗。行茶道时定有"四规"和"七则"。所谓"四规"，指的是"和、敬、清、寂"。所谓"七则"，指的是茶应泡得适合入口，炭应能够让水滚沸，花的装饰要如在野外般自然，茶室应冬暖夏凉，应根据预定的时间提早准备（遵守时间），非下雨天仍要备好雨具，体贴同行宾客（时刻把宾客放在心上）。日本茶道如图 2-22 所示。

图 2-22　日本茶道

　　茶道进一步发展后，形成了师徒秘传的嫡系相承的组织形式。到了 18 世纪的江户时期，茶道的限制就更严了，继承人只能是长子，代代相传，称为家元制度。现代的茶道由数十个流派组成，各派都推举了自己流派的家元。最大的流派是以千利休为祖先的不审庵（表千家流派）、今日庵（里千家流派）和官休庵（武者小路千家流派），统称为"三千家"，其中里千家影响最大。据统计，在日本学习茶道礼仪的 1 000 万人中，就有 600 万人属"里千家"。"三千家"的传承关系是：千利休死后，由其子少庵继承；不久，少庵隐退，由千利休孙子千宗旦接任，重振了千家这一派；千宗旦有三个儿子分别继承祖业。其中，宗左继承了宗旦的不审庵，这支被称为"表千家"；宗室在不审庵内侧建立了今日庵，这支被称为"里千家"；另外，二子宗守一度离开茶道，之后在武者小路（地名）建立了官休庵，这支被称为"武者小路千家"。根据家元制度，"三千家"也都是长子继承，名字也和上代一样，只标明几世或几代，斋名有所不同，以示区别。

　　除"三千家"外，日本茶道流派还有薮内流、有乐流、久田流、织部流、南坊流、松尾流、石州流等。要学茶的人们在各流派入门，跟有教授资格的茶人不断修行，到一定的年限，从家元那里领得证书。茶道靠这种方式代代相传，经久不衰。茶道由四个要素组成，即宾主、茶室、茶具和茶。参加茶道的人叫"茶人"，要有一定经验，并经过一定的训练。茶室大小不一，形状多样，标准面积为四张半榻榻米，约 8.186 平方米。面积超过四张半榻榻米的茶室称作"大茶室"，面积小于四张半榻榻米的茶室称作"小茶室"。茶室要有幽雅自然的环境，布置得简朴而优雅，常挂着与茶事主题有关的禅语挂轴和名贵字画，室内可有插花装饰，供宾客欣赏。日本茶室如图 2-23 所示。古老茶具多为"乐烧"茶碗和茶盘、茶盖、茶勺、茶桶、斫茶锤等，另有炭火茶釜和煮茶用的小坛，以及炭斗、火箸、灰匙、风炉等。茶具要四季应时，并且多是历史珍品。茶是精致的绿茶末，用石臼研制而成，称作"抹茶"。

图 2-23　日本茶室

茶道有讲究的礼仪规范。进茶室后，宾客首先要脱鞋躬身入内，表示谦逊，而主人则跪在门前迎接，以示尊敬。宾客就座后，宾主致辞，观赏茶具。接着，主人开始生火、加水、拂拭茶具，然后煮茶、冲茶、敬茶。水煮沸后，用轻轻的动作冲茶小半碗。主人用双手捧起，敬献给宾客。宾客品茶时也要双手捧碗，从左向右转一周，以示拜观茶碗。喝茶时一定要三口喝尽，最后一口还应发出轻轻的响声，表示对茶的赞美。茶有两种：一种是深绿色的浓茶，味道清香略苦，要轮流饮；另一种是淡茶，每人一碗单饮。有的茶会还有甜心和简单素食，称为"怀石料理"。宾客们都饮完后，一一向主人道谢，茶道仪式即告结束。

点一碗茶，若从单纯的制作角度上来讲，也许只需要两三分钟，可是，若想要通过点一碗茶的动作来表现大自然的循环运转的过程，来体现东方思想文化之深厚的内涵就不是短短几分钟所能完成的了。所以，在日本茶道里，完成一套规格高的点茶技法需要一个多小时，最简单的也需要二十分钟。可见，东方的哲学思想赋予了点茶技法丰富的内容，使得烧水涮碗等日常行为有了严格的规范。同时，以深厚的东方哲学思想为根基而设定的点茶技法，简洁准确，外柔内刚，有礼有节，抑扬顿挫，令人百看不厌。日本茶道真可谓为东方思想哲学的宠儿与骄子。

日本茶道遵循"四规"和"七则"，但根据迎客、庆贺、欢聚、叙事、赏景、论学等不同内容，其仪式也略有差异。而且，随着时代的变化，日本茶道中的繁文缛节都有了改革或简化，现在普通茶道多以茶会的形式进行。

由于茶道的盛行，日本人普遍喜欢饮茶，认为饮茶有助健康，可以延年益寿。近些年，日本茶叶消费的品种也有变化，除传统的绿茶外，乌龙茶消费量急剧增加，普洱茶、茉莉花茶消费量也有增加。茶的包装正向多样化、现代化方向发展，袋泡茶、速溶茶、罐装茶等都受到欢迎，"方便卫生"的新理念正在改变旧有的风俗习惯。

2. 韩国饮茶风俗

韩国茶礼又称茶仪，是大众共同遵守的传统美风良俗。韩国茶礼源于中国古代的饮茶习俗，但这并不是简单地照搬、移植，而是把禅宗文化、儒家与道教的伦理道德，以及韩国传统礼节与之融汇于一体所形成的。早在一千多年前的新罗时期，朝廷的宗庙祭礼和佛教仪式中就运用了茶礼。创建双溪寺的真鉴国师（774—850年）的碑文中，就记载了有关茶的习俗：有人赠他"汉茗"，他"以薪爨石釜，不为屑而煮之，曰：吾不识是何味，濡腹而已"。

在高丽时期，朝鲜半岛已把茶礼贯彻于朝廷、官府、僧俗等各阶层。最初，朝鲜半岛盛行点茶法，就是把膏茶用磨磨成茶末儿，然后把汤罐里烧开的水倒进茶碗，用茶匙或茶筅搅拌成乳状后饮用的方法。到高丽末期，又兴起了把茶叶泡在盛开水的茶罐里再饮用的泡茶法。当时，高丽朝廷举办的茶礼大约有九种：一是燃灯会，每年农历二月十五日，在宫中康乐殿的浮阶里开的燃灯会中举行茶礼；二是八关会，即每年农历十一月十四日，在宫中仪凤门阶梯底下的浮阶中开的八关会举行茶礼，也有的在农历十一月十五日举行茶礼；三是在举行奏对仪式时，茶礼在内殿举行；四是迎北朝诏使仪式，在乾德殿举行茶礼；五是在祝贺太子诞生的仪式中，茶礼是在宫中厅幕里简单举行，宾主揖让就座上茶；六是在给太子分封的仪式中，茶礼在东宫门竹席上举行；七是在分封王子、王姬的仪式中，在大观殿举行茶礼；八是在公主出嫁时的仪式中，在宫中厅幕举行茶礼；九是在宴请群臣的酒席仪式中，在大观殿举行茶礼。高丽时期的佛教茶礼表现为禅宗茶礼，其规范是《敕修百丈清规》和《禅苑清规》。当时高丽的佛教有五宗，即法性宗、戒律宗、圆融宗、慈恩宗、始兴宗，加上天台宗、禅宗，共七宗。《敕修百丈清规》涉及茶礼的内容有：住持举行尊茶、上茶和会茶仪式；寮元负责众寮的茶汤，水头负责烧开水；吃食法中记有吃茶法；农历四月十三日楞严会上茶汤，四节秉拂中有献茶，记有吃茶时的敲钟、点茶时的茶鼓的打鼓法；等等。《禅苑清规》涉及茶礼的记载有：赴茶汤礼、知事头首点茶、谢茶等。由此可见当时佛教茶礼一斑。此外，朝鲜儒教也讲究茶礼。宋朝朱熹的《文公家礼》传到高丽时是忠肃王时代。当时，郑梦周、赵浚等力劝国王采用《朱子家礼》。

韩国提倡的茶礼以"和""静"为根本精神，其含义泛指"和、敬、俭、真"。"和"是要求人们心地善良，和平共处，互相尊敬，帮助别人。"敬"是要有正确的礼仪，尊重别人，以礼待人。"俭"是俭朴廉正，提倡朴素的生活。"真"是要有真诚的心意，以诚相待，为人正派。此外，传统的茶礼精神还包括"清、虚"。韩国茶礼侧重于礼仪，强调茶的亲和、礼敬、欢快，把茶礼贯彻于各阶层，将茶视为团结全民族的力量。所以，茶礼的整个过程，从迎客、茶室陈设、茶具的造型与排列，到投茶、注茶、安排茶点、吃茶等，均有严格的规范与程序，力求给人以清静、悠闲、高雅、文明之感。韩国茶礼如图2-24所示。

图2-24　韩国茶礼

3. 印度饮茶风俗

印度虽然从 18 世纪末才开始从中国引进茶籽试种茶树，但是英国殖民时期，东印度公司曾多次派人来华采集茶籽，雇佣种茶与制茶技术人员，且国内茶业发展趋势迅猛，1839 年，伦敦茶叶拍卖市场已有印度茶出售，1869 年已是名噪一时。

同时，印度兴起饮茶之风也与中国关系密切。印度人饮茶是由中国西藏传播而去。有人估计唐宋之时印度人已开始了解中国的吃茶之法。虽然印度盛行饮茶始于本国种茶、制茶之后，却后来居上，近几年消费量近百万吨。印度人喜饮浓味的加糖红茶，在此基础上还有多种不同的嗜好。一是调味茶，以羊奶与红茶汤各占二分之一的比例调和。当红茶煮好以后，放入生姜片、茴香、丁香、肉桂、槟榔、肉豆蔻等，以提高茶的香味和营养。这种调味茶源于西藏喇嘛寺中诵经时喝的奶茶，因印度人信仰佛教，故纷纷效仿。二是马萨拉茶，其制作方法是在红茶中加入姜、小豆蔻等。虽然该茶的制作方法非常简单，但喝茶的方式却颇为奇特：既不是把茶倒在杯中一口口地喝，也不是倒在瓢筒中用管子慢慢吸吃，而是习惯把茶倒在盘子里，伸出舌头去舔饮，所以当地人又称这种茶饮为舔茶。

在印度，同样有用茶待客的习俗。印度北方家庭喜欢喝茶，宾客来访时，主人先请宾客坐到铺在地板上的席子上，男人必须盘腿而坐，妇女则双膝并拢屈膝而坐。然后，主人会献上一杯加了糖的茶水，并摆上水果和甜食作为茶点。献茶时，宾客不要马上伸手接，而须先客气地推辞、道谢。当主人再一次献茶时，宾客才能双手恭敬地接住。之后，主宾双方一边慢慢品饮，一边亲切交谈。

4. 巴基斯坦饮茶风俗

巴基斯坦气候炎热，雨量稀少，饮食多为牛羊肉和乳类，且居民几乎都是穆斯林，森严的教律规定不许饮酒，因此成为一个饮茶之风盛行的国度。

无论是繁华的城市，还是贫瘠的乡村，巴基斯坦家家必备茶叶，人人皆饮茶水，养成了以茶代酒、以茶消腻、以茶提神、以茶为乐的饮茶习俗。巴基斯坦人有"一日三茶"之说，"吃饭"和"喝茶"几乎成了不能分割的连用词与同义语。早餐又称早茶，食品有煎蛋饼、水果、面包、茶水和牛奶；午餐为咖喱米饭、水果和面包，还有茶水；晚餐也得饮茶，有的临睡时也要加饮。在巴基斯坦各地，客来敬茶成为普遍的礼仪，工作、劳动、聚会、休息或消遣也离不开茶的助兴。所以，家庭主妇每天第一件事是为全家烹煮红茶，一些大型单位也有专人为职工烹煮和送茶，所有饭馆、冷饮店几乎都有茶水供应，还有投钱取饮的露天茶摊。

巴基斯坦原为英国的殖民地，1947年才获得独立，所以其饮茶风俗既有民族特点，也带有英国色彩。巴基斯坦人饮茶使用的器具，有开水壶、茶壶、茶杯、茶托、过滤器、糖杯、奶杯、茶盘等。多数人爱好红茶，有的采用沸水冲泡，但大多以煮饮为主，即先将红茶放在开水壶中烹煮几分钟，然后用过滤器将茶渣滤出，将茶汤注入茶杯，加入牛奶和白砂糖搅拌后再饮，也有的不加牛奶而代之以柠檬片。在西北高地和靠近阿富汗边境的居民则酷爱绿茶，同样有的采用烹煮的方法，加糖或牛奶沏制，与牛奶红茶调制方法大体一致。

巴基斯坦人饮茶时还会配以茶点。例如，他们在下午4点饮用的午后茶，茶水熬好后要加入牛奶和砂糖，品饮时还要摆出品种繁多的茶点，有水果、沙拉、油煎菜、肉馅饼、炸豆丸子等。以茶待客时，往往送上夹心饼干、蛋糕之类的点心，颇有中国广东"一盅二件"的风习。

由于饮茶成风，茶叶又全部依赖进口，巴基斯坦年茶叶输入量与消费量均居世界前列。

5. 新加坡和马来西亚饮茶风俗

新加坡和马来西亚都有共同的嗜好：吃肉骨茶。这种独特的饮茶方式，原是流行于中国闽南及闽粤毗邻地区。采用铁观音、乌龙茶等福建名茶，以沸水冲饮，另外配上以上等新鲜排骨加入各种作料及名贵药材熬成的肉骨汤。茶客边吃肉骨边饮茶，滋味浓醇，馨香入肺。

据传，肉骨茶是由华人于19世纪初传入新加坡和马来西亚的。由于马来半岛夏日气温高，人们体力消耗大，肉骨茶具有营养丰富、消除疲劳的功效，所以一经传入很快就受到人们的青睐。现在新加坡和马来西亚流行的肉骨茶，既保持原有风味，又更加精细讲究：用料是新鲜上等的猪排，也有用牛排和鸡排的；茶叶是铁观音、白毛猴茶等中国名茶；中药材和配料有丁香、八角、熟地、党参、黄芪、百合、淮山、当归、川芎、枸杞、果皮、罗汉果、甘蔗、蒜头、胡椒粉等。肉骨茶不仅清香味美，而且补气补血。如今，在新加坡、吉隆坡等地的超市里，还可以买到配好的肉骨茶原料，食用方便，清洁卫生。

两国还有其他的一些茶俗。马来西亚举行宴会时不上酒，只用茶水或冰水待客。马来西亚人还喜欢吃薄饼伴咖啡，同时喝上一杯"拉茶"。拉茶的用料与奶茶差不多，配制好后用两个杯子将奶茶倒来倒去，由于两个杯子距离较远，白色的奶茶成了一条像被拉长了似的白色粗线。拉茶像啤酒般充满了泡沫，有消滞功能。

在新加坡，喝茶虽然早已成为人们生活的一部分，但起初人们大多是为解渴而喝茶，不讲究"品"茶。即便到了20世纪80年代中期，新加坡当地也只有港式饮茶和肉骨茶。近些年，新加坡一批有识之士主张将茶文化融入优雅生活里，于是近20年间茶馆和茶艺馆应运而生。如今，茶馆和茶艺馆除卖茶、泡茶、品茶外，还开班授课，教导茶艺。

6. 土耳其饮茶风俗

土耳其称得上是"豪饮之国"。土耳其人往往早晨起床后先煮一壶早茶，然后才洗漱、进餐。在土耳其较繁华的城市，大街小巷遍布茶馆，经常座无虚席，服务员手托着托盘，上面放着一杯或数杯滚烫的茶，给宾客们送去。在工作时间，不仅有专人为政府官员、公司职员、商店店员、学校教员按时煮茶、送茶，连在学校学习的学生也会在课间休息时到校茶室里去饮茶。土耳其人爱饮红茶，不喜温饮，而喜煮滚热饮。土耳其人煮茶的方法与众不同，使用一大一小两把茶壶。先将盛满水的大茶壶放在炉火上，再把装上茶叶的小茶壶放在大茶壶上面。等水煮开，就把大壶的开水冲入小壶沏茶。饮用时，根据饮者对茶的浓淡要求，将小壶里的茶水倒进玻璃杯，再冲入不等量的大壶开水，最后加上一些白糖搅拌即可品饮。不过，在炎热的夏天，土耳其人也喜欢在茶汤里加入两三片新鲜的薄荷叶，再加上冰糖，制成解渴消暑、清心凉爽的薄荷茶。

7. 斯里兰卡饮茶风俗

斯里兰卡人喜饮红茶，且叶多茶浓，饮来味带苦涩。该国僧伽罗人酷爱饮茶，每天上午10时左右和下午4时左右是习惯的饮茶时间。斯里兰卡人饮用红茶有专门的茶具，茶中通常加牛奶和白糖，又称奶茶。有些人还习惯在茶中放一点姜末，别有一番风味。斯里兰卡在机关、厂矿、学校均设有茶室，供应茶点。到该国旅游，站着喝茶的人到处可见。各茶行中一般都设有试茶部，在论茶价前，先要用舌尖试试茶味。茶馆是人们休闲活动的重要场所之一，往往人声鼎沸、座无虚席。

二、欧美部分国家饮茶风俗

欧美国家的文化传统与中国不同，虽然这些国家更多地借鉴了我国西南地区早期饮茶方式而多属调饮类，但他们的饮茶风俗还是饶有趣味的。

1. 荷兰饮茶风俗

作为欧洲饮茶先驱的荷兰，富有的家庭都备有一处茶室。由于荷兰人饮茶多在午后开始，所以，宾客只有午后来访才会受到以茶敬客的礼节接待。彬彬有礼地迎客后，女主人会从瓷制或银制的精巧的茶具中取出各种茶，拿到每位宾客面前，任凭他们挑选自己喜爱的。然后女主人将选好的茶放到小茶壶中冲泡，每人一壶。对于喜欢喝混合茶的宾客，女主人还要把调汁一同端给他，让宾客自行注入茶中饮用。为了消除苦味，茶中还可放一些砂糖，直到1680年才有放奶油的习惯。宾客喝茶时不用茶碗，而是特意将茶从茶碗倒入茶碟中，且用茶碟喝茶时必须发出"哑哑"的喝彩声，发出的声音越响，主人就越高兴。因为这种声音是感谢主人的一种表现，被认为是一种礼貌的举止。饮茶时的话题，一般仅限于茶及佐茶的蛋糕上。

2. 英国饮茶风俗

英国人饮茶始于17世纪初，到了17世纪中叶，茶叶已在伦敦市场上出售，英国上流社会已有了饮茶习惯。1688年以后，饮茶者日益增多，到了17世纪末，茶叶不仅成为家庭饮品，更是商业领域接洽业务时常见的一种饮品。18世纪以后，大众化茶馆在伦敦蓬勃发展。18世纪末，伦敦有茶馆2 000余家，还有许多供名流议论国事、文人雅士抒发情怀的茶园，不仅上层贵族日益嗜茶成癖，其他各阶级人士亦渐谙茶艺。

英国人饮茶极有规律：清晨6时空腹而饮，称为早茶或床边茶；上午11时饮一次，称为午前茶；下午喝一次，称为午后茶或下午茶（一般在下午4时至5时30分之间）；晚饭后喝一次，称为晚茶。其中最重要的是下午茶，即便遇上办公或会议，也要暂停下来去饮茶。在英国人的心目中，下午茶不仅是一种物质享受，同样也是一种精神寄托。据说，下午茶的首创者是贝德福德公爵夫人，后来英国贵族们纷纷仿效，遂成定俗。现在，下午茶已成为英国人不可缺少的生活习惯。

英国各阶层人士都喜欢饮用加味红茶，方法是先把茶叶捣碎，加入玫瑰、薄荷等，成为玫瑰红茶、薄荷红茶等。英国人即便饮用纯红茶，也要加入鲜奶或鲜柠檬。英国人喝茶时一定要先倒一点冷牛奶在茶具里，热后再冲热茶，然后再加一点糖；假如先倒茶再加入牛奶，会被认为是没有教养。英国人饮茶的用具都很精美，讲究用上釉的陶瓷，不喜欢用银壶或不锈钢茶壶，而且饮茶时习惯由女人来倒茶。1711年，文艺评论家艾迪生说："生活有规矩的家庭，每日早餐都是用1小时的时间吃黄油面包、喝茶。"1712年3月11日的《旁观者》杂志刊载了一位贵妇人的日记，日记记述了许多饶有趣味的事情。但其中最有趣的是，上层社会一日两餐,上午10时吃早餐,下午3时吃正餐,并且每日早餐都喝茶。1840年以后,下午4时喝下午茶的习惯在英国中产阶层中流行开来。

由于以茶为中心的情趣的流行,英国的社会生活特别是饮食文化发生了很大变化。例如,16世纪后半叶伊丽莎白一世时,早餐是三片牛肉。而18世纪初则发生了根本性的变化,英国社会形成了黄油面包配茶的早餐习惯。英国是有饮茶传统的国家,当今,虽然有多种新颖饮料与之竞争,但茶仍是英国的第一大饮品,其消费量占饮料消费总量的44.5%,仍然有80%的英国人有饮茶习惯,饮茶仍是英国的"国饮"。

3. 俄罗斯饮茶风俗

俄罗斯饮茶的记载始于1567年,茶先受到俄罗斯上层贵族的宠爱,17世纪后期迅速普及到各个阶层。到19世纪,茶仪、茶礼、茶会、茶俗在俄罗斯文学作品中不断出现,茶成了某些事物的代名词,连给小费也叫"给茶钱"。

俄罗斯人饮茶十分考究,有十分漂亮的茶具,其中茶碟很别致,因俄罗斯人喝茶时习惯将茶倒入茶碟再放到嘴边饮用。俄罗斯人习惯用茶炊煮茶喝,尤其是老年人。茶炊实际上是喝茶用的热水壶,装有把手、龙头和支脚。长期以来,茶炊一直是手工制作的,工艺颇为复杂。直到18世纪末、19世纪初,工厂才大批量生产茶炊。起初,茶炊的形状各式各样,有圆形的、筒形的、锥形的、扇形的,还有两头尖、中间大的橄榄状的大桶。驰名俄罗斯全国的图拉市茶炊,是用银、铜、铁等金属原料和陶瓷制成的。之后,出现了暖水瓶式的保温茶炊,内部分为三格,第一格盛茶,第二格盛汤,第三格可盛粥。现在俄罗斯人使用的电茶炊,形状近似金银质的奖杯。俄罗斯的能工巧匠们常将茶炊的把手、支脚和龙头雕铸成金鱼、公鸡、海豚、狮子等栩栩如生的动物形象,茶炊上还常镌刻着隽永的词句:"火旺茶炊开,茶香客人尝""茶炊香飘风行客,云杉树下有天堂"。所以,茶炊不仅可供喝茶用,还可以作为装饰工艺品陈设在室内。

在日常生活中,俄罗斯人每天都离不开茶。早餐时喝茶,一般吃夹火腿或腊肠的面包片、小馅饼、奶渣饼等。午餐后也喝茶,茶里放柠檬、砂糖等。特别是在星期天、节日或洗过热水澡后,俄罗斯人更是喜欢喝茶。他们认为长时间地喝茶别具风味,还会端上糖块、点心、面包圈、蜂蜜和各种果酱佐食。俄罗斯民族一向以"礼仪之邦"而自豪,许多家庭都有以茶奉客的习惯,连只有1 600多人的乌德盖人也会请客人及旅行者喝茶。以茶待客时,主人往往端上甜点心、大蛋糕、大馅饼等,直喝到宾主满意为止。

4. 法国饮茶风俗

16世纪中叶，饮茶先是兴盛于皇室贵族及有闲阶级，之后才逐渐普及大众。但时至当代，茶叶一度被视为老派人物的饮料，年青一代对之不屑一顾。从20世纪50年代开始，这一状况才逐步有所改善。

据说，法国兴起饮茶热，且消费量不断增多有两个契机。一是芳香茶的发展迎合了法国人的口味，尤其是符合年青一代追求新奇的心理。芳香茶是指带有花香、果香、叶香，甚至焦糖香、巧克力香等一切具有"外加香味"特点的茶叶，是将花、果、叶制成的香精喷入红茶中制作而成的。标新立异的芳香茶吸引了大批法国茶客，之后他们转而逐渐爱上了传统茶，养成了稳定的茶叶消费习惯。二是中国作家老舍的戏剧作品《茶馆》被介绍到法国后，茶厅如雨后春笋般发展起来，与此同时引发了饮茶热。法国许多茶厅的建筑风格和厅内布局类似老北京的茶馆，商人、艺术家以常去富有中国传统韵味的茶厅为时尚；年轻的情侣认为在富有东方气息的茶厅约会，会给爱恋增添新鲜感；老年人深信饮茶有益健康，所以常常整天泡在茶厅里。更多的法国人希望从单调的快餐生活中解脱出来，渴望体验东方的生活方式与文化。

法国人饮用的茶叶和采用的品饮方式，因人而异，各具特色。饮用红茶的人数最多，冲饮法类似英国的泡制方法：取茶一小撮或一小包冲入沸水，放入糖或牛奶，还有的拌进新鲜鸡蛋；近年风行的瓶装茶汁，则加入柠檬汁或橘子汁；饮用绿茶的人数也不少，煮饮时均加入糖或新鲜薄荷叶，以求甜蜜舒爽、香味浓郁隽永。此外，法国2 600多家中国餐馆及旅法中国人，大多留恋香气袭人的花茶，一般以沸水冲泡清饮。这种风俗也影响到爱好花和香味的法国人，他们近年来也对花茶产生了浓厚的兴趣。

5. 德国饮茶风俗

德国人饮茶讲求质量，最喜欢茶味浓郁的高档红茶。德国人在饮茶时，依然遵循茶叶商会早期定出的"泡茶五律"：取洁净冷水煮沸；用热水温壶；按一杯茶一汤匙干茶的比例将茶叶置于壶内；注入煮沸的开水，盖上壶盖，静置三分钟；倒出茶汤于杯内，添加牛奶、白糖或一片柠檬供品尝。

此外，德国人也喜爱"非茶之茶"。在德国家庭晚餐桌上，大多备有德国人喜欢的哈姆茶，这是用产于地中海沿岸的一种紫苏或芹科植物的花、叶、果加工制作而成的草药茶。青年人则喜欢果味茶，这是一种由柠檬、香草、豆蔻等12种果皮或药材配以玫瑰制成的果皮茶，五颜六色，香气四溢，汤呈玫瑰色，味带甜略酸，在德国年轻人中很是畅销，进而风靡西欧。

6. 美国饮茶风俗

美国人特别喜欢饮用冰茶。冰茶是一种有甜、酸、涩三重滋味的清凉饮料。其调制方法是：将红茶泡成浓郁的茶汁，倒入预先放了冰块的玻璃杯内，再加入适量的蜂蜜和一两片新鲜的柠檬。美国人饮茶喜欢简单、快速，所以多用速溶茶，因可免掉冲泡茶叶、倾倒茶渣的麻烦。所谓速溶茶，是指茶叶加柠檬汁（或山楂汁）和白砂糖，经喷雾干燥而成的粉末状饮品，饮用时无论加冷、热水都可以迅速溶解。

冰茶风行全美，并在竞争激烈的饮料市场中方兴未艾，原因是多方面的。一是在美国的饮食习俗中，人们一贯喜欢冰激凌等冷饮和水果，爱喝冰水、矿泉水，连啤酒、香槟、威士忌、白兰地等酒水及饮料都喜用冰镇过的，不论冬夏都是如此。二是美国人喜欢喝柠檬茶，这一点据说与美国的官方政策有关。美国盛产柠檬，官方为了提高柠檬的消费量，就大肆宣传柠檬。三是冰茶本身特有的魅力：既含浓郁的茶味，又有多种果味与清心的刺激味；既省时方便，又可结合个人口味添加其他辅料；既可解渴，又有益于恢复精力与保持健美体型。尤其是盛夏，喝上一杯凉爽的冰茶，更使人满口生津，齿颊留香，通身凉爽，暑气顿消。

近几年，美国饮茶之风呈继续上升的趋势，销量最大的为红茶。

7. 加拿大饮茶风俗

加拿大茶叶消费量大，其国人主要饮红茶，绿茶只销于盛产木材的地区。加拿大人的泡茶方法是先烫热陶制茶壶，再放入一茶匙的茶叶和相当于两杯的茶汤，然后开水泡 5~8 分钟。茶汤注入另一热茶壶供饮用，通常加入乳酪和糖，很少加入柠檬或单饮茶汤。加拿大人一般在用餐时和临睡前都会饮茶，多用袋泡茶。加拿大主要都市的大旅馆和剧院，都提供午后茶。冬季竞技时期，乡镇沿路都有应时开设的茶室、茶馆等。夏季避暑胜地亦有午后茶供应。许多百货商店也备有茶室，以午后茶款待顾客，招揽生意。

三、非洲部分国家饮茶风俗

1. 埃及饮茶风俗

埃及是历史悠久的世界四大文明古国之一，位于非洲东北部，沙漠面积占全国总面积的 96%，全年干燥少雨，因此，当消暑解渴的茶来到埃及后，很快受到埃及人民的欢迎。

茶在埃及人的生活中很重要，因为埃及人从早到晚都要喝茶。茶在社交场合更为重要，无论是两个人见面，还是集体聚会，都要沏茶。虽然埃及人也喝咖啡等饮料，但其他饮料都竞争不过茶叶，政府对下层平民还有饮茶补贴。

喝浓厚醇香的红茶，是埃及人的嗜好。他们不喜欢在茶汤中加牛奶，而是喜欢放白糖。埃及人泡茶一般不用瓷器，而用小巧的玻璃器皿。红浓的茶水盛在透明的玻璃杯中非常好看，小巧的茶杯还便于闻香，真是既饱口福，又饱眼福。埃及的糖茶，味道甘甜得吓人，做法是：将茶叶放入茶杯用沸水冲沏后，加入三分之一容积的白糖，茶水入嘴后有黏黏糊糊的感觉。一般人喝上两三杯糖茶后，甜腻得连饭都不想吃。所以，宾客临门，主人先端来一碗加较多白糖的热茶，同时还端来一杯凉水，便于宾客稀释茶水。

埃及虽然没有专门的茶馆，但具有阿拉伯浓郁风情的咖啡馆比比皆是，这里是男人们喝咖啡、喝红茶、谈天说地、消愁解闷的场所。1773年建立，至今已有两百余年历史的菲沙威咖啡馆，就供应有红茶和绿茶。此外，夏季有清凉解渴的椰枣茶、葡萄茶、柠檬茶等，冬天则有暖和驱寒的桂皮茶、沙列布茶等。富有特色的咖啡馆，成了埃及的缩影。诺贝尔文学奖得主、埃及大作家纳吉布·马哈福兹就经常去咖啡馆，并常在咖啡馆中写作。

2. 摩洛哥饮茶风俗

地处非洲西北部的摩洛哥，每年进口绿茶数量居世界第一。摩洛哥人最喜欢中国的绿茶，因此，绿茶进口量占茶叶总进口量的三分之二左右。由于摩洛哥人酷爱中国绿茶，并嗜饮成俗，以致有的摩洛哥人风趣地说："摩洛哥人身体的一半是绿茶。"这句话虽属幽默，但也颇有道理。

由于地处炎热的非洲，摩洛哥人喜爱牛羊肉，爱好甜食，缺少蔬菜，所以茶叶成为摩洛哥人生活的必需品。工作时，摩洛哥人身边总是放着一杯甜绿茶。就连贫苦的居民，每天也要喝一杯绿茶。在社交活动中，用茶招待宾客是很讲究的礼节，宴会前，主人先倒水给宾客洗手，然后进茶，请宾客品尝浓而黏稠的薄荷茶。宴会上，主人可用甜茶代替各种酒类招待宾客。逢年过节，摩洛哥人往往会在甜茶中加上几片鲜薄荷叶，喝起来有爽心、润肺之感。饭后，主人通常请客人再饮茶三道，边饮边谈。在摩洛哥，用茶待友是一种礼遇，走亲访友时送上一包茶叶是相当高的敬意，有的还用红纸包茶，作为新年礼物赠送他人。

摩洛哥人创造了一套精美的铜质茶具（有的还镀银）：尖嘴红帽或白帽的茶壶，雕有花纹的大铜盘，香炉形的糖缸，长嘴大肚子的茶杯，都刻有各种各样具有浓厚民族色彩的图案。茶具和谐悦目，富有非洲风格，不仅非常实用，还可当作工艺品观赏。用这种茶具品饮鲜浓可口的绿茶，确是物质和精神的双重享受。摩洛哥人泡茶的方法也很独特，先在壶里放入茶叶冲上少许沸水，但立即将水倒掉，然后再冲入开水放上白糖并加鲜薄荷叶，泡几分钟后才倒入杯子里喝。茶叶泡两三次后，再冲泡还要适当添加茶叶和糖。一壶茶三沏，最少需用茶叶10克，白糖150克左右。除了家庭饮茶外，摩洛哥的茶肆也很热闹。在炉火熊熊的灶上，大茶壶里的沸水突突作响，面带笑容的老板娘熟练地从麻袋里抓一把茶叶，又用榔头从另一个麻袋里砸一块白糖，顺手揪一把鲜薄荷叶，一起放进小锡壶里冲进开水，再放到火上去煮；两滚之后，小锡壶便被端到桌上。此时，人们就可以边饮茶，边吃夹肉的面包了。

在摩洛哥，饮茶约有300年的历史。相传，17世纪后期，曾有一艘满载中国绿茶的轮船，经摩洛哥海运去英国。途中突然发生故障，船身下沉，船主被迫弃船离开。当地人冒险将部分茶叶抢上岸，发现茶叶用热水冲泡后鲜爽可口，还能帮助消化、滋润肠胃，于是赞不绝口。在摩洛哥人的心目中，中国绿茶一直有很高的声誉，北方人爱饮秀眉绿茶，南方人爱饮珠茶，中部地区人爱饮珍眉绿茶。许多有经验的茶客是懂茶的行家里手，他们用手一摸，鼻一闻，便知道绿茶的品质高低。至于花茶，主要供应宫廷贵族；红茶则供应旅馆、饭店里的欧洲人或欧化了的本地人。

3. 毛里塔尼亚饮茶风俗

地处非洲西北部的毛里塔尼亚的摩尔人，待客的主要方式是同时敬茶三杯。大多数摩尔人家里会备有一套茶具，包括四只小杯、一把小瓷壶、一个瓷盘和一个小煤气炉。饮茶时，摩尔人先将茶叶放入茶壶内加水，加上白糖和薄荷，然后将壶放在煤气炉上烧煮，直到溢出香味为止。敬客时，女主人将煮好了的茶倒在杯中后，再用一个空杯反复倒出倒进。由于手法纯熟，茶水不会溅到杯外，直到茶水温度适宜方可献给宾客。宾客必须一饮而尽并且连饮三杯，这才是对主人有礼貌的表现。

4. 肯尼亚

肯尼亚位于非洲高原的东北部，是一个横跨赤道的国家，濒临印度洋，位于热带季风区，平均海拔1 500米，高原地区气候温和，雨量充足，很适合茶叶生长。

受英国殖民统治的影响，肯尼亚人主要饮红碎茶，也有喝下午茶的习惯，冲泡红茶时加糖也很普遍。在肯尼亚，过去只有上层社会才饮茶，目前一般平民也喝茶，在市面上也可看到提供饮茶的场所。除红茶外，肯尼亚人也饮用绿茶。

培训模块 三

茶叶知识

学习目标

1. 了解茶树的定义和特征、国内外茶叶产销概况。
2. 熟悉茶树的生长、茶叶的采摘与制作。
3. 掌握茶叶的种类和加工工艺、中国名茶及其特点、茶叶储存方法。

学习重点

茶叶种类、茶叶加工工艺及特点、中国名茶及其特点、茶叶储存方法。

关键词

茶树　种类　加工　储存　名茶特点　产销

内容结构图

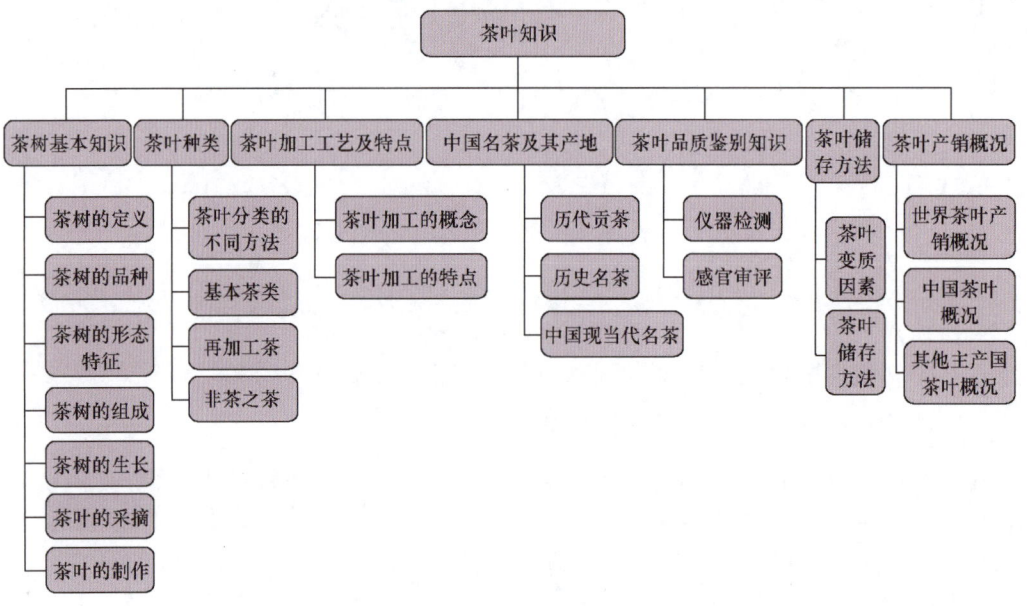

培训项目 1　茶树基本知识

一、茶树的定义

茶树原产于中国，是一种多年生的木本常绿植物，其叶子可制作茶叶供饮用。

茶树的最初学名是 Camellia sinensis（L.）。1950 年中国植物学家钱崇澍根据国际命名和茶树特性的研究，确定以 Camellia sinensis（L.）O.Kuntze 为茶树学名。它的植物学分类地位是：

界　植物界
　　门　种子植物门
　　　　亚门　被子植物亚门
　　　　　　纲　双子叶植物纲
　　　　　　　　亚纲　原始花被亚纲
　　　　　　　　　　目　杜鹃花目
　　　　　　　　　　　　科　山茶科
　　　　　　　　　　　　　　亚科　山茶亚科
　　　　　　　　　　　　　　　　族　山茶族
　　　　　　　　　　　　　　　　　　属　山茶属
　　　　　　　　　　　　　　　　　　　　种　茶种

二、茶树的品种

茶树品种的含义包括种质资源、遗传变异、育种方法、良种推广、品种审定、繁育体系等多方面内容，茶树品种是现代茶叶生产的重要一环。

1. 茶树种质资源

种质资源又称品种资源、遗传资源、基因库存，是指携带遗传物质的植物材料。从基因水平看，两株不同基因型的茶树就是两份不同的种质。

茶树种质资源是发展茶叶生产、加强科学研究的物质基础。例如，通过进行形态和主要经济性状鉴定，把产量高、品质优良或抗性强、遗传性稳定的材料直接或稍加改良后当作栽培品种应用；利用抗性基因开展茶树育种，克服栽培育种中的某种弱点或不足，提高育种效果。茶树种质资源的种（变种）的多样性、分布区域的集中性、性状变异的连续性，为研究茶树起源与演化提供了全面的材料。

中国是茶树种质资源最丰富的国家，有野生大茶树、地方（农家）品种、育成品种、品系、名（单）丛、遗传材料、引进品种、近缘植物等。

2. 茶树品种的命名与分类

茶树品种命名没有统一的规定，归纳而言，大体有八种情况。

一是以品种产地命名。例如，产于浙江省淳安县鸠坑乡的鸠坑种，产于安徽省黄山市的黄山种，产于江西省修水县（原称宁州）的宁州种，产于江苏省宜兴县的宜兴种。

二是以叶片形状命名。例如，叶小如瓜子的瓜子种，叶似柳树叶的柳叶种，叶形如槠树叶的槠叶种。

三是以叶片大小命名。例如，小叶种、中叶种和大叶种。

四是以发芽迟早命名。例如，早生种、中生种、晚生种、清明早、不知春、瞌睡茶等。

五是以芽叶或叶片色泽和茸毛多少来命名。例如，紫芽茶、白茶、白毛茶等。

六是根据产地并结合芽叶性状来命名。例如，产于云南省勐海县的勐海大叶种；产于福建省福鼎市，芽叶茸毛特别多、芽色银白的福鼎大白茶。

七是按品种特点来命名。例如，叶片如槠树之叶、发芽整齐的槠叶齐，芽叶黄绿色、发芽早的菊花春，新梢生育期长、霜降前后仍有芽叶可采的迎霜。

八是冠以地名或单位名并加以编号的新品种。例如，龙井43为中国农业科学院茶叶研究所育成的适制龙井茶的新品种，浙农25、浙农113等为浙江农业大学育成的新品种，台茶1号至台茶15号由我国台湾地区茶叶试验场育成。

茶树品种分类也无统一方法，普遍采用的是将树型、叶片大小和发芽迟早作为三个分类等级。树型分乔木型、小乔木型和灌木型三种。叶片大小分特大叶类、

大叶类、中叶类和小叶类四类。发芽迟早分早生种、中生种和晚生种三种。

3. 茶树的国家品种

全国茶树良种审（认、鉴）定委员会于1985年审定30个品种为国家品种，其中13个无性系品种，分别为福鼎大白茶、福鼎大毫茶、福安大白茶、梅占、政和大白茶、毛蟹、铁观音、黄棪、福建水仙、本山、大叶乌龙、大面白、上梅州；17个有性系品种，分别为勐库大叶种、凤庆大叶种、勐海大叶种、乐昌白毛茶、海南大叶种、凤凰水仙、宁州种、黄山种、祁门种、鸠坑种、云台山种、湄潭苔种、凌云白毫茶、紫阳种、早白尖、宜昌大叶种、宜兴种。

1987年认定了22个无性系品种，如黔湄419、502，福云6号、7号、10号，安徽1号、3号、7号，翠峰，劲峰，碧云，署永1号、2号，菊花春，等等。

1994年审定了24个无性系品种，如桂红3号、桂红4号、杨树林783号、皖农95号、锡茶5号、锡茶11号等。

1998年审定了宜红早。

2002年审定了18个无性系品种，分别为凫早2号、岭头单丛、秀红、五岭红、云大淡绿、赣茶2号、黔湄809、舒茶早、皖农111、早白尖5号、南江2号、浙农21、鄂茶1号、中茶102、黄观音、悦茗香、茗科1号、黄奇。

2003年审定了无性系品种：桂绿1号。

2005年审定了无性系品种：名山白毫131。

2010年审定了26个无性系品种，分别为霞浦春波绿、春雨1号、春雨2号、茂绿、南江1号、石佛翠、皖茶91、尧山秀绿、桂香18、玉绿、浙农139、浙农117、中茶108、中茶302、丹桂、春兰、瑞香、鄂茶5号、鸿雁9号、鸿雁12号、鸿雁7号、鸿雁1号、白毛2号、金牡丹、黄玫瑰、紫牡丹。

2012年审定了无性系品种：特早213。

由此国家品种共有124个，其中无性系品种106个，有性群体种18个。

此外，增加了无性系新品种：云茶1号、紫鹃、可可茶1号、可可茶2号、御金香、黄金斑、金玉缘等。

三、茶树的生态特征

学习茶艺首先要了解和研究茶树的生态特征，掌握其形态、生命活动规律及与生态环境的关系等。只有这样，才能在学习和展示茶艺的过程中，更加准确和自如。

1. 茶树的树型

茶树的地上部分,在无人为控制条件下,因分枝性状的差异,可分为乔木型、灌木型和小乔木型三种。

(1)乔木型茶树

乔木型茶树有明显的主干,分枝部位高,通常树高3~5米,如图3-1所示。

(2)灌木型茶树

灌木型茶树没有明显的主干,分枝较密,多近地面处,树冠短小,通常为1.5~3米,如图3-2所示。

(3)小乔木型茶树

小乔木型茶树在树高和分枝上都介于灌木型茶树与乔木型茶树之间,如图3-3所示。

茶树的树冠形成,由于分枝角度、密度的不同,分为直立状、半直立状和披张状三种。

图3-1 乔木型茶树

图 3-2 灌木型茶树

图 3-3 小乔木型茶树

2. 茶树的叶片

茶树的叶片大小,主要参考成熟叶片长度,并兼顾其宽度而定,分为特大大叶类、大叶类、中叶类和小叶类四类。

特大大叶类:叶长 14 厘米以上,叶宽 5 厘米以上。

大叶类:叶长 10～14 厘米,叶宽 4～5 厘米。

中叶类：叶长 7~10 厘米，叶宽 3~4 厘米。

小叶类：叶长 7 厘米以下，叶宽 3 厘米以下。

3. 茶树的发芽时期

茶树的发芽时期，主要以头轮营养芽，即越冬营养芽开采期（一芽三叶开展盛期）所需的活动积温而定，分为早芽种、中芽种和迟芽种。这三级分类标准为：

早芽种：发芽期早，头茶开采期活动积温在 400 摄氏度以下。

中芽种：发芽期中等，头茶开采期活动积温 400~500 摄氏度。

迟芽种：发芽期迟，头茶开采期活动积温在 500 摄氏度以上。

四、茶树的组成

一棵茶树的组成，包括根、茎、叶、花，还有相关联的果实与种子。

1. 根

茶树的根由主根、侧根、细根和根毛组成，为轴状根系。主根由种子的胚根发育而成，在垂直向土壤深层生长的过程中，分生出侧根和细根，细根上生出根毛。主根和侧根构成根系的骨干，寿命较长，起固定、输导、储藏等作用。细根和根毛统称吸收根，寿命较短，不断更新。

茶树的根系在幼年期主根发达，侧根不多，主要向土壤深层发展；至成年期，根系逐渐向广度发展，根幅可达 1 米以上；至衰老期，根系由外向内逐步死亡。

根系的分布除受树龄影响外，还因土壤条件、品种、栽培方式等的影响而有一定差异。根系的生长有向水、肥、阻力小的方向生长的特点。

2. 茎

茶树的茎，根据其作用分为主干、主轴、骨干枝和细枝。分枝以下的部分称为主干，分枝以上的部分称为主轴。主干是区别茶树类型的重要根据之一。

茶树的分枝分为单轴分枝和合轴分支。幼年期的茶树是单轴分枝，主茎生长旺盛，形成明显的直立主枝。成年期的茶树，主枝到达一定高度后，生长将变得缓慢，侧枝迅速产生，使分枝层次增加，形成合轴分枝，树冠成为披张状，及时修剪可以控制主茎向上的生长优势，达到树冠展开状态。

在茎上，叶着生的部位叫节，两叶之间的部位叫节间，叶脱落后留有叶痕。

芽分叶芽和花芽，叶芽展开后形成的枝叶称新梢。新梢展叶后，分一芽一叶梢、一芽二叶梢，摘下后即是制茶用的鲜叶原料。

茶树的枝茎有很强的繁殖能力，将枝条剪下一段插入土中，在适宜的条件下即可生成新的植株。

3.叶

茶树的叶片是制作饮料茶叶的原料，也是茶树进行呼吸和光合作用的主要器官。

茶树的叶由叶片和叶柄组成，没有托叶，属于不完全叶；在枝条上为单叶互生，着生的状态因品种而不同，有直立状、半直立状、水平状、下垂状四种。叶面为革质，较平滑，有光泽；叶背无革质，较粗糙，有气孔，是茶树内外气体交换的通道。

茶树叶片的大小、色泽、厚度和形态，因品种、季节、树龄及农业技术措施等的不同而有显著差异。叶片形状有椭圆形、卵形、长椭圆形、倒卵形、圆形等，以椭圆形和卵形居多。成熟叶片的边缘有锯齿，一般为16~32对；叶片的叶尖有急尖、渐尖、钝尖和圆尖之分，如图3-4所示；叶片的大小，长的可达20厘米，短的仅5厘米，宽的可达8厘米，窄的仅2厘米。

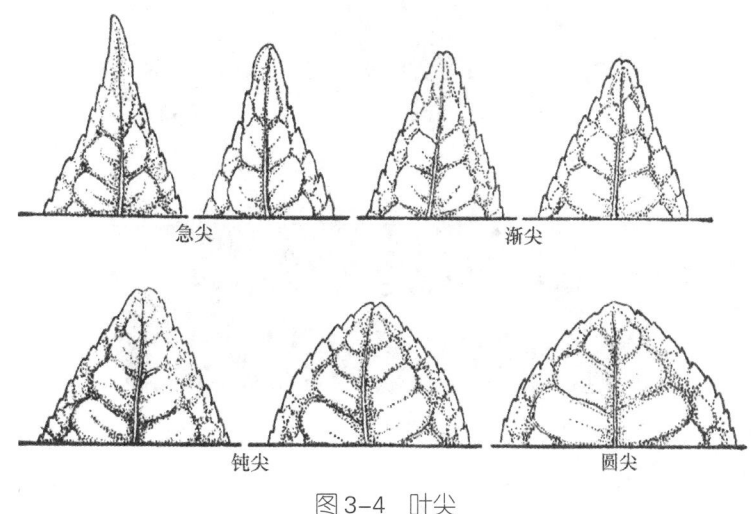

图3-4 叶尖

以成熟叶为例。茶树叶片的叶脉呈网状，有明显的主脉，由主脉分出侧脉，侧脉又分出细脉，侧脉与主脉呈45度左右的角度向叶缘延伸，近叶缘时，呈弧形向上弯曲，并与上一侧脉连接，组成一个闭合的网状输导系统，这是茶树叶片的重要特征之一，如图3-5所示。

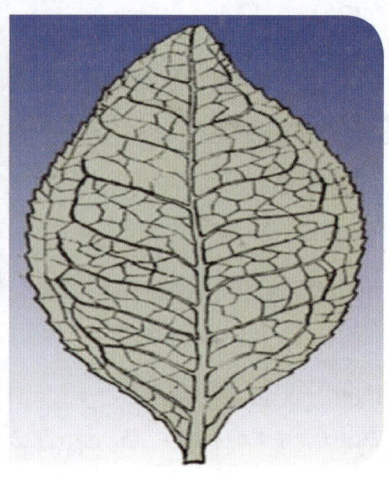

图 3-5 叶脉

茶树叶片上的茸毛（见图 3-6），一般常称为"毫"，也是它的主要特征。茶树嫩叶的背面着生茸毛，这是鲜叶细嫩、品质优良的标志，茸毛越多，表示叶片越嫩。一般从嫩芽、幼叶到嫩叶，茸毛逐渐减少，到第四叶叶片的成熟叶，茸毛便已不见了。

图 3-6 茶树叶片上的茸毛

4. 花

花是茶树的生殖器官之一。茶花可分为花托、花萼、花瓣、雄蕊、雌蕊五个部分，属于完全花，如图 3-7 所示。茶花为两性花，多为白色，少数呈淡黄或粉红色，稍有芳香。茶花的花瓣通常为 5~7 瓣，呈倒卵形，基部相连，大小因品种而不同。

茶花从授粉至果实成熟，大约需一年零四个月。在此期间，茶树仍不断产生新的花芽，继续开花、授粉，产生新的果实，同时进行花与果的形成，这也是茶树的一大特征。

图3-7　茶花

5. 果实与种子

茶树的果实是茶树进行繁殖的主要器官。果实包括果壳、种子两部分，属于蒴果类型，如图3-8所示。

果实的形状，因发育籽粒的数目不同而异，一般一粒者为圆形，两粒者近长椭圆形，三粒者近三角形，四粒者近正方形，五粒者近梅花形。果壳幼时为绿色，成熟后变为褐色。果壳起到保护种子发育和帮助种子传播的作用，质地较坚硬，成熟后会裂开，种子自落于地面。

茶树种子多为褐色，也有少数为黑色、黑褐色，大小因品种不同而异，结构可分为外种皮、内种皮与种胚三部分。辨别茶籽质量的标准是：外壳硬脆，呈棕褐色，在正常采收和保管下，发芽率为85%左右。

五、茶树的生长

茶树有自然野生与人工栽培两种形态，前者依赖自然环境，后者还要依靠人工栽培技术。

图3-8 茶树果实

1. 茶树的生长环境

茶树在生长过程中不断和周围环境进行物质和能量的交换,既受环境制约,又影响周围环境。因此,合理选择自然环境和适当进行人工调整,是保证茶树质量和保护周围环境的关键。

(1)气候

茶树性喜温暖、湿润,在南纬45度至北纬38度间都可以种植,最适宜的生长温度为18~25摄氏度,不同品种对温度的适应性有异。一般来讲,小叶种的茶树,其抗寒性与抗旱性均比大叶种强。

茶树生长需要年降水量1 500毫米左右,且分布均匀,早晚有雾,相对湿度保持在85%左右,这种气候条件较有利于茶芽发育及茶青品质。长期干旱或湿度过高均不适于茶树生长栽培。

(2)日照

茶作为叶用作物,极需日光。日照时间长、光度强时,茶树生长迅速,发育健全,不易患虫害病,且叶中多酚类化合物含量增加,适于制红茶;反之,茶叶受日光照射少,则茶质薄,不易硬化,叶色富有光泽,叶绿质细,多酚类化合物少,适制绿茶。紫外线对于提高茶汤的水色及香气有一定影响。高山所受紫外线的辐射较平地多，且气温低、霜日多、生长期短，所以高山茶树矮小，叶片亦小，茸毛发达，叶片中含氮化合物和芳香物质较多，故高山茶香气优于平地茶。

（3）土壤

茶树适宜在土质疏松、土层深厚、排水透气良好的微酸性土壤中生长，酸碱度（pH）值在 4.5~5.5 范围内为最佳。

茶树要求土层深厚，至少 1 米以上，其根系才能正常发育和发展，若有黏土层、硬土层或地下水位高，都不适宜种茶。碎石含量不超过 10%，且含有丰富的有机质的土壤是较理想的茶园土壤。

2. 茶树的栽培

（1）茶树育苗

茶树作为异交作物，其遗传物质极其复杂，有性繁殖的后代无法保存品种原有特性。因此，茶树育苗目前均采用无性繁殖的方式——扦插育苗法。

扦插是剪取茶树植株的某一营养器官，如枝、叶、根的一部分，按一定方法栽培于苗床上，使其成活为茶树幼苗。扦插育苗法取材方便，成本低，成活率高，繁殖周期短，能充分保持母株的性状和特性，有利于良种的推广，而且育成的茶苗品种纯一，长势整齐，便于采收及管理。目前，世界各大产茶园都已采用这种方法。

扦插成活率及幼苗质量，由品种固有遗传性及所选择枝条的强弱决定。因此，选取母树时应选择品种优良、生长健壮、无病虫害的品种，且其枝条、叶芽无外力损伤。剪枝前要多施有机肥料，停止采叶，促进茶芽生长，以利于其发育成健壮枝条。

（2）茶树种植

茶树种植时期为每年 11 月至次年 3 月下旬，雨季前后均可种植。不同茶区种植时期稍有不同，如南方应以 1 月底为宜，2 月以后白天日照强，气温高，幼苗容易枯死；北方或高山茶区气温较低，为配合雨季，可延至 3 月底种植。

茶树的种植密度，受土壤、地形、气候及品种影响而不尽相同。目前，我国采用多条密植栽种方式，大行距为 1.5 米；小行距为 33 厘米，共三小行；丛距为 20 厘米，每丛移苗二三株，每亩约 20 000 株。

种植茶苗前应先施基肥，规划好行距，最好选择雨后或微雨、浓雾、土壤湿润时，尽量避免在烈日下种茶。茶苗移植尽量就近起苗，带土移植，随挖随栽。种植后为减少叶片水分蒸发，应于离地面约20厘米处水平式剪枝，宜在幼苗两侧覆盖稻草或其他干草，以防止干旱，保护幼苗。新种茶树如图3-9所示。

图3-9　新种茶树

六、茶叶的采摘

茶树的新梢生长到可以采收的标准时，即可及时采摘，采下的芽叶为制茶的原料。对茶树进行不间断的、适当的采摘，可以不断减慢新梢顶端的生长势头，促进侧芽萌发，形成更多的新梢，延长茶树的经济生产期，增加产量，而且能提高成茶品质。采茶是个技术活，应该按照季节时令和成品茶不同级别的芽叶标准灵活掌握，才能制作出符合质量等级要求的茶叶。

1. 采茶的季节时令

通常按照采制时间，将茶叶分为春茶、夏茶、秋茶，还有少部分冬茶。中国大部分茶区季节分界明显，每年3～5月，采制春茶；6～7月，采制夏茶；8～9月，采制秋茶。

一般来说，春茶，特别是早期春茶，往往是一年当中茶叶品质最好的。所以，民间流传:"春茶香,伏茶涩,秋茶好喝无人摘"。其实,茶类不同,最佳采摘时期也不尽相同。例如,制作红茶,最宜夏季采摘;而凤凰单丛有"春茶苦,夏茶涩,要好吃,秋白露(指秋茶)"之说。

茶叶萌芽分为早生种、中生种、晚生种三大类。视各地气候环境,早生种平均在2月下旬萌芽,3月下旬开始采摘;中、晚生种则各依次延迟十几日。

关于采茶,有许多精彩农谚:

早采三天是个宝,晚采三天是棵草。

惊蛰过,茶脱壳;春分至,茶冒尖;清明节,茶开园。

采得茶来秧变草,插得秧来茶又老。

头茶不采,二茶无芽;头茶荒,二茶光。

2. 茶叶采摘的标准

理想的茶叶采摘,是按"标准、及时、分批、留叶采"的原则来进行的。不同茶类对原料茶叶有不同的采摘标准,要根据生产实际和市场需求来制订采摘计划。

民间有许多采茶的经验之谈:

采茶用手摘,掐茶茶变色。

采茶不能拉,拉的一包渣。

会采年年采,不会一年光。

春茶留一丫,夏茶发一把。

目前,我国大宗红、绿茶的采摘标准是质量兼顾,以收益最高为依据,一般采一芽二叶、一芽三叶和柔嫩的对夹叶。

乌龙茶的采摘标准,须等新梢长到3~5叶将要成熟、顶叶六七成开面时,采下带驻芽的二三片嫩叶。

名贵茶类的采摘标准,要求原料细嫩匀净,只采初萌的壮芽或初展的一芽一二叶。

边销茶对原料嫩度要求较低,主要采摘粗大的叶片,一芽四五叶或对夹三四叶均可。

3. 茶叶采摘的方式

茶叶产量的高低、品质的优劣,一定程度上是由采摘决定的。所以,合理、科学地确定采摘方式是茶叶生产的重要环节。茶叶的采摘方式有两种:一是机械采茶,二是手工采茶。

在正常情况下，机械采茶以 8 小时为一个劳动日，每台采茶机每天可采鲜叶 2 400 千克。如果是手工采摘，春茶每人每天只能采 30 千克，需要 80 人才能完成一台采茶机一天的采茶量。比较而言，机械采茶能够提高工效，增加效益，可以节省大批劳动力，缩短采摘周期，保证鲜叶质量。可见，人工采茶数量比机械采茶数量少，因此人工采茶成本高，价格也较昂贵。然而，人工采茶也有自身的优越性，如对芽叶的选择性较大，叶片也较完整；机械采茶成本较低，但是茶叶无选择性，茶梗、老叶、嫩叶混合在一起。即使是人工采茶，用手折还是用小刀切，制作出来的茶叶的品质还会有些差异。

总之，机械采茶和手工采茶各有优势与特色。由于成本不同，茶叶售价也不同，大量制作茶叶时，使用机械能稳定茶叶的质量；如要制作名优茶和传统特色茶品，自然是手工采摘更能保持原有风味。

七、茶叶的制作

茶树芽叶所含的成分极为复杂，茶叶的制造就是要应用加工技术去除不利成茶品质的成分，留下有利成分，制成消费者所要求的色、香、味、形俱佳的优质茶叶。

1. 茶叶原料与成品

在现代，茶叶已经是许多人不可或缺的日常用品。茶叶的名称很多，但这不是因为茶树的品种太多，所以不可把茶叶的成品名与原料名混淆。也就是说，这棵茶树叫作乌龙，未必制造出来的茶叶就叫乌龙；而红茶、绿茶也不是由所谓的红茶树、绿茶树制造出来的。

就品种而论，茶树在中国有 350 多种，而生产出来的茶叶有 1 500 多种。茶树是茶叶的原料来源。茶树上长着的叶子叫生叶，从茶树上采下来的叶子叫鲜叶，也叫茶青。鲜叶经过制茶工序而成毛茶，也就是半成品。半成品经过加工而成精制茶，也就是成品，这才是人们所称的"茶叶"。

茶叶的不同是制造方法的不同导致的。原则上，从任何一种茶树上摘下来的鲜叶，都可用不同的制造方法制成任何一种成品茶叶。当然，哪一品种的茶树最适合制成哪种茶叶，取决于它的适制性。如果我们谈茶时，能把原料和成品分开来说，原料的名称是原料的名称，成品的名称是成品的名称，这就比较清楚了。此外，因产地、季节、制造工艺、形状、雅名等的不同，同种茶叶还会衍生出多样异名。

因此，茶叶的名称应该用成品的名称，不应该把原料的名称或半成品的名称当作茶叶的名称。因为不同种的原料可以制造或加工成同一种茶叶，同种的原料也可以制造或加工成不同种的茶叶。

2. 茶叶制作的关键

从茶树上采下来的鲜叶，静置多长时间开始炒，是茶叶发生变化的关键，并由此产生三大系列茶叶，即不发酵茶、半发酵茶和全发酵茶。炒茶如图 3-10 所示。

图 3-10　炒茶

鲜叶即刻炒定干燥后制成的茶叶，称为不发酵茶。由于不发酵，鲜叶的颜色改变不大，所以是绿茶。

鲜叶静置一定时间，而后炒定干燥的茶叶，称为部分发酵茶或半发酵茶。这类茶叶是最复杂的，因静置时间长短不同而有不同程度的变化。这类茶属于部分发酵，所有干茶呈现为青色，发酵程度越高青色越深，甚至转为青褐色。总的来说，半发酵茶呈现为青蛙皮般的颜色，因此称为青茶。

如果将鲜叶长时间静置，让它完全渥红（发酵），即为全发酵茶，制作出来的干茶呈暗红色，也就是红茶了。

炒茶的工艺比较复杂，手工炒茶需要一定技艺与经验。中国民间有许多炒茶的经验之谈：

要想杀青好，锅底要烧白；

杀青温度低，茶叶红分分。

高温杀青，多抖少闷；

抖闷结合，先高后低；

老叶嫩杀，嫩叶老杀。

如今，茶叶的制造大部分是以炒青的方法来固定它的发酵度，绝大部分茶叶属于散茶类。因此，今天人们喝茶主要是以沏泡的方式，喝泡出来的茶汤。煮茶、烹茶或点茶的方法已经很少用了，喝茶方式的不同也影响着茶对人身体的保健功能和药理作用，同时也影响了茶文化的发展。

3. 各类茶叶的制造流程

茶叶依加工方式及发酵程度大致可分为不发酵茶类、半发酵茶类及全发酵茶类，各茶类的制造流程如下。

（1）不发酵茶类

茶青→炒青→揉捻→炒揉→干燥→龙井。

茶青→炒青→揉捻→滚筒初干→滚筒整形→再干→眉茶、珠茶。

茶青→蒸青→初揉→揉捻→中揉→精揉→干燥→煎茶。

（2）半发酵茶类

茶青→室内摊青萎凋→烘青→轻揉→焙干→白茶类。

茶青→日光萎凋（热风萎凋）→室内萎凋及搅拌（进行部分发酵）→发酵程度8%~25%→炒青→揉捻→干燥→文山包种茶。

茶青→日光萎凋（热风萎凋）→室内萎凋及搅拌（进行部分发酵）→发酵程度8%~25%→炒青→初干→热团揉→再干→乌龙茶。

茶青→日光萎凋（热风萎凋）→室内萎凋及搅拌（进行部分发酵）→发酵程度50%~60%→铁观音茶。

茶青→日光萎凋（热风萎凋）→室内萎凋及搅拌（进行部分发酵）→发酵程度50%~60%→炒青→回干→揉捻→干燥→膨风茶、白毫乌龙。

（3）全发酵茶类

茶青→室内萎凋→切青→揉捻→补足发酵→干燥→切青红茶。

茶青→室内萎凋→揉捻→解块→补足发酵→干燥→工夫红茶。

茶青→室内萎凋→揉捻→揉碎→补足发酵→干燥→碎红茶。

茶青→室内萎凋→揉捻→筛分→再揉→补足发酵→干燥→分级红茶。

传统制茶工具如图3-11所示，现代茶叶生产车间如图3-12所示，茶叶加工机械如图3-13所示。

图 3-11　传统制茶工具

图 3-12　现代茶叶生产车间

图 3-13　茶叶加工机械

培训项目 2 茶叶种类

中国是产茶大国，茶叶品类众多。茶叶种类的划分，应该考量总体特征、茶叶特性、生产形态、实用功能等，分类角度的不同产生了不同的分类方法。

一、茶叶分类的不同方法

中国茶叶的分类目前尚无统一的方法，按照不同传统习惯，主要有以下几类。

1. 根据制造方法和品质上的差异，将茶叶分为绿茶、黄茶、黑茶、白茶、青茶（乌龙茶）和红茶六大类。

2. 按照生产季节，将茶叶分为春茶、夏茶、秋茶、冬茶。春茶可进一步分为头春茶、二春茶、三春茶等。头春茶在清明前采摘的称为明前茶，在谷雨前采摘的称为雨前茶。也有的按照发芽轮次，将茶叶分为头茶、二茶、三茶、四茶。头茶相当于春茶；二茶为夏茶，或称紫茶；三茶是秋茶。少数地区把夏茶前期称为暑茶，后期称为秋茶或四茶，时间上稍有先后之分。

3. 按照加工过程的不同，可将茶叶加工分为粗加工（粗制）、精加工（精制）和深加工（再加工）三个阶段。在此基础上，将茶叶分为毛茶和成品茶两大类。其中毛茶分为绿茶、红茶、青茶、白茶和黑茶五大类，将黄茶归为绿茶一类；成品茶包括精致加工的绿茶、红茶、青茶、白茶，以及再加工而成的花茶、紧压茶、速溶茶七类。按照鲜叶加工方法不同，可将茶叶分为杀青茶类和萎凋茶类两大类。杀青茶类根据氧化程度轻重可分为绿茶、黄茶和黑茶三类；萎凋茶类根据萎凋程度轻重可分为青茶、红茶和白茶三类。

4. 按照销路分类是贸易和命名上的习惯，一般分为外销茶、内销茶、边销茶和侨销茶四类。

5. 还有一种方法是按生产地区分类命名，也比较普遍，如中国绿茶和锡兰红茶。也有的以产茶省或相当于省的邦州或区命名，如印度的阿萨姆红茶，中国的云南红茶、四川红茶、浙江龙井等。

6. 现在比较通行的办法是将茶叶分为基本茶类和再加工茶类，基本茶类有绿茶、黄茶、黑茶、白茶、青茶（乌龙茶）和红茶六大类。而再加工茶类则有花茶、紧压茶、萃取茶、果味茶、药用保健茶、含茶饮料等。

7. 还有的将非茶之茶也列为一类。市场上非茶之茶很多，均不属于茶叶的范畴，但它们却以药用保健茶或其他形态出现。

二、基本茶类

为了更好地认识不同茶叶的特性与品质，茶学专家陈椽先生以茶叶变色理论为基础，提出以茶叶品质系统性和制法系统性为依据进行茶叶分类。根据这一分类法，目前中国茶叶分为基本茶类和再加工茶类两大部分。

基本茶类是按照茶叶加工工艺和发酵程度不同，系统地把茶叶分为绿茶、黄茶、黑茶、白茶、青茶（乌龙茶）和红茶这六大茶类。基本茶类的分法，体现了茶叶制法的系统性和茶叶品质的系统性。

按照这种分类法，现将六大茶类简列如下：

```
中国茶类 ┬ 基本茶类 ┬ 绿茶 ┬ 蒸青绿茶（煎茶、玉露等）
                          ├ 晒青绿茶（普洱生茶、川青、陕青等）
                          ├ 炒青绿茶 ┬ 眉茶（特珍、珍眉、凤眉、秀眉、贡熙等）
                          │          ├ 珠茶（珠茶、雨茶等）
                          │          └ 特种炒青（碧螺春、雨花茶、松针等）
                          └ 烘青绿茶 ┬ 普通烘青（闽烘青、浙烘青、苏烘青等）
                                      └ 特种烘青（黄山毛峰、太平猴魁、高桥
                                                银毫等）
                    ├ 黄茶 ┬ 黄芽茶（君山银针、蒙顶黄芽等）
                    │      ├ 黄小茶（北港毛尖、沩山毛尖、温州黄汤等）
                    │      └ 黄大茶（霍山黄大茶、广东大叶青等）
                    └ 黑茶 ┬ 湖南黑茶（安化黑茶等）
                            ├ 湖北老青茶（蒲圻老青茶等）
                            ├ 四川边茶（南路边茶、西路边茶等）
                            ├ 云南普洱茶
                            └ 广西六堡茶
```

```
                ┌ 白茶 ┌ 白芽茶（白毫银针等）
                │      └ 白叶茶（白牡丹、贡眉、寿眉等）
                │      ┌ 闽北乌龙（大红袍、水仙、肉桂等）
                │ 青茶 │ 闽南乌龙（铁观音、奇兰、黄金桂等）
                │(乌龙茶)│ 广东乌龙（凤凰单丛、凤凰水仙、岭头单丛等）
                │      └ 台湾乌龙（冻顶乌龙、文山包种、白毫乌龙等）
                │      ┌ 小种红茶（正山小种等）
                │ 红茶 │ 工夫红茶（滇红、祁红、川红、闽红、宜红等）
                │      └ 红碎茶（叶茶、碎茶、片茶、末茶等）
                │      ┌ 花茶（茉莉花茶、珠兰花茶、玫瑰花茶、桂花茶等）
                │      │ 紧压茶（黑砖、茯砖、方茶、饼茶、沱茶等）
                │      │ 萃取茶（速溶茶、浓缩茶等）
                └再加工茶类│ 果味茶（荔枝红茶、柠檬红茶、山楂茶等）
                       │ 药用保健茶（苦丁茶等）
                       └ 含茶饮料（茶可乐、茶汽水、冰红茶等）
```

六大茶类的划分采用约定俗成的说法，其发酵程度是一般做法的表述。其实，在制茶实践中每种茶都会稍有差异。

1. 绿茶

绿茶属不发酵茶（发酵度：0）。这类茶的茶叶颜色绿匀，泡出来的茶汤是绿黄色，因此称为绿茶，如雨花茶、龙井、碧螺春、黄山毛峰、太平猴魁等。绿茶如图3-14所示。

颜色：碧绿、翠绿或黄绿，久置或与热空气接触易变色。

原料：嫩芽、嫩叶，不适合久置。

香味：清新的绿豆香，味清淡微苦。

性质：富含叶绿素和维生素C，茶性较寒凉，咖啡因、茶碱含量较多，较易刺激神经。

2. 黄茶

黄茶属轻微发酵茶（发酵度：10%）。传统工艺制作的黄茶发酵程度约为10%，现有

图3-14　绿茶

各种黄茶,发酵程度稍有不同,最高不超过50%,表现为黄色至橙黄色,没有明显红色出现。黄茶的制造工艺类似绿茶,过程中加以闷黄。因此,黄茶具有黄汤黄叶的特点,如君山银针、蒙顶黄芽、霍山黄芽等。黄茶如图3-15所示。

颜色:黄叶黄汤。

原料:带有茸毛的芽头,用芽或芽叶制成。制茶工艺类似绿茶。

香味:香气清纯,滋味甜爽。

性质:凉性,产量少,是珍贵的茶叶。

图3-15 黄茶

3. 黑茶

黑茶属后发酵茶(随时间的不同,其发酵程度会发生变化)。这类茶销往俄罗斯等国,以及我国边疆地区,大部分内销,少部分销往海外。因此,习惯上把黑茶制成的紧压茶称为边销茶,如云南普洱茶、湖南黑茶、湖北老青茶、广西六堡茶等。黑茶如图3-16所示。

颜色:青褐色,汤色橙黄或褐色,虽称之为黑茶,但泡出来的茶汤未必是黑色。

原料:花色、品种丰富,大叶种等茶树的粗老梗叶或鲜叶经后发酵制成。

香味:具陈香,滋味醇厚回甘。

性质:温和,属后发酵茶,可存放较久时间,耐泡耐煮。

图 3-16 黑茶

4. 白茶

白茶属轻微发酵茶（发酵度：10%）。白茶是条状的白色茶叶，泡出来的茶汤呈象牙色；因白茶是茶树的嫩芽制成，细嫩的芽叶上面布满了细小的白毫，白茶的名称因此而来，如白毫银针、白牡丹、寿眉等。白茶如图 3-17 所示。

颜色：色白隐绿，干茶外表布满白色茸毛。

原料：福鼎大白茶种的壮芽或嫩芽制造，大多呈针形或长片形。

香味：汤色浅淡，味清鲜爽口、甘醇，香气弱。

性质：寒凉，有退热祛暑作用。

图 3-17 白茶

5. 青茶

青茶属半发酵茶（发酵度：10%～70%），俗称乌龙茶。青茶种类繁多，茶叶颜色是深绿色或青褐色，泡出来的茶汤是蜜绿色或蜜黄色，如冻顶乌龙、闽北水仙、铁观音、武夷岩茶等。青茶如图 3-18 所示。

颜色：青绿、暗绿。

原料：两叶一芽，枝叶连理，大多是对口叶，芽叶已成熟。

香味：花香果味，从清新的花香、果香到熟果香都有，滋味醇厚回甘，略带微苦，是最能吸引人的茶叶。

性质：温凉，略具叶绿素、维生素 C，茶碱、咖啡因含量约为 3%。

图 3-18　青茶

6. 红茶

红茶属全发酵茶（发酵度：100%）。红茶通常是碎片状，但条形的红茶也有不少见。因为它的茶叶颜色是深红色，泡出来的茶汤又呈朱红色，所以叫红茶，如祁红、滇红、宜红等。英文把红茶称作 Black Tea，意思是黑茶，而外国人喝的红茶的确颜色较深，呈暗红色。红茶如图 3-19 所示。

颜色：深红色，或暗红色。

原料：大叶、中叶、小叶都有，一般是碎形和条形。

香味：麦芽糖香、焦糖香，滋味浓厚略带涩味。

性质：温和，不含叶绿素、维生素 C，因咖啡因、茶碱含量较少，兴奋神经效能较低。

三、再加工茶

再加工茶是用基本茶类中的茶作为原料，进行再加工的产品。再加工茶包括花茶、紧压茶、萃取茶、果味茶、药用保健茶、含茶饮料等。

图3-19 红茶

1. 花茶

花茶是将茶叶加花窨制而成（发酵度视茶类而异，大陆使用绿茶较多，台湾地区使用青茶较多，目前使用红茶越来越普遍）。这种茶富有花香，以窨制所用的花种命名，又名"窨花茶""香片"等，饮之既有茶味，又有花的芬芳，是一种再加工茶，如茉莉花茶、牡丹绣球、桂花茶、玫瑰花茶等。

颜色：视茶类而别，但都会有少许花瓣存在。

原料：以茶叶加花窨制而成，茉莉花、玫瑰、桂花、黄枝花、兰花等，都可加入各类茶中窨成花茶。

香味：浓郁花香和茶味。

性质：凉温都有，另有花的滋味。

2. 紧压茶

紧压茶以红茶、绿茶、青茶、黑茶、白茶等的毛茶为原料，经加工、蒸压成形而制成。因此，紧压茶属于再加工茶类。中国目前生产的紧压茶主要有沱茶、普洱方茶、竹筒茶、米砖、花砖、黑砖、茯砖、青砖、康砖、金尖茶、方包茶、湘尖、紧茶、圆茶、饼茶等。

颜色：大多是暗褐色，又以何种茶类为原料而有所不同，茶汤为深红色。

原料：各种茶类的毛茶都可为原料，属于再加工茶类。

香味：沉稳、厚重。

性质：现代紧压茶与古代的团茶、饼茶在原料上有所不同，古代是采摘茶树鲜叶经蒸青、磨碎、压模成形后干燥制成；现代紧压茶是以毛茶再加工，蒸压成形而成。

3. 萃取茶

萃取茶是以成品茶或半成品茶为原料，用热水萃取茶叶中的可溶物，过滤弃去茶渣获得茶汁，经浓缩或不浓缩，干燥或不干燥，制备而成的固态或液态茶，统称萃取茶。萃取茶主要有罐装饮料茶、浓缩茶和速溶茶三类。

4. 果味茶

果味茶是茶叶半成品或成品中加入果汁后制成的各种含有果味的茶。这类茶既有茶味，又有果香味，风味独特。我国生产的果味茶主要有荔枝红茶、柠檬红茶、山楂茶等。

5. 保健茶

保健茶是指用茶叶和某些中草药或食品拼合调配后制成的各种保健茶。茶叶本来就有营养保健作用，经过调配，更加强了它的某些防病治病功效。保健茶种类繁多，功效也各不相同。

6. 含茶饮料

含茶饮料是在饮料中添加各种茶汁而研发出来的新型饮料，如茶可乐、茶露、茶汽水等。

四、非茶之茶

作为"举国之饮"的茶，是指采用茶树的叶子和芽制作的茶叶，经冲泡或再加工而成的饮品。而"非茶之茶"，则是指使用茶树之外的其他植物的花、果、叶、种、根茎等泡制的饮料。其实，这些植物与茶是完全不同的植物种属，没有一点亲缘关系，只是人们习惯上把与茶一样泡饮的非茶制品都称为"茶"。

非茶之茶大体可分为四类：

第一类是植物本身具有保健作用，且单独冲泡的饮品，称为保健茶，如人参茶、杜仲茶、胖大海茶等。

第二类是以某些具有药用功能的植物茎叶或花为主体，再与其他物品配制而成的饮品，也称药茶。例如，绞股蓝单独泡饮，为保健茶；而用于复方配伍，则属于药茶。

第三类是并非以保健为目的，而为日常养生的通用饮品，这类饮品既可以是单一植物，也可以是多种成分的复合。例如，菊花茶、桂花茶、桑芽茶、苦荞茶大多为单一成分，而列入第一批国家级非物质文化遗产代表性项目名录的凉茶，是民间常用复方土产草药煎熬而成。

第四类则是当零食、休闲饮品的点心茶、锅巴茶，或以水果及香草等其他植物泡出的水果茶、香草茶等。

此外，还有一种情况，就是茶叶与其他植物茎叶或花调配而成的饮品。这类茶品，往往根据配料与加工制作方式，列入再加工茶的类别，如人参乌龙茶、金银花茶等。

培训项目 3　茶叶加工工艺及特点

茶树上采下来的鲜叶经过加工才能被人们饮用，加工工艺的不同就形成了不同的茶类。

一、茶叶加工的概念

1. 初制加工

中国传统的制茶方法分初制和精制两个过程。茶叶初制就是将采来的茶鲜叶（又称茶青）通过一系列制造工序制成干毛茶的过程。制造工序不同，制成的茶叶就不一样，这是不同茶类形成的关键所在。也就是说，同样的鲜叶原料采用不同的制茶工序就形成了不同的茶类。

2. 毛茶

毛茶就是茶叶初制形成的茶叶产品。因其外观一般还较毛糙，因此称为毛茶。

3. 精制加工

茶叶精制就是对干毛茶进行进一步的加工整理。这种加工整理包括筛分、风选、复火、切断、拣剔、匀堆、装箱等过程，最终使茶叶整齐一致，符合各等级商品茶的规格要求。这一精制过程，不同茶类有不同的要求，有简有繁。

4. 精制茶

精制茶就是毛茶通过茶叶精制以后形成的产品。因其外观规格一致，符合产品标准的要求，因此又称精茶。

5. 商品茶

商品茶通常是指通过精制以后达到产品标准的各等级茶叶。但现今市场上也有毛茶售卖，以及通过简单筛分整理就上市交易的茶叶。因此商品茶可以是精制茶，也可以是毛茶。

6. 茶叶产品标准

国家规定，各种商品茶都必须有经批准的产品标准。茶叶产品标准包括产品名称、品质规格、外形内质的要求等内容，通常在茶叶包装上必须标明该产品标准的编号。

7. 茶叶再加工

以制好的茶叶为原料进行再加工，其方式有窨花、蒸压、萃取，以及添加某些中草药或果汁、香料等。通过再加工形成的产品称再加工茶，如通过窨花形成花茶，通过蒸压形成紧压茶，通过萃取形成浓缩茶和速溶茶，通过添加某些中草药形成保健茶，通过添加果汁或香料形成果味茶或香料茶，等等。

8. 茶叶深加工

茶叶深加工是指以茶叶为原料，采用提取分离的工业方法获得有用的茶叶提取物，形成新的深加工产品，如提取茶叶中茶多酚、咖啡因、氨基酸等。

此外，茶叶的综合利用也日益引起业者的广泛兴趣。随着茶叶相关科学技术的发展，茶叶的价值已不仅限于饮料，它已从农业向工业渗透，由饮料业跨入食品业、化工业、医药业、水产业、轻工业等领域。

二、茶叶加工的特点

1. 杀青

杀青是利用高温抑制酶活性，使茶叶保持绿色，形成绿茶清汤绿叶的品质特点；同时，利用高温去除青草气形成茶香；还能够利用高温除去一部分水分，使叶子变软，有利于揉捻成条或造型。杀青常用锅或滚筒加热进行，也有用蒸汽杀青的。

2. 萎凋

萎凋是采取薄摊叶子的方法，使叶子慢慢失去水分，叶质变软，形成茶香。萎凋的方法有日光萎凋和室内自然萎凋两种。

3. 揉捻

揉捻、揉切、包揉是一个造型过程，工夫红茶需要揉捻成条，红碎茶需要揉切成小颗粒状碎片，而卷曲形的乌龙茶则需要包揉来完成。

4. 发酵

发酵是红茶品质形成的关键工序，在发酵过程中，茶叶中的茶多酚在多酚氧化酶的作用下氧化聚合形成茶黄素和茶红素，使叶子变红，形成红汤红叶。发酵程度要掌握得恰到好处，发酵适度才能形成汤色红艳明亮、滋味鲜爽的优质红茶。发酵不足，会导致汤色欠红、滋味淡薄、香味青涩。发酵过度，会导致汤色发暗、滋味不鲜爽。

5. 闷黄

闷黄是黄茶制作特有的一道工序，是指将杀青或揉捻或初烘后的茶叶趁热堆积，使茶坯在湿热作用下逐渐黄变的特有工序。按茶坯含水量的不同，闷黄又分为湿坯闷黄和干坯闷黄。

6. 做青

做青是摇青、晾青多次交替反复的工艺过程，是制作乌龙茶的关键工序。摇青有手工摇青和机械摇青，对青叶理化变化及成茶品质有直接影响。做青程度因地区、品种、季节等因素影响而有所差异。

7. 渥堆

渥堆是黑茶制作过程中的发酵工艺，也是决定黑茶品质的关键工序，是指将晒青毛茶堆放成一定高度（通常为70厘米左右）的茶堆后洒水，上覆麻布，使之在微生物和湿热的共同作用下发酵，待茶叶发酵到一定程度后，再摊开晾干。

8. 干燥

干燥是茶叶定型和形成香气的工序，干燥的工具一般有炒茶锅和烘干机。

培训项目 4

中国名茶及其产地

我国茶区分布辽阔,茶树品种丰富,制茶工艺不断革新,形成了丰富多彩的茶类。所谓名茶,是指出名的、有名声的茶。其中,包括历代贡茶、历史名茶和中国现当代名茶。

一、历代贡茶

贡茶是中国古代专门进贡皇室,供帝王将相享用的茶叶。贡茶起源于西周之初,迄今已有 3 000 多年的历史。自唐代开始,贡茶有了进一步的发展,专门设有贡茶院,由官府直接管理,细采精制,督造各种贡茶进贡。

1. 唐代贡茶

唐代开元年间(713—741 年),泰山灵岩寺僧人坐禅,昼夜不眠,又不夕食,皆许其饮茶。从此转相仿效,遂成风俗,从山东、河北的部分地区,直至首都长安,"茶道大行,王公朝士无不饮者"(封演《封氏闻见记》)。很多文学家、诗人,饮茶作诗,以示风雅。因此,唐代贡茶的兴起,与当时社会饮茶风俗的普及,帝王将相及文人雅士经常举办茶宴、茶会等有关。

永泰元年至大历三年(765—768 年),御史李栖筠为常州刺史,在宜兴修贡"阳羡雪芽"后,邀陆羽品茶,陆羽发现"顾渚紫笋"茶品质超群,建议将其作为贡茶。这段史实在《唐义兴县重修茶舍记》中就有记载:"前此故御史大夫李栖筠典是邦,山僧有献佳茗者,会客尝之,野人陆羽以为芳香甘辣,冠于他境,可荐于上。栖筠从之,始进万两。"于是,唐代最著名的贡茶院就确定设在了湖州长兴和常州义兴(现宜兴)交界的顾渚山。贡茶院规模很大,每年有役工数万人,采制贡茶"顾渚紫笋"。

据《长兴县志》载,顾渚山贡茶院建于唐代宗大历五年(770 年),至明朝洪武八年（1375年），兴盛之期历时长达605年。在唐代，其产制规模之大，有"役工三万人""工匠千余人"，制茶工场有"三十间"，烘焙灶"百余所"，每年朝廷要花"千金"之费生产万串以上（每串1斤）贡茶，专供皇室王公权贵享用。宋代蔡宽夫《诗话》述："湖州紫笋茶出顾渚，在常湖（常州和湖州）二郡之间，以其萌苗紫而似笋也。每岁入贡，以清明日到，先荐宗庙，后赐近臣。"

每年初春时节、清明之前，新茶"顾渚紫笋"制成后，快马直送京都长安，呈献皇上。《元和郡县图志》记载，贞元（785—805年）以后，每岁进奉顾渚山紫笋茶，役工三万余人，累月方毕。可见，当时采制贡茶耗费人力、财力的浩繁。

唐代除在长兴顾渚山设贡茶院采制贡茶外，还规定在若干特定茶叶产地征收贡茶。据《新唐书·地理志》记载，当时的贡茶地区计有16个郡，即山南道的峡州夷陵郡、归州巴东郡、夔州云安郡、金州汉阴郡、兴元府汉中郡，江南道的常州晋陵郡、湖州吴兴郡、睦州新定郡、福州常乐郡、饶州鄱阳郡，黔中道的溪州灵溪郡，淮南道的寿州寿春郡、庐州庐江郡、蕲州蕲春郡、申州义阳郡，以及剑南道的雅州卢山郡。这16个郡，包括今湖北、四川、陕西、江苏、浙江、福建、江西、湖南、安徽、河南10个省的很多个县。因此不难看出，凡是当时有名的茶叶产区，几乎无例外地都要以茶进贡。贡茶数量之大是惊人的，唐元和十二年（817年），因讨伐吴元济，财政困难，曾"出内库茶三十万斤，令户部进代金"。

唐代贡茶绝大部分都是蒸青团饼茶，有方有圆、有大有小。其采制方法，根据陆羽《茶经·三之造》载："凡采茶，在二月、三月、四月之间。茶之笋者，生烂石沃土，长四五寸，若薇蕨始抽，凌露采焉。茶之芽者，发于丛薄之上。有三枝、四枝、五枝者，选其中枝颖拔者采焉。其日有雨不采，晴有云不采，晴，采之，蒸之，捣之，拍之，焙之，穿之，封之，茶之干矣……自采至于封，七经目。"根据陆羽《茶经》的成书年代（760—780年）和地点（湖州）来分析，《茶经》中所述的蒸青团饼茶的采制技术可以认为主要是对"顾渚紫笋"和"阳羡茶"采制方法的记载。

2. 宋代贡茶

到了宋代，饮茶风俗已相当普及，茶会、茶宴、斗茶之风盛行。帝王嗜茶，也数宋代最甚，特别是宋徽宗赵佶（1082—1135年）更是爱茶颇深，亲自撰写

《大观茶论》。皇帝嗜茶，必有佞臣投其所好，以求幸进。因此，宋代贡茶在唐代的基础上又有了较大的发展。除保留宜兴和长兴的顾渚山贡茶院之外，在福建建安又设专门采制"建茶"的官焙，规模之大、动员役工之浩繁，远远超过前者。

宋代宋子安《东溪试茶录》（1064年前后）记述："旧记建安郡官焙（贡茶工场）三十有八，自南唐岁率六县民采造，大为民间所苦……至道（995—997年）中，始分游坑、临江、汾常、西蒙洲、西小丰、大熟六焙隶属南剑，又免五县茶民，专以建安一县民力栽足之……"建安即现今福建省建瓯市，境内建溪两岸、凤凰山麓盛产茶叶，且天然品质好。宋太宗太平兴国年间，开始设立官焙，专门采制龙凤饼茶，供朝廷享用。其中凤凰山麓北苑的贡茶最为出名。宋朝开宝（太祖的年号）末年，南唐降伏，宋太宗太平兴国二年（977年），特备龙凤之模，派遣使臣，命在北苑制造团茶，使之与民间茶有区别，龙凤茶盖于此时所开始也。

宋太宗至道初，诏造石乳、的乳、白乳（均为茶名）作贡茶。至宋真宗咸平（998—1003年）初，丁谓为福建转运使，监造贡茶，专门精工制作了40饼龙凤团茶，进献皇帝，获得宠幸，升为"参政"，封"晋国公"。此后，建州岁贡大龙凤茶各二斤，八饼为一斤。

至宋仁宗庆历年间（1041—1048年），蔡襄（1012—1067年）任福建转运使时，又将丁谓创造的大龙团改制为小龙团，更受朝廷赏识。蔡襄《北苑造茶》诗自序中有云："是年，改而造上品龙茶，二十八片仅得一斤，无上精妙，以其合帝意，乃每年奉献焉。"当时的文学家欧阳修（1007—1072年）在《归田录》中记载，茶之品无有贵于龙凤者。

宋神宗元丰年间（1078—1085年）始造"密云龙"，比小龙团更佳。宋哲宗绍圣年间（1094—1098年）始造"瑞云祥龙"。至宋徽宗大观（1107—1110年）初，皇帝赵佶著《大观茶论》，认为白茶是茶中第一佳品。当此之时，又创制三种细芽及"试新銙""贡新銙"，即大观二年（1108年）制造"御苑玉芽""万寿龙芽"，大观四年（1110年）又造"无比寿芽""试新銙"，政和三年（1113年）造"贡新銙"。自创三色细芽后，"瑞云祥龙"又似居细芽之下了。

宋徽宗宣和二年（1120年），转运使郑可简别出心裁地创制了一种名为"龙园胜雪"的茶，即"将已精选之熟芽再剔去叶子。仅存茶心一缕，用珍器贮清泉渍之，光明莹洁，若银线然，以制方寸新銙（銙即模型），有小龙蜿蜒其上，号'龙园胜雪'"。龙凤团茶发展到"龙园胜雪",其精美可算达到极点了。整个北宋王朝的160多年间,北苑贡茶的制造技术不断改进,先后创造出的贡茶品目就有四五十种之多。

宋代贡茶的制造厂是以焙为单位计算的,同时期有官焙也有私焙。据丁谓的统计,宋代初期从南唐移交下来的茶焙,公私合计共有1 336焙。宋子安所著《东溪试茶录》中记载,有建安官焙32所,这些官焙都是专造贡茶的,无论土质、水质、栽培、采摘、拣芽、制茶技术等均属一流,在宋代,确实可称建安茶品甲天下。

宋代初期,北苑贡茶数量并不多,据《宣和北苑贡茶录》载:宋太宗太平兴国初年仅献五十片,后次第增加,至宋哲宗元符年间(1098—1100年),以片计,竟达一万八千片,与初期相较,已多数倍焉,然亦不能称盛,至于宋徽宗宣和年间已达四万七千一百余片矣。可见宋代北苑贡茶有了很大的发展。

北苑贡茶的品目,据熊蕃《宣和北苑贡茶录》载,计有40多个:贡新銙、试新銙、白茶、龙园胜雪、御苑玉芽、万寿龙芽、上林第一、乙液清供、承平雅玩、龙凤英华、玉除清赏、启沃承恩、云叶、雪英、蜀葵、金钱、玉华、寸金、无比寿芽、万春银叶、宜年宝玉、玉清庆云、无疆寿比、玉叶长春、瑞云翔龙、长寿玉圭、兴国岩銙、香口焙銙、上品拣芽、新收拣芽、太平嘉瑞、龙苑报春、南山应瑞、兴国岩拣芽、兴国岩小龙、兴国岩小凤(以上号称细色)、拣芽、大龙、大凤、小龙、小凤(以上号称粗色),还有琼林毓粹、浴雪呈祥、壑源佳品、旸谷先春、寿岩却胜、延年石乳等。

3. 元代、明代、清代贡茶

元代仍继续保留着宋代遗留下的一些御茶园和官焙,元大德三年(1299年),计有茶园120处,在武夷设焙局于四曲溪,称御茶园,焙工数以千计,大造贡茶。据董天工《武夷山志》载,元顺帝至正末年,贡茶额达990斤,明初仍之,至明世宗嘉靖三十六年(1557年),建宁太守钱嶪因本山茶枯,御茶改贡延平(福建南平)。

明代御茶生产,茶农负担甚重,除完成摊派的贡额之外,每年还要分担喊山供祭费。清代释超全所著《武夷茶歌》载:"景泰年间(1450—1456年)茶久荒,喊山岁犹供祭费,输官茶购自他山。"当时建宁每年惊蛰日,官吏致祭御茶园边的通仙井,祈求井水满而清,用以制贡茶,祭毕鸣金击鼓,台上扬声同喊"茶发芽",称喊山。

至明代时，蒸青团饼茶渐渐减少，随着炒青芽茶的出现，开始改贡芽茶（即散茶）。据《明大政纪》记述，明太祖朱元璋于"洪武二十四年（1391年）九月，诏建宁岁贡上供茶，罢造龙团，听茶户惟采芽茶以进。"因此正式改贡芽茶乃自明代始，芽茶品质优于团饼茶。

《明史·食货志》载："明太祖时（1368—1398年），建宁贡茶，一千六百余斤，到朱载垕（又作'载壑'）隆庆（1567—1572年）初，增到二千三百斤。"明代其余各地贡茶额与宋代相比也都有所增加。

至清代，贡茶产地进一步扩大，江南、江北著名产茶地区都有贡茶，有些贡茶还是皇帝亲自指封的。例如，清圣祖康熙皇帝在康熙三十八年（1699年）南巡江苏太湖，巡抚宋荦购朱正元独自精制的品质最好的"吓煞人香"茶进贡，康熙皇帝以其名不雅，即题曰"碧螺春"，从此"碧螺春"茶岁必采办进贡。

徽州名茶"老竹大方"，是当时老竹庙和尚大方创制进贡的，乾隆赐"大方"为茶名，自此也岁岁精制进贡。

元、明、清代贡茶的采制方法和贡茶品目历经700多年的变革，有很大的差异性。元代仍以蒸青团饼茶为主，明代开始改贡芽茶，炒青技术得到了很大的发展，采摘细嫩芽叶，炒制成形态各异的茶叶。此时蒸青茶、烘青茶、炒青茶并存。清代在明代贡茶的基础上有了进一步发展，以烘青茶与炒青茶为主，制造工艺更加精细，外形千姿百态，同时创制了乌龙茶、红茶、黑茶、花茶等，广大茶区形成了多种茶类的贡茶。

二、历史名茶

历史名茶是指在中国历史的某一或某些阶段有一定知名度的好茶，通常具有独特的外形、优异的色香味品质。由于中国产茶历史悠久、产茶区域辽阔、茶类众多，且历代贡茶都有不同程度的发展和演变，历代茶界也多有"能工巧匠"出现，加之饮茶爱好者的不同需求和市场的自然选择，我国历代名茶层出不穷。

名山、名寺出名茶，名种、名树生名茶，名人、名家创名茶，名水、名泉衬名茶，名师、大师评名茶。很多名茶就是在这样的条件下产生和发展起来的。

1. 唐代以前名茶

据史料记载，唐代以前已出现很多名茶，见表3-1。

表3-1　　　　　　　　唐代以前的名茶与产地

茶名	产地
巴蜀贡茶、香茗	重庆彭水、武隆、陕西汉中、安康地区
南安茶	四川省丹棱、洪雅一带
武阳茶	四川省彭山、眉山一带
龙凤茶饼	四川省邛崃一带
荆巴茶饼	湖北省鄂西一带
武陵茶	湖北省长阳、五峰，湖南省武陵山脉
西阳茶	湖北省黄冈一带
巴东真香茶	湖北省巴东、重庆市奉节
武昌茶	湖北省鄂州一带
黄牛山茶	湖北省宜昌黄牛峡一带
荆门山茶、女观山茶、望州山茶	湖北省枝城一带
晋陵茶	江苏省常州、宜兴一带
山阴坡茶	江苏省淮安一带
庐江茶	安徽省庐江、六安一带
温山御荈	浙江省长兴
永嘉茶	浙江省永嘉雁荡山一带
辰州溆浦茶	湖南省沅陵、辰溪、溆浦等地
茶陵茶	湖南省茶陵一带
平夷茶	贵州省大方一带

2. 唐代名茶

据唐代陆羽《茶经》和唐代李肇《唐国史补》等历史资料记载,唐代所产茶叶有140余种,大部分都是蒸青团饼茶,少量是散茶,见表3-2。

表3-2　　　　　　　　　　唐代的名茶与产地

茶名	产地
四川省	
蒙顶茶（包括蒙顶研膏茶、蒙顶紫笋、蒙顶压膏露芽和谷芽、蒙顶石花、蒙顶井冬茶、蒙顶钱芽、蒙顶鹰嘴芽白茶、云茶、雷鸣茶等）	雅州（今四川雅安）一带
青城山茶、味江茶、蝉翼、片甲、麦颗、鸟嘴、横牙、雀舌	都江堰一带
峨眉白芽茶（峨眉雪芽）、峨眉茶、五花茶	眉州（今乐山）峨眉山一带
名山茶、百丈茶	名山
火番茶、火井茶	邛崃一带
绵州松岭茶、骑火茶	绵阳一带
㙦口茶、彭州石花、仙崖茶	温江一带
纳溪梅岭茶	泸州纳溪
昌明兽目（昌明茶、兽目茶）	江油
神泉小团	安县
玉垒沙坪茶	汶川
思安茶	大邑
九华茶	剑阁以东地区
江西省	
先春含膏、婺源方茶	婺源
吉州茶	吉安
庐山云雾茶（庐山茶）	庐山
浮梁茶	景德镇
界桥茶	宜春
麻姑茶	南城
鹤岭茶、西山白露茶	南昌的西山

续表

茶名	产地
浙江省	
顾渚紫笋	湖州长兴
径山茶	余杭
睦州细茶、鸠坑茶	建德、淳安
婺州方茶、举岩茶	金华、婺州
东白茶	东阳
明州茶	鄞县（今鄞州区）
剡溪茶	嵊县（今嵊州市）
瀑布岭仙茗	余姚
灵隐茶、天竺茶	杭州
天目茶	临安
重庆市	
茶岭茶	重庆市
香雨（又名真香、香山）	巫山巫溪
黔阳都濡茶（都濡高枝）	彭水
多棱茶	石柱
白马茶	武隆
宾化茶、三般茶	涪陵
龙珠茶	开县
水南茶	合川
狼猱山茶	巴南
湖北省	
夷陵茶、小江源（园）茶、茱萸茶、芳蕊茶、明月茶	宜昌一带
仙人掌茶	当阳
蕲水团薄饼、蕲水团黄、蕲门团黄	蕲春一带
黄冈茶	黄冈一带
鄂州团黄	赤壁、崇阳一带
施州方茶	恩施一带
归州白茶（清口茶）	秭归一带
荆州碧涧茶、楠木茶	松滋
峡州碧涧茶	枝城
襄州茶	襄阳、南漳

续表

茶名	产地
湖南省	
零陵竹间茶	零陵
碣滩茶	沅陵
灵溪芽茶	龙山灵溪
西山寺炒青	常德
麓山茶（潭州茶）	长沙
渠江薄片	安化、新化
石禀方茶、衡山月团、岳山茶	衡山
漓湖含膏（岳阳含膏茶）	岳阳
黄翎毛	岳州
武陵茶	溆浦
澧阳茶	澧县
泸溪茶	沅陵
邵阳茶	邵阳
陕西省	
金州芽茶	安康一带
梁州茶	汉中一带
西乡月团	西乡
河南省	
光山茶	光山
义阳茶	义阳
安徽省	
祁门方茶	祁门
新安含膏、牛轭岭茶	黄山一带
歙州方茶	歙县
至德茶	东至
九华山茶	青阳
雅山茶（瑞草魁，鸦山茶、鸭山茶、丫山茶，丫山阳坡横纹茶）	宣州一带
庐州茶	舒城
舒州天柱茶	岳西
小岘春、六安茶	六安

续表

茶名	产地
霍山天柱茶	霍山、六安一带
霍山小团、霍山黄芽（寿州黄芽）	霍山
寿阳茶	寿县
江苏省	
润州茶	南京
洞庭山茶	苏州
蜀冈茶	扬州
阳羡紫笋	宜兴
贵州省	
夷州茶	石阡
费州茶	思南、德江
思州茶	婺川、印江
播州生黄茶	遵义、桐梓
福建省	
蜡面茶、建州大团、建州研膏茶（建茶、武夷茶）	建瓯
唐茶、正黄茶、柏岩茶（半岩茶）、方山露芽（方山生芽）	福州
广东省	
罗浮茶	博罗
岭南茶	韶关
生黄茶	韶州
研膏茶	封开西乡
西樵茶	南海
广西壮族自治区	
吕仙茶（吕岩茶、刘仙岩茶）	灵川
象州茶	象州
西山茶	桂平
容州竹茶	容县
云南省	
银生茶	西双版纳、思茅一带

3. 宋代名茶

据《宋史·食货志》、宋徽宗赵佶《大观茶论》、宋代熊蕃《宣和北苑贡茶录》和宋代赵汝砺《北苑别录》等史料记载，宋代名茶有百余种。宋代名茶仍以蒸青团饼茶为主，各种名目翻新的龙凤团茶是宋代贡茶的主体。当时"斗茶"之风盛行，促使各产茶地不断创造出新的名茶，散芽茶种类也不少。

宋代贡茶院南移至建州（今福建建瓯）北苑，建州生产的北苑贡茶年年花样翻新，但多数都是片茶（即饼茶），为讨好皇室，大多取吉祥如意的名字，因此龙团凤饼之类建茶名目多达几十种。例如，瑞云翔龙、御苑玉芽、万寿龙芽、上品拣芽、上品龙茶、新收拣芽、生拣芽、水拣芽、玉华、龙苑报春、兴国岩拣芽、兴国岩小龙、兴国岩小凤、大团、大龙、大凤、小龙团、小凤团、石乳、白乳、密云龙、无比寿芽、银线水芽、龙园胜雪、试新銙、贡新銙、上林第一、乙液清供、承平雅玩、龙凤英华、龙苑报春、玉除清赏、启沃承恩、玉叶长春、雪英、千金、无疆寿比、兴国岩銙、香口烘銙、南山应瑞、京铤、云叶、万春银叶、金钱、宜年宝玉、长寿玉圭、蜀葵、太平嘉瑞、琼林毓粹、浴雪呈祥、壑源佳品、肠谷先春、寿岩却胜、延年石乳等。建州生产的茶叶还有壑源茶、曾坑茶、佛岭茶、沙溪茶、洪井茶、青凤髓、清风使、耐重儿、白茶、叶家白、王家白、建安石崖白、武夷茶、火前、社前、雨前、龙茶、玉蝉膏、先春等。

除贡茶院外，也有其他地方生产的茶，见表3-3。

表3-3　　　　　　　　　　　　宋代的名茶与产地

茶名	产地
福建省	
福州蜡面茶、福州玉津、方山露芽	福州
漳州蜡茶	漳州
古雷茶	漳浦
啖山茶	建宁
骨子	南平
玉泉茶	长汀
延平半岩茶	武夷山
麦颗	建瓯

续表

茶名	产地
江西省	
焦溪茶（窝坑茶）、云居茶	南康
泥片	赣州
虔州芥茶	宁都
庆合、运合、禄合、福合、嫩蕊、仙芝	上饶
金片、绿英	宜春
临江玉津茶	樟树
黄檗茶	宜丰
紫源茶	高安
筠州紫源茶	高安、宜丰
庐山云雾	九江
谢源茶	婺源
双井白芽（双井鹰爪）	修水
黄龙茶	南昌
双港茶、周山茶、白水团茶、小龙凤团茶	铅山
九龙团茶	安远
四川省	
邛州茶、火井茶、火番茶	邛崃
沙坪茶、味江茶	都江堰
罗村茶	广元
兽目茶	江油
赵坡茶	广汉
杨村茶	什邡
石花茶、仙岩茶、堋口茶	彭县（今彭州市）
蝉翼、片甲、雅山茶、鸟嘴、雀舌	温江一带
纳溪梅岭茶	兴文
峨眉白芽	峨眉山
蒙顶茶、圣扬花	雅安
泸州茶	泸州
重庆市	
狼猱山茶	重庆
月兔茶、都濡高枝	彭水、黔江

茶名	产地
宾化茶	南川
夔州真香茶	奉节
多波茶、多棱茶	石柱
白马茶	武隆
水南茶	合川
涪州三般茶	涪陵
浙江省	
径山茶、雨前茶	余杭
白云茶、香林茶、宝云茶、垂云茶、龙井茶	杭州
黄岭山茶	临安
石笕岭茶	诸暨
小溪茶、云雾茶、魏岭茶、紫凝茶	天台
宁海茶	宁海
举岩茶	金华
方茶	婺州
紫高山茶	黄岩
白马山茶	临海
廷峰茶	临海
雁荡茶（龙湫茶）	乐清
细坑茶、焙坑茶、小昆茶、大昆茶、鹿苑茶、紫岩茶、胡山茶、真如茶、五龙茶	嵊县（今嵊州市）
丁坑茶、瑞龙茶、卧龙茶、花坞茶、日铸雪芽	绍兴
茗山茶	萧山
瀑布仙茗	余姚
天尊岩茶	桐庐
乌龙山茶	建德
鸠坑茶	淳安
西庵茶	富阳
龙坡茶	长兴
湖南省	
小方茶、大方茶、绿芽茶、双上茶	湖南
云山茶	武冈

续表

茶名	产地
衡山茶	衡山
鼎州芽茶	常德
白鹤茶、小卷生、开卷、开胜、小巴陵、大巴陵、黄翎毛、㶉湖含膏	岳阳
金茗、片金、岳麓茶、潭州茶末、独行、灵草、杨树、雨前、雨后、石楠茶	长沙
月团	衡阳
湖北省	
仙人掌茶	当阳
巴东真香茶	巴东
蕲水团黄、蕲门团黄	蕲春
两府茶、宝山茶、双胜茶、进宝茶	武昌
鄂州团黄	赤壁、崇阳
大拓枕茶、荆州碧涧茶	江陵
茱萸、明月、碧涧、紫花芽茶	宜昌
清口茶（归州白茶）	秭归
安徽省	
龙芽	六安
广德芽茶	广德
胜金、来泉、华英、早春、先春、紫霞茶、白岳金芽	歙县
池源茶	贵池
闵坑茶	青阳
雅山茶	宣城
龙溪茶、开火新茶	舒城
太湖茶	太湖
天柱茶	岳西
霍山黄芽	霍山
江苏省	
虎丘茶、洞庭山茶、水月茶	苏州
蜀冈茶（禅智寺茶）	扬州
阳羡紫笋	宜兴

续表

茶名	产地
广西壮族自治区	
都茗茶	上林
容州竹茶	北流
古县茶	桂林
修仁茶	荔浦
吕仙茶（吕岩茶）、灵川玉津	灵川
陕西省	
西乡团茶	西乡
城固团茶	城固
西县团茶	南郑
河南省	
浅山薄侧茶、东首茶	光山
信阳茶	信阳
贵州省	
高树茶	务川
鹦鹉茶	思南
生黄茶	遵义
云南省	
普洱茶	思茅、西双版纳
五果茶	昆明
广东省	
韶州生黄茶	曲江
春紫笋茶、夏紫笋茶	封开
罗浮	博罗
西樵山茶	南海
天子茶	罗定
凤山茶	潮阳

4. 元代和明代名茶

元代名茶有几十种。明代因开始废团茶兴叶茶，所以蒸青团茶虽有，但蒸青和炒青的散叶茶渐多。据顾元庆《茶谱》（1541年）、屠隆《茶笺》（1590年前后）和许次纾《茶疏》（1597年）等记载，明代茶叶有一百多种。元代、明代的名茶与产地见表3-4。

表3-4　　　　　　　　　元代和明代的名茶与产地

茶名	产地
江西省	
金片、绿英、界桥茶、云脚茶	宜春
泥片	赣县
指合、庆合、运合、禄合、嫩蕊、仙芝	上饶
吉安茶、传担山茶	吉安
南康茶	南康
南康云居	永修
四大名家茶	婺源
饶州茶	上饶
香城茶、紫清茶、鹤岭茶、白露茶、白芽	南昌
岩阳茶	武宁
双井茶	修水
九江茶、庐山铝林茶、庐山云雾茶	九江
广信先春	贵溪、上饶
枫岭茶	南丰
云林茶	金溪
瑞州枪旗茶	高安、宜丰
临江茶	樟树
袁州茶芽	分宜、萍乡
储茶	赣州
宁都岕茶	宁都
福建省	
香茶	福建
龙焙、北苑茶、建安贡茶、石崖白、沙溪茶、延平贡茶、南山应瑞	建瓯
粗骨、末骨、次骨、骨金、头金	建瓯、南平一带

续表

茶名	产地
武夷茶、武夷岩茶、探春、先春、次春、武夷紫笋、延平半岩茶	崇安
建宁次春、建宁先春、建宁探春	建宁
寿宁茶	寿宁
南平茶	南平
柏岩茶	福州
鼓山半岩茶、方山茶、九峰茶	闽侯
清源山茶	泉州
蟹谷茶	长乐
灵石茶	福清
白琳茶、太姥山茶	福鼎
支提茶	宁德
英山茶	南安
玉泉茶	长汀
名山宝茶	永泰
浙江省	
宝云茶、香林茶、白云茶、龙井茶	杭州
顾渚茶、金字茶	长兴
龙坡山子茶、老庙后茶	湖州
举岩茶	金华
鸠坑茶	淳安
大龙茶	开化
方山茶	龙游
严州茶	建德
台州茶	临海
温山茶	吴兴
日铸茶、日铸雪芽、卧龙山茶（瑞龙茶）、丁坑茶、花坞茶、高坞茶、小朵茶、雁路茶	绍兴
雁荡龙湫茶	乐清
剡溪茶	嵊州
后山茶	上虞
分水贡芽	桐庐
石笕茶	诸暨

续表

茶名	产地
区茶（白茶）、灵山茶	鄞县（今鄞州区）
芽茶	永嘉
径山茶	余杭
富春茶	富阳
范殿师茶	慈溪
绿花、紫英、明月峡茶	湖州
天目山茶、昌化茶	临安
罗齐茶	长兴
童家岙茶、瀑布茶	余姚
云雾茶、紫凝茶	天台
临海芽茶	临海
东阳毛尖、东阳芽茶	东阳
安徽省	
紫霞茶、黄山云雾、黄山茶、牛轭岭茶	黄山
瑞草魁、横纹茶、阳坡茶	宣城
青阳茶、岩地源茶	青阳
广德芽茶	广德
建平芽茶	郎溪
六安茶、凤亭茶、小四岘茶、毛尖、雀舌	六安
松萝茶、闵茶	休宁
石埭茶	石台
高峰茶	宁国
大方茶	歙县
龙溪茶、末号、次号	舒城
四川省	
蒙顶茶、玉叶长春	雅安
鸟嘴、麦颗、灌县茶	都江堰
永宁茶	叙永
天全茶	天全
绿昌明	江油
嫩绿茶、火井思安茶、芽茶、家茶、孟冬、铁甲	邛崃
丹棱茶	丹棱

续表

茶名	产地
纳溪茶、泸州茶	泸州
峨眉茶、白毛茶	峨眉
薄片	广安
骑火茶	平武
石泉茶	北川
凌云茶	乐山
洪雅茶	洪雅
天全乌茶	天全
太湖茶	荥经
鹤鸣茶、雾中茶	大邑
沙评茶、茅亭茶	汶川
重庆市	
黔江茶	黔江
彭水茶、都濡高枝	彭水
丰都茶	丰都
开茶	开县
香山茶	奉节
的宾化茶、白马茶、涪陵茶	涪陵
武隆茶	武隆
南川茶	南川
湖北省	
崇阳茶	崇阳
蒲圻茶	赤壁
嘉鱼茶	嘉鱼
小江园、碧涧、明月、方蕊、朱萸	宜昌
南木茶	江陵
荆州条	江陵、松滋
樊山条、草子茶、杨梅茶、雨前茶、雨后茶	武昌
桃花茶	阳新
蕲茶	蕲春
仙人掌茶	当阳
建始茶	建始

续表

茶名	产地
赛林茶	襄阳
真香茶	巴东
施州茶、施州探春、施州先春、施州次春、施州人香、施州研膏	恩施一带
大石枕	江陵
清口茶（归州白茶）	秭归
湖南省	
岳麓茶、金茗、片金、绿芽、灵草、独行、石楠、潭州铁色茶	长沙
小方、大方、双上	澧县
君山茶、黄翎毛、小开卷、开卷、开胜、小巴陵、大巴陵	岳阳
辰州溆浦	溆浦
衡山茶	衡山
新化茶	新化
安化茶、安化芽茶、黑茶	安化
宁乡茶	宁乡
益阳茶	益阳
临湘茶、龙窖山茶	临湘
邵阳茶、宝庆茶、渠江茶	邵阳
武冈州茶	武冈
巉茶	宁远
赵茶	通道
毛坪茶	大庸
靖州茶	绥宁
二京亭茶	靖州
茶陵茶	茶陵
盖山茶（五盖山茶）	郴州
甑山茶	慈利
江苏省	
阳羡茶、含膏茶、西山茶、春池茶、洞山茶、青叶、雀舌、罗界茶、壶蜂翅（枪旗）	宜兴
太湖茶	无锡
天池茶、虎丘茶	苏州
海州茶	连云港

续表

茶名	产地
上海市	
佘山茶	上海
广东省	
西樵山茶、毛茶	南海
古楼茶	顺德
琉璃茶	化州
河南茶	广州
橘子郎茶	惠阳
天柱山茶	五华
黄坑茶	蕉岭
官田茶	兴宁
桂山茶	河源
罗浮茶	惠州
新安茶	深圳
曹溪茶、罗坑茶	曲江
贡茶	英德
顶湖茶	肇庆
海南省	
文昌茶	文昌
琼山芽茶、琼山叶茶	琼山
云南省	
太华茶、五华茶	昆明
宝洪茶	宜良
金齿茶	保山
湾甸茶	昌宁
感通茶	大理
普洱茶	思茅、西双版纳
孩儿茶	楚雄、盈江
芒部茶	镇雄
陕西省	
城固茶	城固
西乡茶	西乡

续表

茶名	产地
汉中茶	汉中
金州茶	安康
紫阳茶	紫阳
石泉茶	石泉
汉阴茶	汉阴
平利茶	平利
河南省	
薄侧、浅山、东首	潢川
信阳茶	信阳
罗山茶	罗山
贵州省	
播州茶（播州云雾茶）	遵义
乌蒙茶	毕节
平越茶	福泉
高树茶	务川、三都
云钧茶	三都
云雾茶	贵定
龙里茶	龙里
清平茶、香炉山云雾茶、莺嘴茶、旁海毛尖	凯里
洞茶	黎平
鹦鹉茶	思南
广西壮族自治区	
刘岩茶（吕岩茶）	临桂
六峒茶	兴安
清湘茶	资源
龙脊茶	龙胜
修仁茶	荔浦
西山茶	桂平
白毛茶	横县
明山茶	上林、武鸣
山东省	
莱州茶	平度

续表

茶名	产地
鲁山茶	沂源
云芝茶	蒙阴
莱阳茶	莱阳

5. 清代和民国时期名茶

清代名茶，有些是明代流传下来的，有些是新创的。在清王朝近300年的历史中，绿茶、黄茶、黑茶、白茶、乌龙茶、红茶都有生产。在这些茶类中有不少品质超群的茶叶品目，逐步形成了我国至今还保留着的传统名茶。

民国时期茶叶生产虽不景气，但产区茶农与茶商为维持生计，也千方百计地创造新品、提高质量，因此名优茶尚在发展，茶叶名目数量也不少。清代和民国时期的名茶与产地见表3-5。

表3-5　　　　清代和民国时期的名茶与产地

茶名	产地
江西省	
通天岩茶	石城
狗牯脑	遂川
竹叶青茶	抚州、临川
江西齐茶	宁都
庐山云雾、钻林茶	庐山
婺源绿茶	婺源
大园储茶	赣州
观音茶、白毫茶、钩藤茶、仙人茶	宜黄
双井茶、修水茶（宁红、宁红工夫）	修水
邓坑茶、鹤岭茶	新建
云香茶	德安
浮梁茶（浮红）	浮梁
浙江省	
龙井茶、九曲红梅	杭州
珍眉、贡熙	杭州、绍兴一带
强兴芽茶、日铸兰雪茶、日铸茶、平水珠茶、高邬茶、瑞龙茶、玉芝茶	绍兴

续表

茶名	产地
岩顶	富阳
建德苞茶（建德黄芽）、建德芽茶、寿昌芽茶、十二都里洪坑茶、十都绿茶	建德
天尊岩茶	桐庐
径山茶、伏虎岩茶	余杭
天目山茶、南乡黄茶、天目云雾茶、黄脚岭茶	临安
龙游芽茶	龙游
石门芽茶	桐乡
绿牡丹	江山
丽水芽茶	丽水
云雾茶（云雾芽茶）	龙泉
惠明茶	景宁
雁荡山茶（龙湫茶）	乐清
温绿	瑞安、平阳、泰顺
温州黄汤	平阳
东阳毛尖	东阳
举岩茶、金华贡茶	金华
茗茶、方山早茶	衢州
莫干黄芽	德清
慈溪贡茶	慈溪
小溪茶、魏岭茶、紫凝茶、云雾茶、茅尖茶	天台
区茶、灵山茶	鄞县（今鄞州区）
十二雷茶	鄞县（今鄞州区）四明山
龙角山茶	宁波镇海
隐地茶、鹁鸪岩茶、雪水岭茶、覆卮山茶、凤鸣山茶、后山茶	上虞
瀑布岭茶	余姚
梓乌山茶、柱山茶、五泄山茶、宜家山茶、东白山茶、石笕岭茶	诸暨
罗界片茶、罗齐梗茶、顾渚芽茶	长兴
鸠坑茶、淳安大方、遂绿	淳安
剡溪茶、嵊县芽茶、泉岗辉白	嵊县（今嵊州市）
上云茶、临海芽茶	临海
普陀茶	普陀山

续表

茶名	产地
茗山茶	萧山
安徽省	
屯溪绿茶（屯绿）、珍眉	休宁、屯溪
松萝茶	休宁
舒城兰花	舒城
太平猴魁、尖茶	太平
六安瓜片、六安毛尖	六安
九华山茶、闵茶	青阳
涌溪火青、石井茶	泾县
敬亭绿雪	宣城
祁门红茶	祁门
黄山毛峰、翠雨茶、紫霞茶	黄山
顶谷大方（老竹大方）、珍眉、贡熙、副熙、熙春、乌龙、蕊眉、针眉、芽雨、蛾眉、凤眉、圆珠、宝珠、麻珠、虾目	歙县
云南省	
太华茶、五华茶	昆明
阳宗茶	澄江、宜良、呈贡
感通茶	大理
太平茶	顺宁
普洱茶、普洱毛尖、普洱芽茶、普洱沱茶、普洱团茶、七子饼茶、人头茶、女儿茶、金月天茶、疙瘩茶、小满茶、谷花茶	思茅、西双版纳
蕊珠茶、竹筒茶、紧茶、普洱方茶、改造茶、紧团茶	普洱
金齿茶	永昌
湾甸茶	昌宁
滇红工夫	凤庆一带
马邓茶	镇源
白龙须茶、秧塔白茶	景谷
米地茶、玉露茶（云针茶）、须立茶、景星茶	墨江
安定茶	景东
景迈茶	澜沧
沱茶	下关
宝洪茶	宜良

续表

茶名	产地
雀舌茶	楚雄
凤眼茶、白毛尖	腾冲
雀嘴茶	洱源
四川省	
红崖茶（定凤茶）	叙永
老人茶	犍为
白茶（老荫茶）	通江
女儿茶、香露茶	三台
白茶、红茶、黄茶	绵竹
白茶	崇庆
铁甲茶、大叶茶、花刀茶、锅焙茶、雨前茶	丹棱
观音山茶、红茶、白茶、山门茶、太湖茶	荥经
雾钟茶、名山仙茶	名山
蒙顶茶、上清峰茶、雨前茶、米子、芽白、芽细、花毫、南路边茶、毛尖、芽子、砖茶、金仓、金玉、金尖	雅安
雪茶	理化
峨眉白芽（峨蕊）	峨眉
鹤鸣山茶	大邑
雀香茶	成都
雀舌茶、青城山贡茶、西路边茶（松茶）、茅亭茶、白茶、桌面茶、木鱼茶、板凳茶、引茶、圆包茶、方包茶	灌县（都江堰）
康砖茶	雅安、天全、荥经
竹当茶	邛崃
泸杀	泸州
重庆市	
沱茶	重庆
方翡香茗	涪陵
香山茶	奉节
毛尖、白毫大庄	南川
夔州茶	巫山、巫溪
开县茶	开县

续表

茶名	产地
广东省	
云雾茶、葫芦茶、浮云山茶、黄岭茶、阿婆嶂岭茶、蓝山茶、朱山茶	英德
仁化银毫、黄茶	仁化
合罗茶、七根毛茶	信宜
陈茶	花县（今广州市花都区）
上帅茶	连山
化板茶	龙门
康和茶、霜茶、河源仙茶	河源
乐昌白毛茶、昌茶、果子茶、古老茶	乐昌
九节茶	南澳
罗坑茶	曲江
土茶	海丰
马增茶	和平
白马茶	封开
五峰山绿茶	普宁
白云茶	新会
笔架茶	清远
马图茶	丰顺
南台茶	平远
清凉山茶	梅州
清桂茶	广宁
凤凰单丛茶、凤凰水仙、石古坪乌龙茶	潮安
待诏茶、饶平色种	饶平
西岩茶	饶平、大埔
担竿山茶、河南茶、黄杨山茶、凤凰山茶、新安茶	广州
神仙茶	中山
琉璃茶	化州
毛茶、西樵山茶、白云茶	南海
罗浮茶	博罗
古劳茶（火花香茶）	鹤山
顶湖茶	高要
凤山茶	潮阳

续表

茶名	产地
天堂茶、高界茶、大龙茶、黄连茶、板洞茶、中坑茶、白艺茶	连南
罗勒茶、冷瓮茶、白崖茶、石萤茶、多罗茶、岳山茶	怀集
福建省	
石亭豆绿	南安
花茶、天生茶	福州
香茶	泉州
小种红茶	福安坦洋
绿叶白毫茶、福安乌龙茶、坦洋工夫红茶	福安
政和白毫、闽红工夫、烟小种	福安、政和
老君眉	崇安、光泽
莲子芯茶、白毫茶、建瓯工夫、水仙茶、建宁府贡茶	建瓯
白琳工夫、太姥山茶（绿雪芽、绿头春）	福鼎
支提茶	宁德
白毫银针、寿眉、白牡丹	政和、松溪
白毛猴（白毛莲芯）	政和、福鼎
鼓山半岩茶	闽侯
乌龙茶	沙县
郑宅茶	莆田
闽南乌龙、安溪铁观音	安溪
水仙	永春
棕毛茶	南平
洞宾茶、吕仙茶、武夷岩茶、武夷洲茶、工夫红茶、小种红茶、武夷肉桂、武夷水仙、武夷奇种、武夷白毫、武夷乌龙、大红袍、武夷松萝、雀舌、紫毫茶、莲芯茶、武夷茶	崇安
小种茶	浦城
江苏省	
碧螺春（吓煞人香）、天池茶、虎丘茶	苏州
云台山茶（云台云雾茶）	连云港
罗齐茶（洞齐）	宜兴与浙江长兴
阳羡茶	宜兴
云雾茶	丹徒

续表

茶名	产地
上海市	
佘山茶	松江
广西壮族自治区	
刘岩茶（吕岩茶）	灵川
石芽茶、金山茶、河口茶、四山冲茶、大扒茶、瑶茶	平乐
浮江茶	桂平
六峒茶	兴安
清茶	全州
龙脊茶	龙胜
西山茶、三岩山茶、石田茶、中和茶	桂平
六堡茶、虾斗茶	苍梧
南山白毛茶	横县
六屏大山茶、古哥窖山茶	北流
白塘茶、六麻上岑茶	平政
古琶茶、庙王茶	武宣
龙山茶	贵县
紫荆茶	桂平、宣武
白毛茶	凤山、凌云
蓝靛茶、金钩茶、香茶	宜北
三防茶、黄金茶	罗城
仙人茶	贺县（今贺州市）
雷电仙茶	钟山
陕西省	
紫阳毛尖、紫阳芽茶	紫阳
泾阳茯砖茶	泾阳
南郑茶	南郑
石泉茶	石泉
西乡茶	西乡
安康茶	安康
家园茶	白河

续表

茶名	产地
河南省	
信阳毛尖茶	信阳
叶县茶	叶县
商城茶	商城
固始茶	固始
光州茶	光州
罗山茶	罗山
乐安茶	确山
山东省	
莱阳茶	莱阳
云芝茶	蒙阴
海南省	
琼州澄茶	琼山
五指山茶	琼中
蒲乌茶、鹧鸪茶、苦橙茶、万州松萝茶	万宁
龟岭茶、水满洞茶、思河岭茶、南间岭茶	定安
灵茶（江南黄连茶）	琼山
湖北省	
宜红工夫	五峰、鹤峰
恩施玉露	恩施
鹿苑茶、鸣凤茶	远安
芽茶	武昌
米砖（红砖茶）	汉口
帽盒茶	崇阳和湖南临湘
青砖茶、小京砖茶、蒲圻黑茶、峒茶、羊楼峒茶	赤壁
乌东茶	利川
火前茶	咸丰
峡州茶、春华红茶、银芽红茶	宜昌
家园茶	竹溪
太和茶	丹江口
香桃茶	郧县（今十堰市郧阳区）
白锥山烟雨	大冶

续表

茶名	产地
湖北红茶	咸宁一带
青茶	咸宁
仙峒茶、云岩茶	来凤
容美茶	鹤峰
仙人掌茶	当阳
紫云茶	黄梅
灵虬山茶、蕲州云雾茶	蕲春
汉阳茶	汉阳
白毛尖、龙泉茶、观音茶	崇阳
桃花茶、凤髓茶	阳新
湖南省	
白鹤茶	岳州
君山银针、君山毛尖、北港毛尖、白鹤翎（白毛尖）	岳阳
龙窖山茶	临湘
湖红工夫	平江、浏阳等地
安化红茶、芽茶、天尖茶、茯砖茶、花卷茶（千两茶）、黑砖茶	安化
贡茶	岳阳、安化
贡茶	益阳
贡茶	宁乡
毛尖	沩山
界亭茶、碣滩茶、官庄毛尖	源陵
古丈毛尖	古丈
牛抵茶	石门
宝庆贡茶	邵阳
石楠	长沙
嶷茶	宁远
钻林茶	衡山
毛尖	江华
盖山茶（五盖山米茶）	郴州

续表

茶名	产地
贵州省	
眉尖茶	湄潭
南贡茶	开阳
高树茶（都濡高枝）	婺川
晏茶	思南
云雾茶	贵定
龙里茶	龙里
毛尖	都匀
莺嘴茶、香炉山云雾茶	凯里
金鼎云雾茶	遵义
坪山茶	石阡
朵贝茶	普定
海宫茶、果瓦茶	大方
姑青茶	纳雍
平桥茶	织金
清池茶	金沙
回龙茶	黄平
高寨茶	独山
坡柳茶、姑娘茶	贞丰
羊场茶	镇远
滚郎茶	从江
台湾地区	
冻顶乌龙	南投
水沙连茶	彰化
港口茶、罗佛山茶	恒春（今屏东）
台北乌龙、木栅铁观音	台北
台湾乌龙茶	新竹、苗栗

三、中国现当代名茶

中国现当代经济高速发展，人民生活水平不断提高，消费者对名优茶的需求量日益增长，各产茶地区也十分重视名优茶的开发与生产。如今，中国茶类之齐全、名优茶品种之多，为世界之最。据不完全统计，中国现当代名优茶有1 500种之多，可谓千姿百态、品质各异。

1. 中国主要茶区

现当代名茶是和各个茶区紧密相关的。茶区分布东起东经122度的台湾东岸的花莲县，西至东经94度的西藏自治区米林县，南起北纬18度的海南省榆林港，北至北纬37度的山东省荣成市，共有20个省（区）、近千个县市生产茶叶。

全国分为四大茶区：西南茶区、华南茶区、江南茶区和江北茶区。

（1）西南茶区

西南茶区位于我国西南部，包括云南省中北部、贵州省、四川省和西藏自治区东南部，是中国最古老的茶区，也是茶树原产地的中心。这里地形复杂，海拔高低悬殊，气候差别很大，大部分属于亚热带季风气候。四川、贵州、西藏东南部土壤以黄壤为主，少量棕壤；云南地区主要为赤红壤和山地红壤，有机质含量比其他地区丰富。西南茶区主要生产绿茶、红茶、黄茶、黑茶和紧压茶。

1）绿茶类。绿茶类有云南省的南糯白毫、苍山雪绿、宝洪茶（十里香茶）、云海白毫、化佛茶、翠华茶、墨江云针、绿春马玉茶等，四川省的竹叶青、永川秀芽、文君嫩绿、峨眉毛峰、蒙顶甘露、青城雪芽、宝顶绿茶、峨蕊、灵山银芽、云顶绿茶、三清碧兰等，贵州省的都匀毛尖、贵定云雾茶、湄江翠片、遵义毛峰、羊艾毛峰等。

2）红茶类。红茶类有云南省的滇红工夫茶、大叶种红碎茶等，四川省的早白尖。

3）黄茶类。黄茶类有四川省的蒙顶黄芽，贵州省的海马宫茶。

4）黑茶类。黑茶类有云南省西双版纳、思茅的普洱茶，四川省的四川边茶。

5）紧压茶类。紧压茶类有云南省下关的云南沱茶、圆茶（七子饼）、竹筒香茶、普洱方茶、紧茶等，四川省的康砖茶、金尖、方包茶及重庆沱茶等。

（2）华南茶区

华南茶区位于我国南部，包括广东省、广西壮族自治区、福建省、海南省以及台湾地区，这些地区是中国最适宜茶树生长的地区。

除闽北、粤北、桂北等少数地区外，这里年平均气温为19~22摄氏度，最冷月为1月，平均气温为7~14摄氏度，茶树生长期10个月以上。该区年降水量是中国茶区之最，在2 000毫米左右。茶区土壤以砖红壤为主，部分地区也有红壤和黄壤分布，土层深厚，有机质含量丰富。该区茶树品种资源也很丰富，有乔木、小乔木、灌木等各类型的品种，生产绿茶、青茶、红茶、白茶、黄茶、黑茶等。

1）绿茶类。绿茶类有广东省的古劳茶、仁化银毫等，广西壮族自治区的南山白毛茶、桂林毛尖、覃塘毛尖、象棋云雾、凌云白毫等，福建省的石亭绿、天山烘绿、七境堂茶、龙岩斜背茶、莲心茶等，台湾地区的三峡龙井。

2）青茶类。青茶类有广东省的凤凰水仙、凤凰单丛、白叶单丛、蕉岭单丛等，福建省的武夷岩茶、大红袍、铁罗汉、白鸡冠、水金龟、肉桂、闽北水仙、白毛猴、龙须茶、佛手、铁观音、黄金桂、色种茶等，台湾地区的冻顶乌龙、阿里山乌龙、东方美人、包种茶等。

3）红茶类。红茶类有广东省的英德红茶，福建省的政和工夫、坦洋工夫、白琳工夫、正山小种等。

4）白茶类。白茶类有福建省的白毫银针、白牡丹、寿眉等。

5）黄茶类。黄茶类有广东省的大叶青茶。

6）黑茶类。黑茶类有广西壮族自治区的六堡散茶、龙脊茶等。

7）紧压茶类。紧压茶类有广西壮族自治区的六堡茶。

8）花茶类。花茶类有广东省的玫瑰花茶，广西壮族自治区的茉莉花茶，福建省的茉莉花茶，台湾地区的茉莉花茶、桂花乌龙茶等。

（3）江南茶区

江南茶区位于我国长江中、下游南部，包括浙江、湖南、江西等省和安徽、江苏、湖北三省南部等地，是中国主要茶叶产区，年产量约占全国总产量的2/3。茶园主要分布在丘陵地带，少数在海拔较高的山区，气候四季分明，年平均气温为15~18摄氏度，冬季最低气温为-8摄氏度左右。年降水量约1 600毫米，春夏季雨水最多，占全年降水量的60%~80%，秋季干旱。茶区土壤主要为红壤，部分为黄壤或黄棕壤，少数为冲积土。江南茶区主要生产绿茶、红茶、黄茶和黑茶。

1）绿茶类。绿茶类有浙江省的龙井、顾渚紫笋、惠明茶、平水珠茶、径山茶、泉岗辉白、天尊贡芽、日铸雪芽、云峰、蟠毫、鸠坑毛尖、安吉白片、双龙银针、开化龙顶、江山绿牡丹、临海云峰、建德苞茶、天目青顶、雁荡毛峰、东白春芽、普陀佛茶、华顶云雾、兰溪毛峰、余姚瀑布茶、遂昌银猴、磐安云峰、仙居碧绿、松阳银猴、婺州举岩、望府银毫等，湖南省的安化松针、高桥银峰、碣滩茶、岳麓毛尖、东湖银毫、桂东玲珑茶、古丈毛尖、狮口银芽、河西圆茶、五台山米茶、黄竹白毫、郴州碧云、江华毛尖、雪峰毛尖、韶峰茶、牛抵茶、官庄毛尖、南岳云雾茶、东岩茗翠等，江苏省的洞庭碧螺春、南京雨花茶、金坛雀舌、前峰雪莲、南山寿眉、梅龙茶、金山翠芽、天池茗毫、翠螺、无锡毫茶等，安徽省的黄山毛峰、太平猴魁、黄山银钩、涌溪火青、休宁松萝、老竹大方、敬亭绿雪、眉茶、瑞草魁、九华毛峰、黄山翠竹、天山真香眉等，江西省的庐山云雾、婺源茗眉、狗牯脑、上饶白眉、崖雾茶、双井绿、小布岩茶、麻姑茶、瑞州黄檗茶、龙舞茶、新江羽绒茶、周打铁茶、九龙茶、山谷翠绿、通天岩茶、窝坑茶、云林茶、攒茶、井冈翠绿、罗峰茶、三清云雾、黄狮茶、墨菊、泰和蜀口茶等，湖北省的象牙茶、恩施玉露、峡州碧峰、金水翠峰、水仙茸勾茶、碧叶青等。

2）红茶类。红茶类有浙江省的越红工夫茶、温红等，湖南省的湖红工夫茶，江西省的宁红工夫茶，湖北省的宜红工夫茶，安徽省的祁门工夫茶。

3）黄茶类。黄茶类有浙江省的温州黄汤、莫干黄芽等，湖南省的君山银针、沩山毛尖、北港毛尖等。

4）黑茶类。黑茶类有湖南省的黑毛茶、湘尖、黑砖茶、花砖茶、茯砖茶等，湖北省的老青茶、青砖茶、二仙岩青茶等。

（4）江北茶区

江北茶区位于我国长江中下游北部，包括河南、陕西、甘肃、山东等省和安徽、江苏、湖北三省北部，属于中国北部茶区。茶区年平均气温为15～16摄氏度，冬季绝对最低温度为-10摄氏度左右。年降水量约800毫米，分布不均，茶树较易受旱。茶区土壤多属黄棕壤或棕壤，是中国南北土壤的过渡类型，少数山区的气候适宜茶树生长，所产茶叶品质不亚于其他茶区。

江北茶区主要生产绿茶，有安徽省的六安瓜片、舒城兰花茶、天柱剑毫、金寨翠眉、皖西早花茶、岳西翠兰、昭关松针等，江苏省的花果山云雾茶，湖北省的双桥毛尖、车云山毛尖、仙人掌茶、龟山岩绿、隆中茶、碧山松针、棋仙茶、玉茗露等，山东省的沂蒙碧芽、日照的雪青和冰绿，河南省的信阳毛尖、灵山剑峰、太白银毫、香山翠峰、仰天雪绿、清淮绿梭等，陕西省的午子仙毫、紫阳毛尖、紫阳翠峰、秦巴雾毫、汉水银梭等。

2. 中国现当代名茶概况

中国现当代名茶，根据其历史可归纳为以下三类。

（1）传统名茶

传统名茶主要是指历史名茶，基本保持原有的制茶工艺与品质风格。此类名茶有：西湖龙井、洞庭碧螺春、黄山毛峰、太平猴魁、庐山云雾、恩施玉露、信阳毛尖、六安瓜片、屯溪珍眉、老竹大方、桂平西山茶、白毫银针、白牡丹、君山银针、安溪铁观音、凤凰水仙、闽北水仙、武夷岩茶、河红、祁门红茶、云南普洱茶、苍梧六堡茶等。

（2）恢复性历史名茶

恢复性历史名茶主要是指历史上曾有过的，后来未能持续生产或工艺失传的，经过研究创新可恢复的名茶，然而经恢复的历史名茶中有些已不是原来的制茶工艺与品质风格了。此类名茶有：休宁松萝、涌溪火青、敬亭绿雪、九华毛峰、龟山岩绿、蒙顶甘露、仙人掌茶、天池茗毫、贵定云雾、青城雪芽、阳羡雪芽、顾渚紫笋、径山茶、雁荡毛峰、日铸雪芽、金奖惠明、金华举岩、东阳东白、蒙顶黄芽、鹿苑毛尖、霍山黄芽等。

（3）新创名茶

新创名茶主要是指近几十年新创制的名茶。此类名茶有：婺源茗眉、南京雨花茶、无锡毫茶、茅山青峰、天柱剑毫、岳西翠兰、齐山翠眉、望府银毫、临海蟠毫、千岛玉叶、都匀毛尖、高桥银峰、金水翠峰、永川秀芽、上饶白眉、湄江翠片、安化松针、遵义毛峰、文君绿茶、峨眉毛峰、雪芽、雪青、仙台大白、秦巴雾毫、汉水银梭、八仙云雾、南糯白毫、午子仙毫、黄金桂、早白尖红茶等。

近年来，全国各茶区十分重视名茶的开发研究，新创名茶层出不穷，加之全国各地出现各种名茶评比活动，诸如评比会、斗茶会、展评会、博览会、拍卖会等，更促进了名茶生产的发展。

3. 中国现当代名茶及其产地

（1）浙皖苏名茶

1）浙江省名茶。浙江省地处我国东南沿海，产茶历史悠久。相传道教天师葛玄（164—244年）便在天台山种茶。近年在浙江省余姚市田螺山遗址中发现了6 000年前古人类栽种的茶树根，进一步证明了浙江产茶历史的悠久。

浙江是绿茶产茶大省，名优茶有数十种，如西湖龙井、安吉白茶、径山茶、金奖惠明、松阳银猴、开化龙顶、千岛玉叶、诸暨绿剑、大佛龙井、越州龙井、武阳春雨、顾渚紫笋、望海茶、临海蟠毫、磐安云峰、龙泉金观音、九曲红梅、仙茗等。

除了上述名茶之外，浙江省名茶还有：江山的绿牡丹、桐庐的雪水云绿、乐清的雁荡毛峰、泰顺的三杯香、永嘉的乌牛早、临海的羊岩勾青、普陀的普陀佛茶、嵊州的泉岗辉白、临安的天目青顶、遂昌的龙谷丽人、仙居的仙居碧绿、平阳的平阳早香茶、苍南的苍南翠龙茶、绍兴的日铸茶等。

2）安徽省名茶。安徽省产茶历史悠久，秦汉时由四川、河南传入，两晋时产茶已兴盛，唐代时寿州、舒州、宜州、池州、歙州产茶。

安徽省现代名茶众多，以绿茶为主，也有红茶，如黄山毛峰、太平猴魁、六安瓜片、祁门红茶、敬亭绿雪、黄山绿牡丹、霍山黄芽、舒城兰花等。

除了上述名茶之外，安徽省名茶还有：泾县的涌溪火青、宁国的黄花云尖、岳西的岳西翠兰、潜山的天柱剑毫、太湖的天华谷尖、金寨的金寨翠眉、东至的东至云尖、六安的华山银毫、贵池的贵池翠微、宿松的柳溪玉叶、铜陵的野雀舌、休宁的松萝茶、歙县的老竹大方、黟县的黟山雀舌、歙县的珠兰花茶、青阳的九华毛峰、宣郎广的瑞草魁、桐城的桐城小花、芜湖的九山翠剑、石台的蓬莱仙茗、潜山的天柱云雾、霍山的黄大茶、庐江的潜川雪峰、含山的昭关银须等。

3）江苏省名茶。江苏省产茶历史悠久，南北朝时晋陵（今常州）已出好茶，唐代阳羡（今宜兴）出贡茶。江苏名茶主要是绿茶，也有红茶，代表性的名茶有碧螺春、南京雨花、无锡毫茶、太湖翠竹、阳羡雪芽、南山寿眉、天目湖白茶、芥茶等。

除了上述名茶之外，江苏省名茶还有：金坛的金坛雀舌、茅山青峰、镇江的金山翠芽、扬州的绿杨春芽、宜兴的善卷春月、溧阳的翠柏茶、句容的茅山长青、镇江的三山香茗、连云港的云雾茶、宜兴的阳羡红等。

(2) 湘、鄂、赣名茶

1) 湖南省名茶。湖南省产茶历史悠久，汉代就有茶陵县（今茶陵县，因产茶多而得名），西晋时武陵七县均出好茶，唐代湖南有九个州郡（相当于现今40多个县）产茶。现代湖南名茶包括绿茶、黑茶、黄茶、花茶等，主要名茶有君山银针、安化黑茶、益阳茯砖茶、高桥银峰、古丈毛尖、保靖黄金茶、野针王、狗脑贡茶、猴王牌茉莉花茶等。

除了上述名茶之外，湖南省名茶还有：长沙的金井毛尖、湘阴的兰岭毛尖、安化的安化松针、石门的东山秀峰和石门银峰、衡山的南出云雾、沅陵的碣滩茶、岳阳的洞庭春芽、桂东的玲珑茶、永兴的龙华春毫、汝城的汝白银针、郴州的南岭岚峰、安仁的安仁豪峰、宁乡的沩山毛尖、江永的回峰茶、常宁的塔山山岚茶、炎陵的神农剑茶、双峰的双峰碧玉、桑植的桑植元帅茶、江华的江华毛尖等。

2) 湖北省名茶。湖北省产茶历史悠久，西晋时长阳、五峰一带已产好茶，唐代当阳、宜昌、秭归生产贡茶。现代湖北所产名茶以绿茶为主，主要名茶有采花毛尖、恩施玉露、峡州碧峰、邓村绿茶、仙人掌茶、圣水毛尖、金水翠峰、大悟寿眉、宜红工夫等。

除了上述名茶之外，湖北省名茶还有：英山的英山云雾、武汉的黄鹤楼茶、神农架的神农奇峰、武当山的武当道茶、竹溪的龙峰茶、鹤峰的鹤峰茶、竹溪的梅子贡茶、保康的真香茶、孝感的沪川龙剑、五峰的虎狮龙芽、松滋的碧涧茶、随州的车云山毛尖、麻城的龟山岩绿、大悟的大悟毛尖、青梅的挪园青峰、远安的远安鹿苑、英山的天堂云雾、咸宁的鄂南剑春、利川的雾洞绿峰、鹤峰的容美茶、竹溪的竹溪龙峰、丹江口的武当针井、襄樊的隆中白毫、兴山的昭君毛尖、钟祥的娘娘寨云雾、秭归的秭归屈峰等。

3) 江西省名茶。江西省产茶历史悠久，东汉时庐山就有寺僧种茶，唐代婺源产茶已较多，唐宋时浮梁茶叶贸易已兴旺。江西现代名优茶包括绿茶与红茶，有婺源茗眉、庐山云雾、大鄣山云雾茶、上饶白眉、浮瑶仙芝、狗牯脑茶、井冈银针、小布岩茶、双井绿、宁红金毫等。

除了上述名茶之外，江西省名茶还有：婺源的林生茶、灵岩剑峰茶、婺源墨菊、南昌的梁渡银针、宜丰的黄檗茶、南城的麻姑茶、上犹的梅岭毛尖、婺源的梨园茶、永修的攒林云尖、丰城的周打铁茶、上饶的仙台大白、石城的通天岩茶、南昌的前岭银毫等。

（3）云、贵、川、渝名茶

1）云南省名茶。云南省是重要的茶树原产地，产茶历史悠久，原始的晒青是较早的茶叶生产方法，以此发展起来晒青毛茶、普洱茶、红茶等多种茶类。云南现代名茶包括普洱茶、绿茶和红茶，主要名茶有普洱茶、滇红、宝洪茶、南糯白毫、版纳曲茗等。

除了上述名茶之外，云南省名茶还有：墨江的墨江云针、景谷的景谷大白茶、勐海的佛香版纳曲茶、大理的感通茶、昆明的十里香茶、勐海的竹筒香茶、大关的翠华茶、凤庆的早春绿、绿春的玛玉茶、镇沅的马邓茶、大理的苍山雪绿、牟定的化佛茶、峨山的银毫、大理的云龙绿茶、保山的白洋曲毫、普洱的徐剑毫峰等。

2）贵州省名茶。贵州省产茶历史悠久，在贵州考古发现了一颗茶籽化石，贵州境内也有不少野生大茶树，因此贵州也是茶树原产地之一。贵州气候温湿，很适宜茶树生长，因此名茶众多，但主要是绿茶，主要名茶有：都匀毛尖、湄潭翠芽、绿宝石、梵净翠峰、瀑布毛峰等。

除了上述名茶之外，贵州省名茶还有：湄潭的遵义毛峰，湄江翠片和遵义红，贵阳的羊艾毛峰，贵定的贵定雪芽和云雾茶，晴隆的贵隆银芽，道真的仡佬玉翠，瓮安的青山翠芽，安顺的山京翠芽，丹寨的龙泉毛尖，雷山的银球茶，黎平的古钱茶，贞丰的坡柳茶，毕节的乌蒙毛峰，岑巩的思州银钩，余庆的狮山碧针，等等。

3）四川省名茶。四川省产茶历史悠久，商末周初的古巴蜀已种茶，且有贡茶；晋时饮茶之风兴起；唐代茶产区扩大，已有不少名茶产生。现代四川名茶包括绿茶、红茶、黑茶、花茶等多种，主要名茶有：峨眉竹叶青、叙府龙芽、蒙顶甘露、花秋御竹、文君绿茶、青城雪芽、蒙顶黄芽、龙都香茗、川红工夫、雅安藏茶等。

除了上述名茶之外，四川省名茶还有：峨眉山的仙芝竹尖、叙永的红岩迎春、通江的天岗银芽、邛崃的鹤林仙茗、北川的神禹苔茶、江油的匡山翠绿、邛崃的崍山雨露、都江堰的青城贡茶、广安的广安松针、南江的云顶绿茶、乐山的沫若香茗、纳溪的凤羽茶等。

4）重庆市名茶。重庆市产茶历史悠久，巴山峡川很早就有大茶树，巴国在商末周初就生产茶叶并有贡茶。重庆现代名茶包括绿茶、红茶与花茶，主要名茶有：永川秀芽、巴南银针、鸡鸣茶、香山贡茶、巴山银芽、金佛玉翠、南川红碎茶等。

除了上述名茶之外，重庆市名茶还有：万盛的滴翠剑茗和景星碧绿、永川的银峰茶和翠毫香茗、荣昌的天岗玉叶、万州的太白银针、北碚的缙云毛峰、万源的巴山雀舌、江津的龙佛仙岩、渝州的碧螺春、巴南的江洲茗毫、开县的龙珠茶、奉节的夔州真茗等。

（4）闽、粤、桂、琼、台名茶

1）福建省名茶。福建省产茶历史悠久，南朝时武夷山已产珍木灵芽。唐代福州、建州等地盛产名茶，方山露芽、腊面茶等就已出名。福建省现代名茶包括乌龙茶、绿茶、红茶、花茶等多种，主要名茶有：铁观音、武夷岩茶、大红袍、永春佛手、白芽奇兰、黄金桂、白牡丹、白毫银针、福州茉莉花茶、坦洋工夫、小种红茶、金骏眉、漳平水仙、武夷肉桂、闽北水仙等。

除了上述名茶之外，福建省名茶还有：诏安的八仙茶、南安的石亭绿、宁德的天山绿茶、武夷山的龙须茶、政和的白毛猴和政和工夫、罗源的七境堂绿茶、福安的福建雪芽和坦洋金猴、福鼎的白琳工夫和太姥绿雪芽、福州的方山玉露等。

2）广东省名茶。广东省产茶历史悠久，早在东汉时就有山茶、皋芦茶的记载，南朝时有僧人在茶山镇沿山种茶。唐代岭南茶产自韶州，其味极佳。广东省现代名茶包括红茶、乌龙茶、绿茶等多种，主要名茶有：凤凰单丛、英德红茶、乐昌白毛茶、岭头单丛、石古坪乌龙、玫瑰花茶、荔枝红茶等。

除了上述名茶之外，广东省名茶还有：仁化的仁化银毫、梅县的清凉山茶、鹤山的古劳茶、兴宁的大叶奇兰、大埔的西岩乌龙茶、信宜的合箩茶、徐闻县的雷州海鸥大叶绿茶、罗定的连州茶、广东红碎茶、广北银针茶、饶平岩香茶等。

3）广西壮族自治区名茶。广西壮族自治区产茶历史悠久，清代桂平西山茶、南山白毛茶、六堡茶就已出名。广西壮族自治区名茶包括绿茶、黑茶、花茶等，主要名茶有：桂平西山茶、桂林毛尖、横县茉莉花茶、六堡茶、南山白毛茶、桂花茶等。

除了上述名茶之外，广西壮族自治区名茶还有：凌云的白毛茶，昭平的凝香翠茗、桂江碧玉春，柳城的伏桥绿雪，桂林的三青茶、漓江银针、桂江白茶，贵港的覃塘毛尖茶，百色的红碎茶，贺州的开山白毛茶，金秀的白牛茶，等等。

4）海南省名茶。海南省产茶历史悠久，明代时五指山已有人利用野生茶制作名茶。现代海南种植云南大叶种和海南大叶种茶树居多，因此海南茶多为大叶种茶，主要名茶有：海南红茶、白沙绿茶、金鼎翠毫、香兰绿茶等。

5）台湾地区名茶。台湾地区产茶有200多年的历史，最早从福建引种种植，后来也从印度引种。台湾地区名茶以乌龙茶为主，也有红茶，主要名茶有：冻顶乌龙、文山包种、白毫乌龙、阿里山金萱茶、木栅铁观音、日月红茶等。

台湾地区主产乌龙茶，近年来注重高山乌龙茶的开发。台湾地区高山乌龙茶的产地除阿里山、冻顶山之外，还有玉山、庐山、梨山、竹山等。

（5）豫、陕、鲁及其他省区名茶

1）河南省名茶。河南省产茶历史悠久，唐代光山、义阳已产茶，且有贡茶。河南省现代名茶主要是绿茶，近年出现的信阳红打破了河南省不产红茶的历史，主要名茶有：信阳毛尖、信阳红、赛山玉莲、仰天雪绿、金刚碧绿、太白银毫等。

除了上述名茶之外，河南省名茶还有：新县的龙眼玉叶、罗山的灵山剑峰、潢川的云芽翠毫、新县的香山翠峰、泌阳的白云毛峰、光山的杏山竹叶青、南召的玉兰红茶、桐柏的清淮绿梭和水濂玉叶等。

2）陕西省名茶。陕西省产茶历史悠久，巴国时期陕南就种茶，并有贡茶。唐代陕南的金州（今安康）、梁州（今汉中）已盛产茶叶。陕西省名茶主要是绿茶，主要名茶有：汉中仙毫、紫阳毛尖、秦岭泉茗、秦巴雾毫、汉水银梭、宁强雀舌、泾阳茯砖茶等。

除了上述名茶之外，陕西省名茶还有：平利的女娲银峰、安康的安康银峰、岚皋的巴山碧螺和巴山芙蓉、城固的城固银毫、勉县的定军茗眉、平利的三里垭毛尖等。

3）山东省名茶。山东省历史上基本不产茶，1958年南茶北引获得成功后，才开始大面积种植茶树。山东省名茶主要是绿茶，主要名茶有：浮来青、日照雪青、崂山茗茶、沂蒙玉芽、海青峰茶、茗家春茶等。

除了上述名茶之外，山东省名茶还有：青岛的东海龙须、日照的碧绿茶、莒南的松针茶等。

4）其他省区名茶。其他省区名茶有：上海的佘山兰茶、西藏的珠峰圣茶、甘肃的碧口龙井、河北的太行龙井、内蒙古的蒙古绿茶等。

培训项目 5

茶叶品质鉴别知识

中国茶叶品质的鉴别检测，目前有仪器检测和感官审评两种方法。

一、仪器检测

仪器检测是指通过专业仪器进行检测的一种方法，具体可分为试剂法和仪器检测法。

1. 试剂法

试剂法是较为普通的检测方法，是检测茶叶中成分含量多少的一种方法。按照相关国家标准中的要求操作，在冲泡好的茶汤中加入适量的试剂进行实验分析，得出茶叶成分含量的数据，进而得知茶叶的品质优劣。茶叶检测室如图3-20所示。

试剂法涉及的国家标准包括《茶 咖啡碱测定》（GB/T 8312—2013）、《茶 粗纤维测定》（GB/T 8310—2013）、《茶 水浸出物测定》（GB/T 8305—2013）、《茶 游离氨基酸总量的测定》（GB/T 8314—2013）、《茶叶中茶氨酸的测定 高效液相色谱法》（GB/T 23193—2017）、《茶叶中多酚和儿茶素类含量的检测方法》（GB/T 8313—2018）等。

2. 仪器检测法

仪器检测法是指采用检测仪器进行茶叶品质的鉴定，能很好地满足茶叶及食品中农药残留量、稀土和重金属含量等检测的需求。

二、感官审评

感官审评是根据视觉、嗅觉、味觉和触觉感受，使用规定的评茶术语，对茶叶的形态、嫩度、色泽、香气、滋味等感官特性进行评定，评出茶叶质量的优劣。

图 3-20　茶叶检测室

1. 审评环境

感官审评对审评场所及环境的要求比较高，应符合《茶叶感官审评室基本条件》（GB/T 18797—2012）的要求。茶叶感官审评室应坐南朝北，北向开窗。面积按评茶人数和日常工作量而定，不得小于 10 平方米。室内色调为白色或浅灰色，无色彩、异味干扰。室内光线应为柔和明亮的自然光，无阳光直射。室温宜保持在 15～27 摄氏度。评茶时，室内保持安静，控制噪声不得超过 50 分贝。

干、湿审评台也有一定要求。干评台用于审评茶叶的外形和干茶色泽，台面为黑色亚光（见图 3-21），高度为 800～900 毫米，宽度为 600～750 毫米。湿评台用于审评茶叶的内质，台面为白色亚光（见图 3-22），高度为 750～800 毫米，宽度为 450～500 毫米。审评台长度视实际需要而定。

图 3-21　干评台

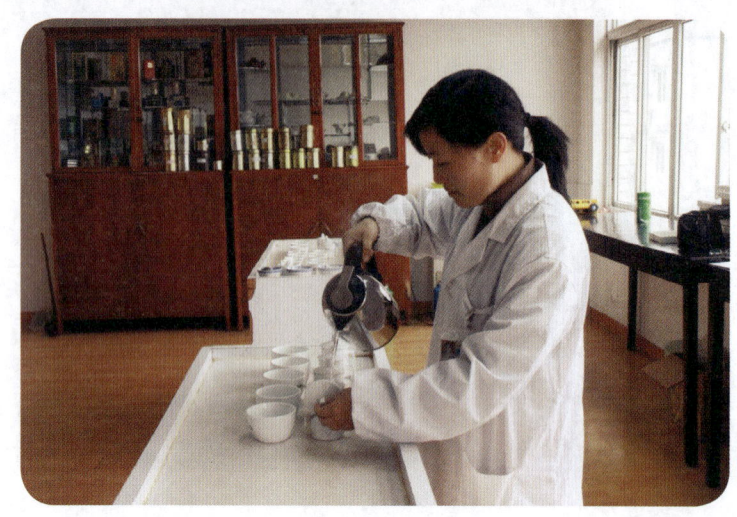

图 3-22　湿评台

2. 审评器具

感官审评有专用的器具,包括评茶盘、审评杯、审评碗、叶底盘、分样盘、网匙、茶匙、汤杯、烧水壶、吐茶桶、计时器、茶巾等。

审评杯碗为白色瓷质,颜色组成应符合《中国颜色体系》(GB/T 15608—2006)对中性色的规定,要求 $N \geq 9.5$,且大小、厚薄、色泽一致。

初制茶(毛茶)审评杯碗:杯呈圆柱形,高 75 毫米,外径 80 毫米,容量 250 毫升;具盖,盖上有一小孔,杯盖外径 92 毫米,与杯柄相对的杯口上缘有三个呈锯齿形的滤茶口,口中心深 4 毫米、宽 2.5 毫米。碗高 71 毫米,上口外径 112 毫米,容量 440 毫升。

精制茶(成品茶)审评杯碗:杯呈圆柱形,高 66 毫米,外径 67 毫米,容量 150 毫升;具盖,盖上有一小孔,杯盖外径 76 毫米,与杯柄相对的杯口上缘有三个呈锯齿形的滤茶口,口中心深 3 毫米、宽 2.5 毫米。碗高 56 毫米,上口外径 95 毫米,容量 240 毫升。

乌龙茶审评杯碗:杯呈倒钟形,高 52 毫米,上口外径 83 毫米,容量 110 毫升;具盖,杯盖外径 72 毫米。碗高 51 毫米,上口外径 95 毫米,容量 160 毫升。

审评杯如图 3-23 所示,审评碗如图 3-24 所示,审评杯碗组合如图 3-25 所示,乌龙茶审评器具如图 3-26 所示。

3. 审评用水

审评用水的理化指标及卫生指标应符合《生活饮用水卫生标准》(GB 5749—2006)的规定。同一批茶叶审评用水水质应一致。泡茶时水温为沸水。

图 3-23 审评杯

图 3-24 审评碗

图 3-25 审评杯碗组合

图3-26　乌龙茶审评器具

4. 评茶方法

（1）五项因子评茶法

五项因子评茶法是我国传统的感官审评方法，即将审评内容分为外形、汤色、香气、滋味和叶底五部分，经干、湿评后得出结论。

（2）八项因子评茶法

八项因子评茶法是指审评茶叶时分内质和外形两方面进行审评，内质评香气、滋味、汤色和叶底，以香气和滋味为主；外形评形状、色泽、匀度和净度，以形状为主。

培训项目 6

茶叶储存方法

茶叶储存是指在茶叶基本包装的基础上,确保茶叶保持原有品质所采取的方法与进行的过程。作为茶艺馆来说,采用好的储存方法是为了有效延长茶叶保鲜期,让顾客买到色、香、味、形都保存完好的茶叶产品。

一、茶叶变质因素

茶叶是疏松多孔的干燥物质,储存不当很容易发生不良变化,如变质、变味、陈化等。造成茶叶变质、变味、陈化的主要因素有:温度、水分、氧气、光线和异味。因此,不让茶叶受到温度、水分、氧气、光线和异味的伤害,是保存茶叶的首要工作。

1. 温度

温度越高,茶叶品质变化越快。平均每升高 10 摄氏度,茶叶色泽的褐变速度将增加 3~5 倍。如果把茶叶储存在 0 摄氏度以下的地方,能较好地抑制茶叶的陈化和品质的损失。

2. 水分

茶叶中的很多物质属亲水化合物,非常容易吸收外界的水分。茶叶的水分含量在 3% 左右时,可以较有效地把脂质与空气中的氧分子隔离开来,阻止脂质的氧化变质。当茶叶的水分含量大于 6% 时,水分就会转变成溶剂并引起激烈的化学反应,加速茶叶的变质。

3. 氧气

茶中多酚类化合物的氧化、维生素 C 的氧化以及茶黄素、茶红素的氧化聚合都和氧气有关,这些氧化作用会产生陈味物质,严重破坏茶叶的品质。

4. 光线

光线的照射可加速各种化学反应,对储存茶叶极为不利。光能促进植物色素或脂质的氧化，特别是叶绿素易受光的照射而褪色，其中紫外线的作用最为显著。

5. 异味

茶叶的吸附性特别强，不适宜放在气味浓烈的环境下储存，以免导致茶叶产生异味、杂味。

二、茶叶储存方法

1. 古法储存法

古法储存法主要是使用生石灰块。一般用铁质或铝质的饼干盒储存茶叶，将生石灰块用布袋包起来，放在饼干盒底，然后在上面铺一层布，茶叶则用白纸包起来，放在生石灰块上，最后盖上盖子就可以了。在储存过程中，最好是一年之后再启封。如果保存的数量较多，半年之后需要打开重新更换一批新的生石灰块。

另外，如果使用茶叶储藏库储存茶叶，应在储藏库内的空处放上盛有生石灰或木炭的容器，每隔一段时间检查生石灰是否潮解，如生石灰潮解，应立即换掉。储藏库内保持干燥，有利于茶叶的储存。

2. 器物储存法

（1）罐装法

罐装法使用的罐子按材质分为铁罐、纸罐、瓷罐、陶罐、锡罐、玻璃罐等。罐装法在人们生活中较为普遍，采用罐子储存茶叶时应考虑防潮、防光和防异味，一般会在罐子底部放置两层棉纸，罐口放置两层棉布，再盖紧盖子。如果罐装茶叶暂时不饮，可用透明胶纸或者专用夹子封口，以免潮湿空气进入罐内。

（2）热水瓶储存法

使用热水瓶储存茶叶时，首先应保持热水瓶的干燥，然后将拆封的茶叶倒入瓶内，最好能装满瓶子，不留空隙，最后用软木塞子塞紧后存放。

（3）食品袋储存法

使用食品袋储存茶叶时，茶叶最好少量购买或以小包装存放，减少打开包装的次数，避免其接触空气。这样既能保质，又方便冲泡。装入茶叶后要抽真空，便于保持茶叶的品质。

3. 温度储存法

（1）冷藏法

如果采用冰箱冷藏的方式进行储存，最好准备一台专门储存茶叶的小型冰箱，设定温度在–5摄氏度以下，将茶叶封装好，放入冰箱内。将茶叶储存在冰箱的冷冻室也可以,但冷冻室就不能再储存其他东西。采用冷藏法时,特别要注意的是防止冰箱中的其他异味、杂味污染茶叶。

(2)恒温恒湿法

恒温恒湿法是指采用专门的茶叶发酵型恒温恒湿机进行储存,可以通过升温、降温、加湿、除湿,实现室内温度和湿度的恒定。温度一般可控制在18~40摄氏度,湿度可控制在40%~99%。

现在有些茶企业根据自然环境的不同,会设置专门的茶库,或专门储存茶叶的大型茶仓。大型茶叶仓库如图3-27所示,保管的茶叶如图3-28所示,储存的藏茶如图3-29所示。

图3-27　大型茶叶仓库

图3-28　保管的茶叶

图 3-29 藏茶

培训项目 7 茶叶产销概况

中国是茶树的发源地,是世界上最早发现茶、利用茶、种植茶、饮用茶的国家。当今,世界上有60多个国家种植茶叶,160多个国家和地区有饮茶习惯,有30多亿人钟情于饮茶。

从全球茶区的地理分布来看,茶树种植区域如今已遍布世界五大洲,跨越热带、亚热带和温带地区。根据世界茶树种植分布情况,结合气候、生态、地理等条件,可将全世界的茶树种植区域划分为6大茶区。

东北亚茶区:包括中国、日本、韩国等国。

南亚茶区:包括印度、斯里兰卡、孟加拉国、巴基斯坦、尼泊尔等国。

东南亚茶区:包括印度尼西亚、越南、缅甸、马来西亚、泰国、柬埔寨、老挝等国。

西亚和欧洲茶区:包括格鲁吉亚、阿塞拜疆、土耳其、伊朗等国。

非洲茶区:包括肯尼亚、马拉维、乌干达、布隆迪、坦桑尼亚、毛里塔尼亚、赞比亚、莫桑比克、卢旺达、马里、几内亚等国。

南美茶区:包括阿根廷、巴西等国。

此外,地跨欧亚两大洲的俄罗斯、东欧的乌克兰等国,以及大洋洲的巴布亚新几内亚、澳大利亚、新西兰、斐济等国也有少许茶园,这里不再单独列出。

一、世界茶叶产销概况

茶叶产销区域分为茶叶的产区和茶叶的销区。茶叶的产区是指茶树生长和茶叶制作的区域。茶叶的销区是指茶叶销售的区域,分有自销(茶区销售)和外销两种,其中外销又分为国内销售和对外出口。

截至2018年,全世界五大洲都产茶,产茶的国家及地区有60多个。

1. 世界产茶国家

（1）亚洲

亚洲产茶的国家及地区分别是中国、印度、斯里兰卡、孟加拉国、印度尼西亚、日本、土耳其、伊朗、马来西亚、越南、老挝、柬埔寨、泰国、缅甸、巴基斯坦、尼泊尔、菲律宾、韩国、阿富汗、朝鲜、阿塞拜疆和格鲁吉亚。

（2）非洲

非洲产茶的国家及地区分别是肯尼亚、喀麦隆、布隆迪、刚果、南非、埃塞俄比亚、马里、几内亚、摩洛哥、阿尔及利亚、津巴布韦、留尼汪岛、埃及、马拉维、乌干达、莫桑比克、坦桑尼亚、毛里求斯、卢旺达和布基纳法索。

（3）美洲

美洲产茶的国家及地区分别是阿根廷、巴西、秘鲁、墨西哥、玻利维亚、哥伦比亚、危地马拉、厄瓜多尔、巴拉圭、圭亚那、牙买加和美国。

（4）大洋洲

大洋洲产茶的国家及地区分别是巴布亚新几内亚、斐济、澳大利亚和新西兰。

（5）欧洲

欧洲产茶的国家及地区分别是葡萄牙、俄罗斯、乌克兰、意大利和英国。

2. 世界茶叶产量

随着全球茶叶需求量的日益增大和茶业科技的不断进步，世界茶产业不断发展壮大。

（1）茶叶种植面积

据国际茶委会（ITC）统计，2018年世界茶叶种植面积为488万公顷，较2017年增长2%。2009—2018年这十年间世界茶叶种植面积增长了133万公顷，2018年比2009年增长了37.5%（见图3-30）。

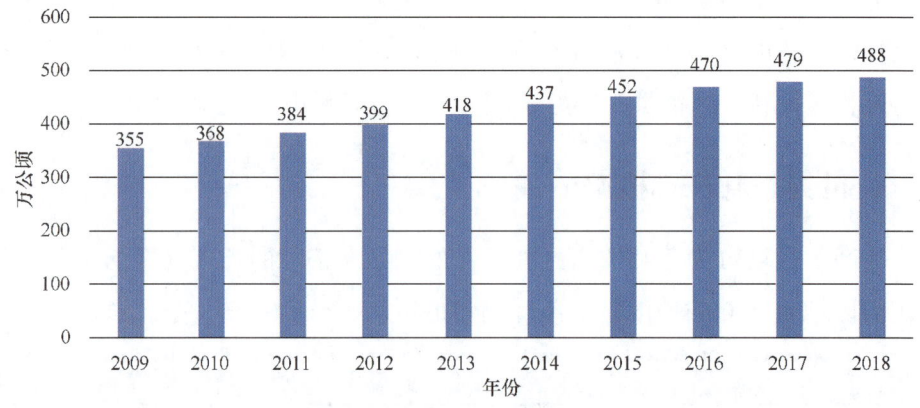

图3-30 2009—2018年世界茶叶种植面积（数据来源：国际茶委会）

其中，茶叶种植面积最大的是中国，2018年中国茶叶种植面积为303.0万公顷，占世界茶叶种植面积的62.1%；其次是印度，茶叶种植面积为60.1万公顷，占比为12.3%；紧接着是肯尼亚、斯里兰卡、越南、印度尼西亚、缅甸、土耳其、孟加拉国、乌干达等。2018年世界茶叶种植面积前十位的国家见表3-6。

表3-6　　　　　2018年世界茶叶种植面积前十位的国家

单位：万公顷

中国	印度	肯尼亚	斯里兰卡	越南	印度尼西亚	缅甸	土耳其	孟加拉国	乌干达
303.0	60.1	23.4	20.3	13.4	11.5	8.0	7.7	5.9	4.5

数据来源：国际茶委会。

（2）茶叶产量

根据国际茶委会统计数据。肯尼亚等非洲茶叶生产国茶产量明显增长，带动世界茶叶总产量的增加。2018年世界茶叶产量达到589.7万吨，较2017年增长3.5%。2009—2018年这十年间世界茶叶产量增长了187.8万吨，2018年比2009年增长了46.7%（见图3-31）。

图3-31　2009—2018年世界茶叶产量（数据来源：国际茶委会）

其中2018年茶叶产量居世界第一的仍然是中国，第二的依然是印度，排位第三到第十位的依次是肯尼亚、斯里兰卡、土耳其、越南、印度尼西亚、孟加拉国、日本和阿根廷（见表3-7）。中、印两国茶叶总量达395.5万吨，占世界茶叶产量的67.1%。

表 3-7　　2018 年世界茶叶产量前十位的国家

序号	国家	生产量（万吨）	同比增长（%）
1	中国	261.6	4.8
2	印度	133.9	1.3
3	肯尼亚	49.3	12.1
4	斯里兰卡	30.4	-1.2
5	土耳其	25.2	-1.3
6	越南	16.3	-6.9
7	印度尼西亚	13.1	-2.2
8	孟加拉国	8.2	4.0
9	日本	8.2	3.4
10	阿根廷	8.0	2.4

数据来源：国际茶委会。

3. 世界茶叶销量

（1）茶叶售价

从全球范围来看，世界各主要茶叶出口国（含主要再出口国）的海关数据统计显示：2018 年，在出口量超过 1 万吨的茶叶生产国中，斯里兰卡的出口均价最高，为 4.99 美元/千克；其次是中国，近年来中国茶叶的出口均价上涨较快，2018 年达到 4.88 美元/千克；排在第三的是卢旺达，为 3.30 美元/千克。肯尼亚茶叶出口量虽然世界第一，但出口均价相对较低，仅为 2.93 美元/千克。值得注意的是，日本茶叶出口量虽然只有 5 000 多吨，但出口均价世界第一，达到 27.27 美元/千克，巴西的出口均价也达到了 8.78 美元/千克。茶叶消费国再出口均价都相对较高，法国再出口均价为 19.75 美元/千克，其次是德国，为 11.22 美元/千克，英国为 7.53 美元/千克（见图 3-32、表 3-8）。

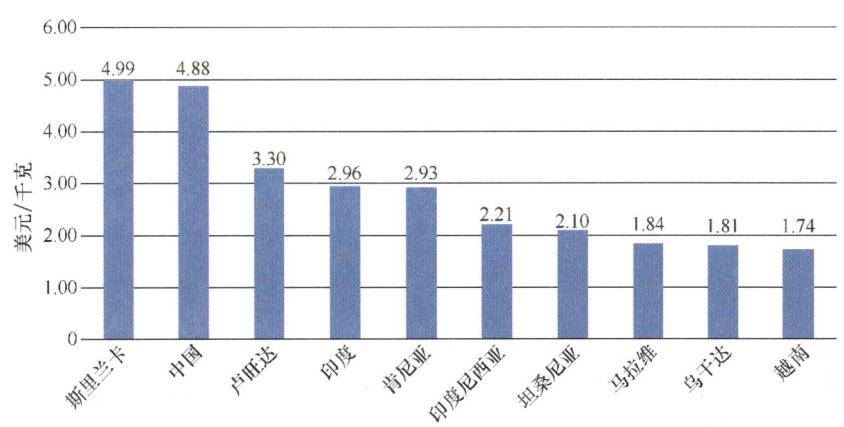

图 3-32 2018 年世界主要产茶国出口均价（数据来源：国际茶委会）

表 3-8　　　　　　2018 年世界主要茶叶出口国的出口均价

单位：美元 / 千克

日本	法国	德国	巴西	英国	斯里兰卡	中国	土耳其	卢旺达	印度
27.27	19.75	11.22	8.78	7.53	4.99	4.88	4.81	3.30	2.96

数据来源：国际茶委会。

（2）茶叶销量

2018 年，世界茶叶消费总量最大的国家仍是中国，达 211.9 万吨；居第二位的是印度，为 108.4 万吨；紧接着是土耳其、巴基斯坦、俄罗斯、美国、英国、日本、印度尼西亚、埃及等（见表 3-9）。

在产茶国中，中国和印度是世界上主要的茶叶消费大国，茶叶生产国仍然是目前全球茶叶主要消费国。非传统产茶国中，巴基斯坦、俄罗斯、美国、英国、埃及均是非常有潜力的消费市场。

表 3-9　　　　　　2018 年世界茶叶消费前十位的国家或地区

单位：万吨

中国	印度	土耳其	巴基斯坦	俄罗斯	美国	英国	日本	印度尼西亚	埃及
211.9	108.4	24.6	19.2	16.2	12.0	10.7	10.6	10.3	9.4

数据来源：国际茶委会。

从人均消费来看，2018年世界人均茶叶消费量排在第一位的是土耳其，人均年消费茶叶为3.04千克，第二位是叙利亚，第三位是摩洛哥（见图3-33）。主要茶叶生产国中的印度、肯尼亚的人均消费量未排进前十五位，仍有很大的消费提升空间。

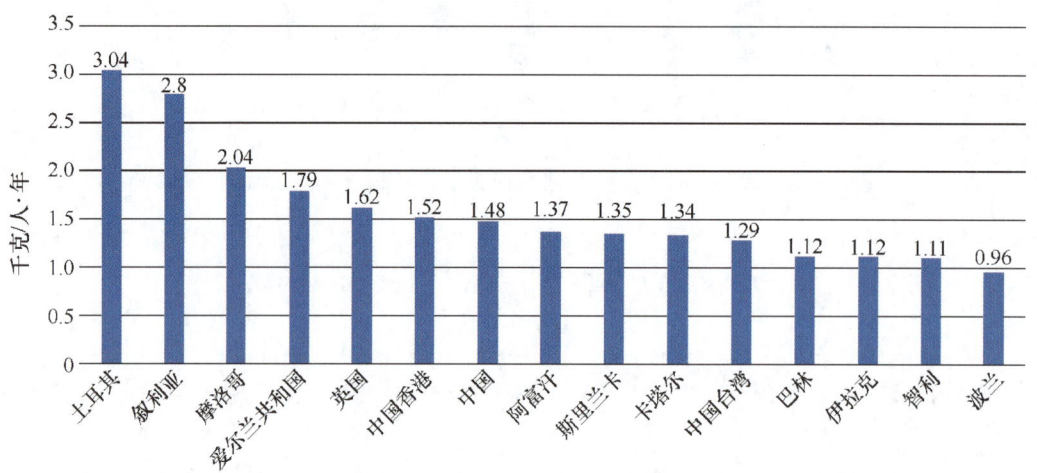

图3-33　2018年世界人均茶叶消费量前十五位的国家或地区（数据来源：国际茶委会）

4. 世界茶叶进出口

（1）茶叶出口

由于全球经济持续低迷，近年来世界茶叶出口市场整体保持在平稳状态，2018年世界茶叶出口量为185.4万吨（见图3-34），比2017年的179.1万吨增加了6.3万吨，增长了3.5%，有较大幅度攀升，已经接近近10年出口量的峰值185.8万吨（2013年）。2018年世界茶叶总出口量占总产量的31.4%（见图3-35），大部分都在茶叶生产国本国内直接消费或储存。2010年世界茶叶出口量有一次大幅攀升，此后8年世界茶叶出口量一直在180万吨上下徘徊，且占总产量的比重一直呈下降趋势，在世界茶叶产量不断增加的情况下，世界茶叶贸易量增长缓慢，较为低迷。

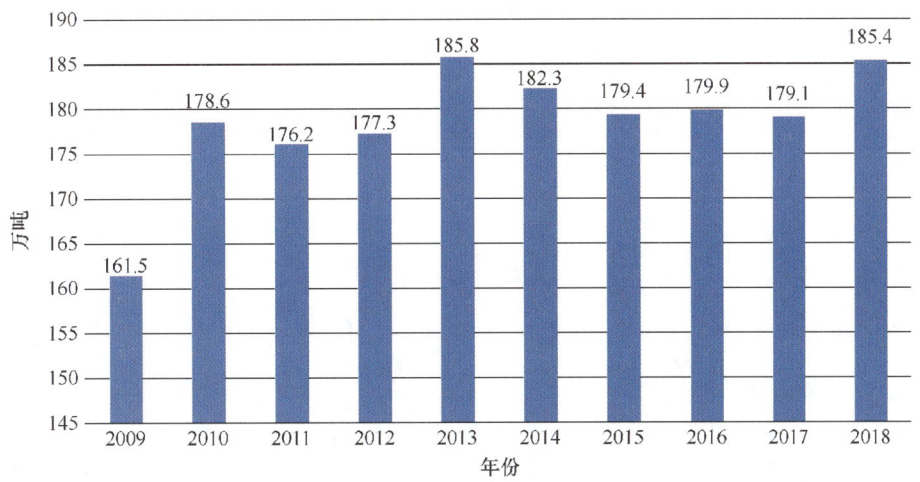

图 3-34　2009—2018 年世界茶叶出口量（数据来源：国际茶委会）

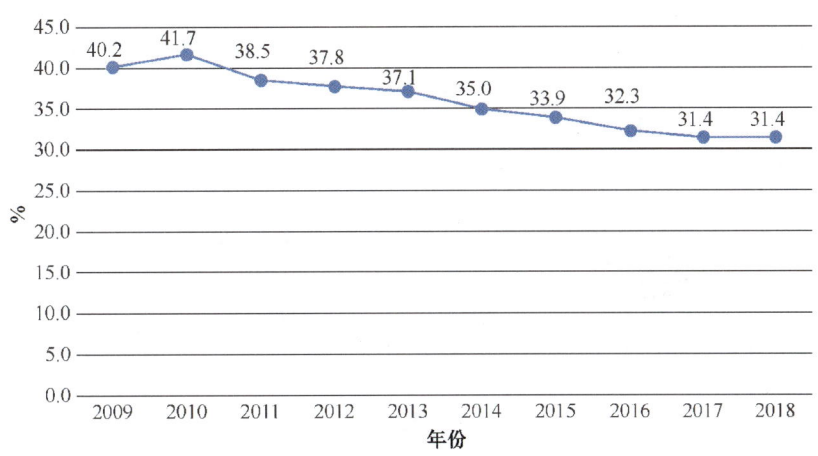

图 3-35　2009—2018 年世界茶叶出口量占总产量比重（数据来源：国际茶委会）

从主要生产国出口情况来看（见表 3-10）：2018 年，世界茶叶出口量排在第一位的是肯尼亚，达 47.5 万吨，占比为 25.6%；其次是中国，为 36.5 万吨，占比为 19.7%；第三位是斯里兰卡，为 27.2 万吨，占比为 14.7%。值得注意的是，一是非洲茶叶主产国茶叶出口量增长明显，其中，2018 年肯尼亚出口量同比增长达到 14%；二是斯里兰卡、越南、印度尼西亚等南亚、东南亚地区国家的茶叶出口量比上一年都有所减少，越南、印度尼西亚更是减少了近 10%。

表 3-10　　　　　　2018 年世界茶叶出口量前十位国家

序号	国家	出口量（万吨）	同比增长（%）
1	肯尼亚	47.5	14.2
2	中国	36.5	2.7
3	斯里兰卡	27.2	-2.3
4	印度	25.1	1.8
5	越南	12.6	-10.0
6	阿根廷	7.3	-3.1
7	乌干达	6.1	29.5
8	印度尼西亚	4.9	-9.5
9	马拉维	3.5	18.9
10	卢旺达	2.7	1.7

数据来源：国际茶委会。

（2）茶叶进口

2018 年世界茶叶总进口量达到 173.8 万吨（见图 3-36），较 2017 年增长 1.2%。2009—2018 年这十年间进口量变化趋势与出口量类似，近年来基本稳定在 170 万吨上下。

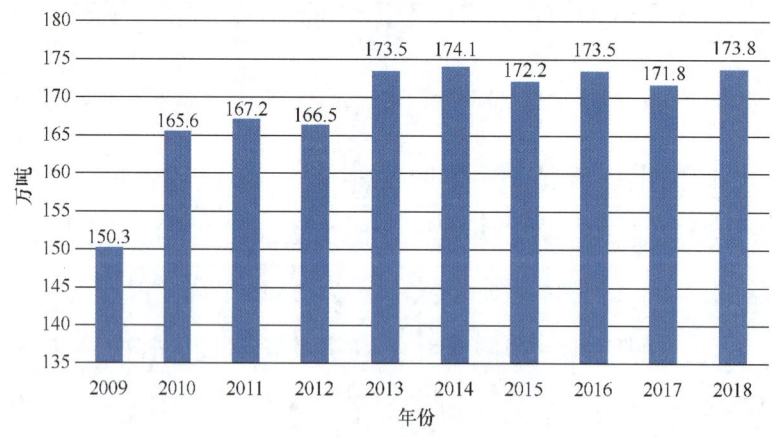

图 3-36　2009—2018 年世界茶叶进口量（数据来源：国际茶委会）

从进口量情况来看，2018 年，世界茶叶进口量排在第一位的依然是巴基斯坦，达 19.2 万吨，占比为 11%；其次是俄罗斯，为 15.3 万吨；第三位是美国，为

13.9万吨；往后依次为英国、埃及、摩洛哥、伊朗、阿联酋、伊拉克等。2018年世界茶叶进口量前九位的国家见表3-11。

在各主要进口国中，巴基斯坦2018年茶叶进口量大幅增长，进口19.2万吨，同比增长9.6%，其红茶进口占比高达99%，主要供应国为肯尼亚，从肯尼亚进口13.9万吨，占比为73%；俄罗斯、美国、英国等欧美国家的茶叶进口量在2018年均有不同幅度的下滑，其中俄罗斯的进口量在2018年同比减少了近6.3%；摩洛哥的进口量也大幅下滑，降幅高达15%。

表3-11　　　　2018年世界茶叶进口量前九位的国家

序号	国家	进口量（万吨）	同比增长（%）
1	巴基斯坦	19.2	9.6
2	俄罗斯	15.3	-6.3
3	美国	13.9	-4.9
4	英国	10.8	-0.5
5	埃及	9.0	2.3
6	摩洛哥	8.2	-15.3
7	伊朗	7.3	3.6
8	阿联酋	6.4	1.0
9	伊拉克	6.3	8.6

数据来源：国际茶委会。

二、中国茶叶概况

中国的茶叶生产对世界茶叶生产影响巨大。国际茶委会数据显示，2018年中国茶叶种植面积为303万公顷，占世界茶叶种植面积的62.1%；茶叶产量为261.6万吨，占世界茶叶总产量的44.4%；出口量为36.5万吨，占世界茶叶出口总量的19.7%；消费量为211.9万吨，占世界茶叶消费总量的38.1%。中国茶叶种植面积、茶叶产量和茶叶消费量均为世界第一，茶叶出口量排名第二。

1. 中国茶园面积

中国茶叶流通协会数据显示，2018年全国有18个主要产茶省（自治区、直辖市）产茶，茶园面积为4 395.8万亩，同比增加122.9万亩，增长率2.9%。其中，面积超300万亩的省份有贵州、云南、四川、湖北和福建。江西、湖北、湖南、四川、云南、陕西等省结合精准扶贫，新发展茶园面积均达到10万亩以上。2018年中国主要产茶省茶园面积见表3-12。

表3-12　　　　　　2018年中国主要产茶省茶园面积

单位：万亩

省份	2018年	2017年	增减数	增长率（%）
江苏	50.6	50.6	0.0	0.0
浙江	298.8	297.8	1.0	0.3
安徽	254.6	248.2	6.4	2.6
福建	310.8	310.7	0.1	0.0
江西	171.3	156.6	14.7	9.4
山东	33.0	31.0	2.0	6.5
河南	174.5	173.7	0.8	0.5
湖北	449.0	425.0	24.0	5.6
湖南	253.3	233.7	19.6	8.4
广东	93.0	87.6	5.4	6.2
广西	115.6	112.0	3.6	3.2
海南	3.6	3.1	0.5	16.1
重庆	67.3	59.9	7.4	12.4
四川	545.1	534.4	10.7	2.0
贵州	684.3	684.3	0.0	0.0
云南	666.8	656.8	10.0	1.5
陕西	207.0	189.9	17.1	9.0
甘肃	17.2	17.6	-0.4	-2.3

数据来源：中国茶叶流通协会。

2. 中国茶叶产量

中国茶叶流通协会数据显示，2018年全国干毛茶总量为261.6万吨，比2017年增加近12万吨，增幅为4.8%。产量排名前五位的省份分别是福建、云南、湖北、四川和湖南。增产逾万吨的省份有四个,分别是贵州、湖南、湖北和四川。全国名优茶产量增加 4 万吨左右,产业效益稳步提升。2018 年中国主要产茶省干毛茶产量见表 3-13。

表 3-13　　　　2018 年中国主要产茶省干毛茶产量

单位:吨

省份	2018 年	2017 年	增减数	增长率(%)
江苏	14 558	14 428	130	0.9
浙江	186 000	184 231	1 769	1.0
安徽	134 922	132 203	2 719	2.1
福建	401 620	398 628	2 992	0.8
江西	70 900	63 367	7 533	11.9
山东	28 848	25 665	3 183	12.4
河南	74 029	67 878	61 51	9.1
湖北	314 453	298 878	15 575	5.2
湖南	213 626	197 476	16 150	8.2
广东	96 459	91 458	5 001	5.5
广西	73 000	70 000	3 000	4.3
海南	632	569	63	11.1
重庆	39 593	36 948	2 645	7.2
四川	295 000	280 000	15 000	5.4
贵州	199 327	176 498	22 829	12.9
云南	398 100	390 265	7 835	2.0
陕西	73 547	66 571	6 976	10.5
甘肃	1 388	1 348	40	3.0

数据来源:中国茶叶流通协会。

2017年、2018年中国六大茶类产量变化见表3-14。

表3-14　　　　2017年、2018年中国六大茶类产量变化

单位：万吨

	2018年	2017年	增长量	增长率（%）
绿茶	172.2	167.9	4.3	2.6
黑茶	31.9	28.9	3.0	10.4
红茶	26.2	22.7	3.5	15.4
乌龙茶	27.1	27.1	0	0
白茶	3.4	2.5	0.9	36.0
黄茶	0.8	0.6	0.2	33.3

数据来源：中国茶叶流通协会。

三、其他主要产茶国茶叶概况

1. 印度

印度茶叶生产发展始于19世纪30年代。1839年，印度成立了专门从事茶叶生产的阿萨姆有限公司，茶叶生产进入发展阶段。到19世纪中期，印度茶园面积不断扩大。到21世纪初印度茶叶产量递增速度大大超过茶树种植面积的递增速度。19世纪70年代开始，印度茶叶生产逐渐向机械化发展，至20世纪初期，印度茶叶在一些重要环节已采用机械化生产。

印度茶区广阔，著名的茶区有阿萨姆茶区、大吉岭茶区、杜阿尔斯茶区、尼尔吉里茶区、特拉伊茶区、特拉万科茶区等。

印度茶叶以红茶为主，红茶产量占全国总产量的98%。红茶中又以红碎茶为主，条形工夫红茶只在大吉岭茶区有少量生产。此外，印度还生产少量蒸青绿茶，产量仅占印度茶叶生产总量的1%，生产区域集中在南印度。从20世纪60年代开始，印度还生产少量速溶茶等。

2. 肯尼亚

肯尼亚位于非洲东北部，种茶历史不长，始于1903年，由英国人凯纳从印度引种而成。经过100多年的时间，肯尼亚现已发展成为世界产茶大国。

肯尼亚地处赤道，多山地，年平均气温约为21摄氏度，全国年降水量为

1 500～2 500毫米，酸性火山灰壤土，非常适宜种茶。肯尼亚著名的茶产地主要分布在大裂谷的东缘和西缘，如西缘南迪山区和科瑞秋地区，东缘利穆鲁。如今，茶产业已成为肯尼亚人民赖以生存的主要产业，茶叶也是肯尼亚第一大出口创汇农产品。肯尼亚以生产红碎茶为主。这里生产的红碎茶，具有汤色红艳、滋味浓醇、香气芬芳的特点，名冠世界。肯尼亚生产的茶叶中的多数出口到欧洲、美洲各国，以及阿拉伯国家等。

3. 斯里兰卡

斯里兰卡位于南亚次大陆南端印度洋上，是一个热带岛国，茶叶是斯里兰卡的主要农业作物。斯里兰卡试种茶树较早，但直到1867年咖啡遭受叶锈病毁灭性打击后，茶叶生产才发展起来。20世纪60年代开始，斯里兰卡茶园面积基本稳定。进入21世纪后，茶园面积开始有所减少，但茶叶产量一直稳定在30万吨以上。

斯里兰卡茶叶生产的经营方式是农户小规模生产和公司规模化经营并存。目前，斯里兰卡茶园总面积的44%由小规模家庭农户生产，其产量约占60%；56%的茶园是由公司直接控制，其产量约占40%。

斯里兰卡茶树种植基地主要集中在中央高地和南部低地，以产红茶为主，所产红茶不但产量比重大，而且品质优异。斯里兰卡生产的红茶按产地海拔不同分为三类，即高地茶、中地茶和低地茶。所产的锡兰红茶集中在6个产区：乌瓦、乌达普沙拉瓦、努瓦纳艾利、卢哈纳、坎迪和迪不拉。斯里兰卡也生产少量绿茶。其实，斯里兰卡早在1889年就开始生产绿茶，但近几年绿茶产量只有2 000吨左右。另外，斯里兰卡还生产少量特种茶，如速溶茶、风味茶等。

4. 土耳其

土耳其地跨欧亚两洲，是当今世界茶叶生产大国，也是茶叶消费大国。茶在土耳其人民心目中占有重要地位。

土耳其种茶始于20世纪20年代，1937年建立全国第一个茶树种植场，1947年建立全国第一家红茶厂。从此，土耳其茶叶生产开始逐步发展。1963年开始，土耳其生产的茶叶已能满足本国消费需要。特别是21世纪以来，土耳其全国茶园面积一直稳定在7.5万公顷左右。

土耳其以生产红茶为主，主要供应本国需要，但仍有部分出口，以销往俄罗斯、英国等国家为主。如今，土耳其茶叶生产主要由土耳其茶叶商会控制，规模大、机械化程度较高，茶叶生产已成为土耳其主要农业产业之一。

5. 越南

越南茶叶生产的快速发展，是从20世纪80年代开始的。越南的自然条件，无论是生态，还是气候，都适宜茶树生长。越南茶区分布广泛，遍及全国19个省，但主要分布在北部山区，这里还有一些野生茶树生长；其次是中部山区；此外，南部也有茶区分布。

越南生产的茶叶以红茶为主，其次是绿茶和花茶。近年来，越南绿茶生产步伐加快。越南生产的茶叶除满足本国人民需要外，还有部分供应出口。

6. 印度尼西亚

早在1684年，印度尼西亚就开始在爪哇岛和苏门答腊岛试种茶树。20世纪50年代，印度尼西亚茶叶生产已恢复到第二次世界大战前的水平。21世纪以来，印度尼西亚茶园面积一直保持在11万~14万公顷，茶叶产量保持在13万~18万吨。

印度尼西亚茶区主要分布在爪哇岛和苏门答腊岛上，这里虽地处高原，但气候依然温暖，雨量充沛，适宜种茶。印度尼西亚以生产红茶为主，也生产少量绿茶和花茶。近年来，印度尼西亚也开始试制一些乌龙茶。印度尼西亚生产的茶叶，80%用来出口国外，换取外汇。

7. 阿根廷

阿根廷位于南美洲南部，是南美第二大国，也是美洲茶园种植面积最大的国家。阿根廷茶树种植始于20世纪20年代，茶种由中国输入，当时试种于阿根廷北部地区。由于阿根廷历史上一直习惯饮用马黛茶，所以茶叶生产发展缓慢。20世纪50年代，特别是90年代以后，阿根廷茶叶生产发展有所加快。2011年，阿根廷产茶9.3万吨，成为美洲茶叶生产第一大国。阿根廷历来习惯加工红茶，生产的红茶主要用于出口。2011年，阿根廷出口茶叶8.6万吨，生产茶叶中的92%用来供应出口。时至今日，阿根廷本国人民仍大多习惯于饮用马黛茶。

8. 日本

日本种茶较早，但茶叶生产的发展始于日本嵯峨天皇。20世纪60年代开始，随着茶树栽培、茶叶加工等管理水平的不断完善，日本茶产业的机械化生产水平也不断提高。如今，日本茶产业的科技发展水平一直处于世界领先地位。日本茶区分布面广，除北海道外，其他地区或多或少都有茶树种植。日本最大茶区分布在静冈县，该县茶树种植面积、茶叶产量均占全日本50%以上。日本以产绿茶为主，又以生产绿茶中的抹茶、煎茶为主。日本至今保持着古代蒸青绿茶的加工方法和品质特点。炒青绿茶在日本也有少量生产。

9. 孟加拉国

孟加拉国种茶始于 19 世纪中期英国殖民统治时期。孟加拉国茶区主要分布在东南部的吉大港和东北部的锡尔赫特两个地区的丘陵地带。这两个地区雨量充沛,属热带气候,适宜茶树生长,全国茶园 95% 以上集中在这里。孟加拉国以生产红茶为主,生产茶叶中的 60% 以上用于出口,少量生产绿茶。

培训模块 四

茶具知识

学习目标

1. 了解茶具的起源。
2. 熟悉茶具的发展历程。
3. 掌握茶具的分类。

学习重点

茶具的分类、各类茶具的特色。

关键词

茶具　种类　产地

内容结构图

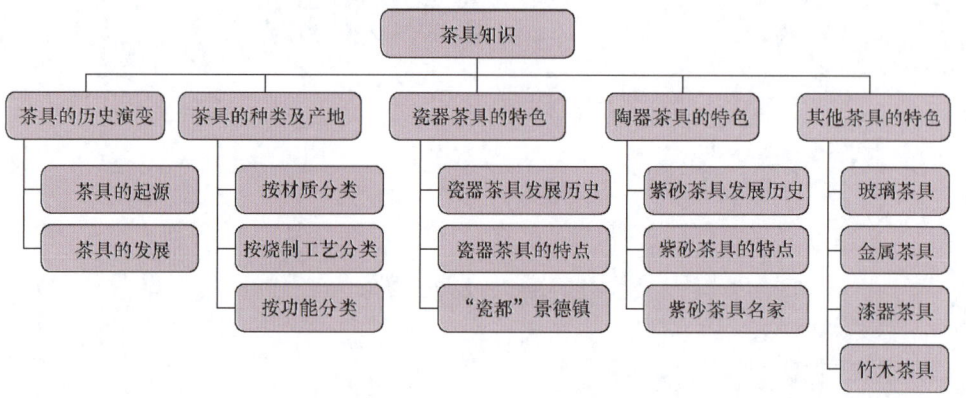

培训项目 1

茶具的历史演变

茶具在古代亦称茶器或茗器。在唐代,茶具和茶器的概念与当代是有差异的。在陆羽《茶经·二之具》中,茶具主要是指采茶、制茶的用具,如采茶篮、蒸茶灶、焙茶棚等。而《茶经·四之器》中,茶器主要是指煮茶、饮茶的器皿,即24种饮茶用具,如风炉、茶釜、纸囊、木碾、茶碗等。现代人说的茶具主要指饮茶器具,如盖碗、紫砂壶、品茗杯、玻璃杯等。

一、茶具的起源

中国茶具历史悠久,工艺精湛,品类繁多,经历了古朴、富丽、淡雅三个阶段。

西汉辞赋家王褒在《僮约》里提道"烹茶尽具",这是我国最早提道"茶具"的史料,但这里的"具"未必就是烹茶专用的器具。直到魏晋以后,饮茶器具才从其他饮器中慢慢独立出来。据考证,最早的专用茶具是盏托,盘壁由斜直变成内弧,有的内底心下凹,有的有一凸起的圆形托圈,使盏"无所倾斜",同时出现直口深腹假圈足盏。到南朝时,有了饮茶使用盏托的记载。专用茶具在民间得到普遍使用和确立是在唐代。

二、茶具的发展

茶具的产生和发展经历了由粗趋精,由大趋小,由繁趋简,从古朴趋向富丽再趋向淡雅的返璞归真的过程。

1. 唐代

唐代,随着我国饮茶风尚从南向北推广,茶具也呈现出"南青北白中彩"的局面。南方越窑(浙江省绍兴、宁波一带)的青瓷茶碗(见图4-1),如冰,似玉,能益色，最为茶圣陆羽推崇。越窑窑址在今浙江省宁波的慈溪和绍兴的上虞，以生产青瓷茶器为主。北方最著名的为邢窑，窑址在今河北省内丘。在河南省洛阳还出现了以黄、紫、绿为主体的三色茶具，称为三彩茶具。此外，长沙窑（今湖南省长沙市望城区）、寿州窑（今安徽省寿县一带）、洪州窑（今江西省丰城市一带）等，也以生产瓷器茶具出名。唐代陆羽在总结前人饮茶使用的各种器具后，在《茶经》中开列出24（或28）种茶器具的名称，并描绘其式样，阐述其结构，指出其用途。这是中国茶具发展史上，对茶具最明确、最系统、最完善的记录。唐代茶具不但配套齐全，而且形制完备。其中，煮器有风炉，制（作）器有碾、罗，舀器有瓢，饮器有碗，涤器有涤方，盛器有水方、熟盂等。1987年，陕西扶风法门寺地宫出土了一整套唐代茶具，多为镏金银质茶器（或称金银质茶器），这既是唐代品茶之风盛行的有力证据，也是唐代茶文化的集中体现。

图4-1 唐代越窑茶碗

2. 宋代

宋代时，点茶法大行，崇尚茶汤"以白为贵"，用黑瓷盏盛白茶汤，黑白分明，便于鉴评茶的优劣，适合斗茶（评定茶的优劣）要求，故宋人更加偏爱产自福建的建窑黑（瓷）釉盏（见图4-2）。同属宋代"八大民窑"的江西吉州窑也烧制黑釉盏，但后者的影响力稍逊于前者。宋代的五大名窑有北汴京、南杭州的官窑，浙江龙泉青釉开片的哥窑，河南宝丰的汝窑，河北曲阳的定窑，河南禹州的均（钧）窑。与唐代相比，宋代饮茶器具更加讲究法度，形制越来越精美。宋代广元窑玳瑁盏如图4-3所示，宋代茶具图如图4-4所示。

图 4-2 宋代建窑黑釉

图 4-3 宋代广元窑玳瑁盏

图 4-4 宋代茶具图

3. 元代

元代,团饼茶逐渐衰退,条形散茶(芽茶和叶茶)开始兴起,使得将散茶用沸水冲泡饮用的方法,逐渐代替了将饼茶研末而饮的点茶法和煮茶法。与此相应的是一些茶具开始消亡，而另一些茶具开始出现。这一时期，一种鼓腹、有管状流和把手或提梁的茶壶应运而生。这种茶壶造型古朴别致，经长年使用后光泽如古玉，又能留住茶香，壶上的字画更让人爱不释手。元代茶具是上承唐、宋，下启明、清的一个过渡时期。

4. 明代

明代，茶具最突出的特点是小茶壶的出现。江西景德镇的白瓷茶具和青花瓷茶具、江苏宜兴的紫砂茶具（即景瓷宜陶）获得了极大的发展。青花瓷器是以含氧化钴的钴矿为原料，经高温煅烧而成。明代紫砂壶制壶名家辈出，最早的紫砂壶是出自明代的供春壶，最著名的制壶大家是时大彬。

5. 清代

清代，茶类有了很大的发展，形成了六大茶类，均属条形散茶。无论哪种茶类，饮用时仍然沿用明代的直接冲泡法。在这种情况下，泡茶用的茶具基本上没有突破明代的规范。与明代相比，清代茶具的制作工艺技术却有着长足的发展，这在清人使用的最基本茶具即茶盏（盖碗）上表现得最为充分。福州的脱胎漆茶具、四川的竹编茶具、海南的生物（如椰子、贝壳等）茶具等也开始出现，自成一格。总之，清代茶具异彩纷呈，形成了这一时期茶具新的特色。

6. 现代

现代，茶具不但种类和品种繁多，而且质地和形状多样，陶、瓷、玻璃、金属、竹、木、搪瓷、石、玛瑙、水晶、贝壳等茶具应有尽有。其中，尤其以紫砂茶具、玻璃茶具、瓷器茶具的使用最为普遍。

培训项目 2

茶具的种类及产地

随着时代的进步和饮茶方式的变化，茶具的种类也在不断变化。中国地域广阔、民族众多，各地居民饮茶习俗不同，所用茶具也各有特色。人们最常使用的茶具有茶壶、茶杯、茶碗、茶盏、杯托、托盘等，它们质地迥异，形式复杂，花色丰富，烧制方法各异。接下来，我们按材质、烧制工艺及功能的不同对茶具进行分类。

一、按材质分类

茶具按其材质不同可分为陶土茶具、瓷器茶具、玻璃茶具、金属茶具、漆器茶具、竹木茶具等几大类。

1. 陶土茶具

陶土茶具是新石器时代的重要发明，距今已有12 000多年的历史，最初是粗糙的土陶，随后逐渐演变成比较坚实的硬陶和釉陶。

陶器中的佼佼者首推宜兴紫砂茶具，主要生产于江苏宜兴。紫砂茶具始制于北宋，明代以后大为流行，成为各种茶具中最惹人珍爱的瑰宝。《桃溪客语》中记载："阳羡（即宜兴）瓷壶自明季始盛，上者与金玉等价。"陶土茶具如图4-5所示。

2. 瓷器茶具

瓷器是一种由瓷石、高岭土、石英石、莫来石等组成，外表施有玻璃质釉或彩绘的器物。瓷器茶具的种类按照瓷器总体分类的方式，可分为单色釉瓷茶具、彩瓷茶具两大类。而单色釉瓷又分为素瓷（包括青瓷、白瓷、黑瓷和青白瓷四种）和色釉瓷。其中，青瓷茶具、白瓷茶具、黑瓷茶具和彩瓷茶具较为普遍。

图4-5 陶土茶具

（1）青瓷茶具

青瓷茶具始制于晋代，以浙江生产的质量最好。宋代，作为当时五大名窑之一的浙江龙泉哥窑生产的青瓷茶具远销各地。龙泉青瓷以"造型古朴挺健，釉色翠青如玉"著称。它有两个特点：一是釉面显纹片，二是器脚露胎（显铁质），口部显紫色，俗称"紫口铁脚"。青瓷茶具如图4-6所示。

图4-6 青瓷茶具

（2）白瓷茶具

白瓷色泽洁白，能反映出茶汤色泽，传热、保温性能适中，加之造型各异，堪称珍品。早在唐代，河北邢窑生产的白瓷器具已"天下无贵贱，通用之"。唐朝白居易还作诗盛赞四川大邑生产的白瓷茶碗。如今，白瓷茶具更是面目一新，适合冲泡各类茶叶。白瓷茶具如图4-7所示。

图 4-7　白瓷茶具

（3）黑瓷茶具

宋代茶色贵白，所以宜用黑瓷茶具陪衬。宋代的黑瓷茶盏，以建窑所产的最为著名。建盏配方独特，在烧制过程中使釉面呈现兔毫条纹、鹧鸪斑点、日曜斑点，一旦茶汤入盏，能放射出五彩纷呈的点点光辉，增加了斗茶的情趣。黑瓷茶具如图 4-8 所示。

图 4-8　黑瓷茶具

（4）彩瓷茶具

彩瓷茶具的品种、花色很多，其中尤以青花瓷茶具最引人注目。青花瓷茶具，直到元代中后期才开始成批生产，特别是景德镇，成了我国青花瓷茶具的主要生产地。青花瓷是以氧化钴为呈色剂，在瓷胎上直接描绘图案纹饰，再涂上一层透明釉，尔后在窑内经 1 300 摄氏度左右高温还原烧制而成的器具。彩瓷茶具如图 4-9 所示。

图 4-9 彩瓷茶具

3. 玻璃茶具

玻璃，古人称之为流璃或琉璃，是一种有色半透明的矿物质。我国的琉璃制作虽然起步较早，但直到唐代，随着中外文化交流的增多、西方玻璃器皿的不断传入，才开始出现玻璃茶具。玻璃茶具如图 4-10 所示。

图 4-10 玻璃茶具

4. 金属茶具

金属茶具是指由金、银、铜、铁、锡等金属材料制作而成的器具，是中国最早的饮茶器具类型之一。到隋唐时，金银器具的制作达到高峰。陕西扶风法门寺出土的一套由唐僖宗供奉的鎏金茶具，可谓是金属茶具中罕见的稀世珍宝。铜茶壶如图 4-11 所示。

图 4-11　铜茶壶

5. 漆器茶具

采割天然漆树汁液进行炼制，掺进所需色料，制成绚丽夺目的器件，这是先人的创造发明之一。漆器茶具始制于清代，主要生产于福建福州，故称为"双福"茶具。福州产的漆器茶具多姿多彩，有宝砂闪光、金丝玛瑙、釉变金丝、仿古瓷、赤金砂等名贵品种。

6. 竹木茶具

竹木茶具原料来源广，制作方便，对茶无污染，对人体无害，因此，自古至今一直受到茶人的欢迎。

除了上述常见茶具外，还有用玉石、水晶、玛瑙及各种珍稀原料制成的茶具。例如，在我国台湾地区，用木纹石、龟甲石、尼山石、端石等制成的石茶壶很受欢迎，但这些茶具一般用于观赏和收藏，在实际泡茶时则很少使用。

二、按烧制工艺分类

茶具按其烧制工艺不同可分为柴烧茶具、气窑茶具、电窑茶具等几大类。

1. 柴烧茶具

柴烧茶具是指以薪柴为燃料烧制的陶瓷茶具，主要分为上釉（底釉）与不上釉（自然釉）两大类，如宋朝天目碗及青瓷釉都是上釉的，而日本的备前烧是不上釉的（取其自然落灰效果）。

柴烧是一种古老的技艺，烧窑难度相当大，以特制的耐火砖和泥砌窑，以松为柴，以匣钵罩烧，烧成时间多控制在28~48小时，窑内温度可达到1 350~1 380摄氏度。柴烧是非完全封闭式窑炉，烧制全程都需要人力把控火力，费时费力。柴烧作品的成败取决于土、火、柴、窑之间的关系。因此，柴烧不仅是燃烧薪柴，更是人与窑的"对话"、火与土的"共舞"，运用最原始、自然的方式制成美丽的作品。

柴烧作品整体呈现的是粗犷自然的质感、朴拙敦厚的色泽和深沉内敛的古雅。它的特点是使木材燃烧所产生的灰烬和火焰直接蹿入窑内，窑内的落灰自然依附在坯体之上，在高温烤制下形成光泽温润、层次丰富的自然灰釉，熔化或未熔化的木灰在其表面形成平滑或粗糙的质感，生成各种颜色变化，留下了火曾驻足过的痕迹。在出窑前任何人对成品都没把握，但总是会有出乎意料的收获，这也正是柴烧迷人的地方。

2. 气窑茶具

气窑是指以天然气、液化气等为燃料来进行烧制的窑炉。气窑的温度高达1 380摄氏度，烧制时间为6~10小时。气窑主要用于烧制釉下高温瓷，其特点是：气窑在烧制时能更好地改变窑内氧化氛围，在窑内达到一定温度时可控制风门大小，加入部分空气，控制窑内的氧气含量，成品颜色多变，有猪肝色、红色、黑色、花色等，极易控制，能达到窑变效果，形成色彩斑斓的艺术品。

3. 电窑茶具

电窑是指以电为能源，多半以电炉丝、硅碳棒或二硅化钼作为发热组件，依靠电能辐射和导热原理进行氧化烧制的窑炉。

电窑利用现代烧制工艺进行升级和改造，使烧制工艺更加可控和简易化。电窑以中低温窑炉为主，温度最高可达950摄氏度，主要用于烤制湿坯和烤花工艺。电窑的优点是环保且成品率高。电窑烧制时间为4~6小时，瓷坯放入窑内后关紧闸门，用电脑操作板控制温度轨迹，窑内温度便会顺着预设好的轨迹烧制，可以更好地控制瓷坯成色，整窑可以达到颜色一致的效果。

三、按功能分类

在现代茶艺活动中，按功能的不同可将茶具分为泡茶器具、盛茶器具、辅助器具、储水器具、储茶器具、盛运器具、泡茶席和茶室用品八类。

1. 泡茶器具

（1）茶壶

茶壶是茶具的重要组成部分，是主要用来泡茶和斟茶的带嘴器皿，也有直接用小茶壶来泡茶和盛茶，独自酌饮的。茶壶由壶盖、壶身、壶底、圈足四部分组成，壶盖有孔、钮、座、盖等细部，壶身有口、延（唇墙）、嘴、流、腹、肩、把（柄、扳）等部分。因为不同壶的把、盖、底、形的细微差别，茶壶的基础形态就有近 200 种。泡茶时，茶壶大小依饮茶人数多少而定。茶壶的质地很多，目前使用较多的是紫砂陶壶或瓷器茶壶。茶壶如图 4-12 所示。

图 4-12　茶壶

（2）盖碗

盖碗是集盖、碗、托三件于一体的茶器，又称"三才碗""三才杯"，寓意盖为天、托为地、碗为人，暗含天地人和之意。盖碗是在明代散茶撮泡的基础上开始流行。清代北方流行花茶，茶汤容量较多，具保温功能的盖碗和大壶使用最为普遍。饮时多以盖拨茶，既可直接啜饮也可观赏叶形。盖碗如图 4-13 所示。

（3）茶碗

碗泡法的前身是点茶法，始自唐代，兴盛于宋代，点茶所需器具只有汤瓶、茶碗和竹筅，茶也多为抹茶。这种泡茶方法传至日韩，得以流传至今。近年来，碗泡法又在茶圈中流行起来，以碗开汤，以匙分汤，碗茶散热快不易闷馊，宜冲点细芽观赏叶形，匙能分茶亦能闻香，在茶席上饶富趣味。茶碗如图 4-14 所示。

图 4-13　盖碗

图 4-14　茶碗

2. 盛茶器具

（1）公道杯

公道杯又称茶海、茶盅，用以盛放茶汤，避免茶叶久泡苦涩，并起到沉淀茶渣的作用。其最主要的作用是使茶汤浓度相近、滋味一致，均匀后再分至各人杯中，以表一视同仁，因而也有了"公道杯"之名，反而"茶盅"的称呼渐渐少用，以致被人遗忘。公道杯如图 4-15 所示。

（2）品茗杯

品茗杯可用来品茶及观赏茶的汤色。将茶汤倒入品茗杯中，小啜慢品，是饮茶过程中最惬意的享受。品茗杯多为白瓷、紫砂或玻璃材质，如图 4-16 所示。

图 4-15 公道杯

图 4-16 品茗杯

（3）闻香杯

闻香杯用于闻香，比品茗杯细长，通常与品茗杯成套使用。使用闻香杯，一是其保温效果好，可以让茶的热量多留存一段时间，饮者也能够握住杯颈暖一会儿手；二是茶香散发慢，可以让饮者尽情地去玩赏品味。闻香杯如图 4-17 所示。

图 4-17 闻香杯

3. 辅助器具

（1）壶承

壶承是承载主泡茶器的容器。壶承的兴起，借鉴于工夫茶使用的茶盘，又因20世纪80年代流行起来的"干泡法"而被广为使用。在干泡茶席上它更多是用来避免主泡茶器流出的水沾湿席布，也是为了提升茶席的总体美感。

（2）杯托

杯托是茶杯的垫底器具，方便奉茶，且不易烫手，如图4-18所示。

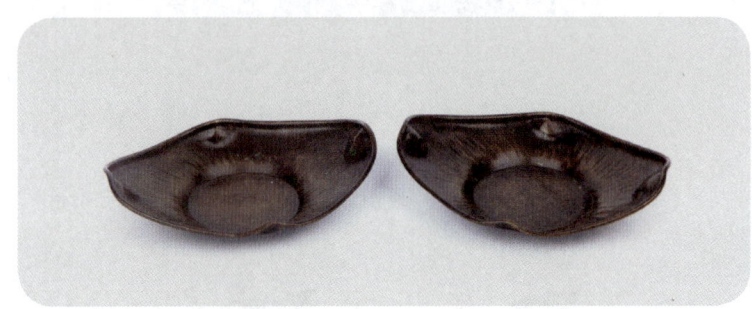

图4-18　杯托

（3）茶巾

茶巾又被称为茶布，一般为麻、棉等纤维制造而成。茶巾的主要功能是擦干茶壶，于分茶前将茶壶或茶海底部残留的水擦干，也可用于擦拭桌面的茶水。茶巾如图4-19所示。

图4-19　茶巾

（4）茶席巾

茶席巾又名素方，是奠定茶具中心位置的一方素巾。早期盛放茶具是用一个托盘，渐渐发展为一块软质布巾，随着茶桌越变越大，茶席巾的规格也渐由小长方巾发展至符合当代视觉美学的大长卷。长卷是中国水墨绘画非常独特的具有时间意味的艺术形式，右手一边收卷"过去"，左手一边展开"未来"。茶席巾如图4-20所示。

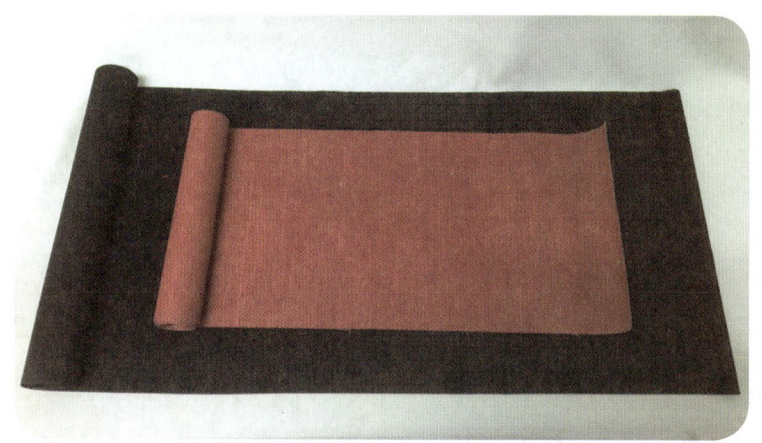

图4-20　茶席巾

（5）茶道六君子

茶道六君子又称茶道组，指茶筒、茶匙、茶漏、茶则、茶夹和茶针（茶通），如图4-21所示。

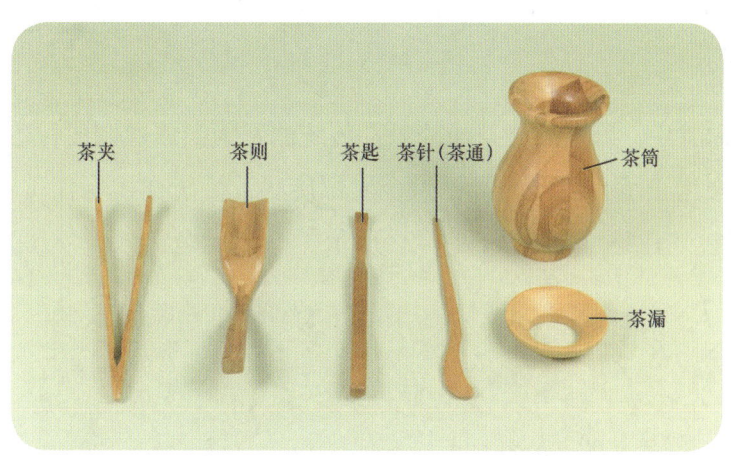

图4-21　茶道六君子

1）茶筒。茶筒是盛放茶艺用品的茶器筒。

2）茶匙。茶匙又称茶勺，形状像汤匙所以称茶匙，为盛茶入壶之用具。

3）茶漏。茶漏在置茶时放在壶口上，以导茶入壶，防止茶叶掉落壶外。

4）茶则。茶则是量器的一种，把茶从茶罐中取出置于茶荷或茶壶时，需要用茶则来量取。茶则也可配合茶匙,将茶叶移入茶壶。

5)茶夹。可用茶夹将茶渣从壶中夹出,也常有人拿它夹着茶杯洗杯,防烫又卫生。

6)茶针(茶通)。茶针(茶通)的功用是疏通茶壶的内网("蜂巢"),以保持水流畅通,或放入茶叶后把茶叶拨匀,使碎茶在底,整茶在上。

(6)盖置

盖置是承托壶盖、盅盖、杯盖的器具,既能保持盖子清洁,又能避免沾湿桌面,如图4-22所示。

图4-22 盖置

(7)滤网、滤网架

滤网又称滤斗,用于过滤茶汤碎末。传统滤网为金属丝制成,边缘为金属或瓷质。滤网架用于承托滤网,常见为金属螺旋状,传统样式有瓷质双手合掌状、单手伸指状等。滤网、滤网架如图4-23所示。

图4-23 滤网、滤网架

(8) 茶荷

茶荷的功用与茶则类似，皆为置茶的用具，但茶荷兼具赏茶功能。

茶荷的主要用途是将茶叶由茶罐移至茶壶。在置茶的同时，茶荷还兼具以下赏茶功能：盛装茶叶后，茶荷可供人欣赏茶叶的色泽和形状，并据此评估冲泡方法及茶叶用量多少，之后才将茶叶倒入壶中。茶荷有多种形状，如圆形茶荷、半圆形茶荷、弧形茶荷、多角形茶荷等，形状多为有引口的半球形，也被称为赏茶荷。茶荷材质多样，主要有瓷器、竹制品、陶制品等，既实用又可当艺术品，一举两得。没有茶荷时可用质地较硬的厚纸板折成茶荷形状使用。茶荷如图4-24所示。

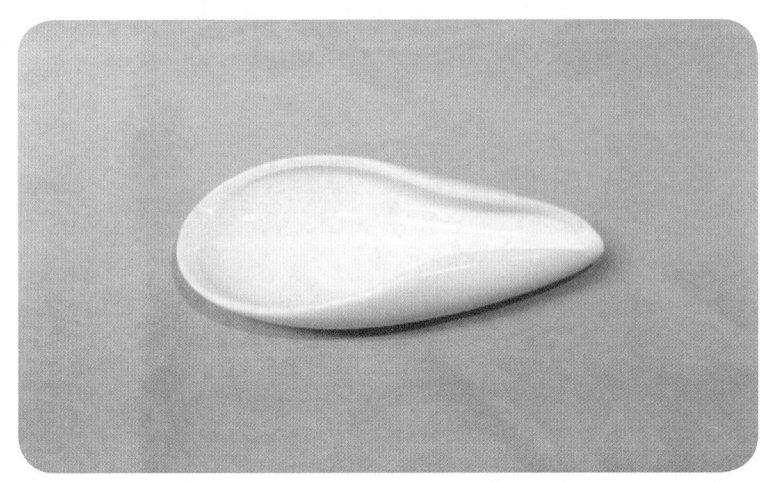

图4-24 茶荷

(9) 茶盘

茶盘是盛放茶壶、茶杯、茶道组、茶宠乃至茶食的浅底器皿。茶盘可以很大，也可以很小，形状可方可圆，或为扇形；可以是单层也可以是夹层，夹层用以盛废水，夹层可以是抽屉式的，也可以是嵌入式的。按材质区分，茶盘主要有竹茶盘、木茶盘、石茶盘、陶瓷茶盘、金属茶盘、电木茶盘等。

有了茶盘，茶壶、茶杯、公道杯等才好粉墨登场，演绎出一场关于茶文化的好"戏"。即便是在郊外或公园的无我茶会，至少也需要一面茶巾来替代一下茶盘的角色。有了茶盘，会产生一统局面的整肃感，否则会让人感觉杂乱无序。茶盘如图4-25所示，奉茶盘（茶盘的一种）如图4-26所示。

图 4-25　茶盘

图 4-26　奉茶盘（茶盘的一种）

4. 储水器具

（1）煮水器

煮水器由汤壶和茗炉两部分组成，炉以热源分，有电炉、酒精炉、炭炉、燃气炉等。常见的茗炉，炉身为陶器或金属架，中间放置酒精灯。茶艺馆及家庭使用最多的是电炉，用电烧水，方便实用，如图 4-27 所示。

图 4-27　煮水器

(2)水盂

水盂又名茶盂、废水盂、建水、渣斗,用于存放泡茶过程中的废水、茶渣等,功能相当于废水桶、茶盘,如图4-28所示。

图4-28 水盂

(3)水方

水方是储放清洁用水的器皿。

(4)水注

水注是盛水的壶形容器,功用是将冷水注入煮水器内加热,或将开水注入壶(杯)中温器,调节冲泡水温。水注形状近似壶,壶口较一般壶小,而壶嘴特别细长,多为陶瓷制品,如图4-29所示。

图4-29 水注

5. 储茶器具

(1)茶样罐(筒)

茶样罐(筒)是用于盛放茶样的容器,体积较小,装干茶30~50克即可。茶样罐（筒）以陶器为佳，也有用纸或金属制作的，如图4-30所示。

图4-30　茶样罐（筒）

（2）储茶罐（瓶）

储茶罐（瓶）用于储藏茶叶，可储茶250~500克。为密封起见，储茶罐（瓶）应使用双层盖或防潮盖，金属或瓷质均可，如图4-31所示。

图4-31　储茶罐

（3）茶瓮（箱）

茶瓮（箱）为涂釉陶瓷容器，小口鼓腹，是储藏及防潮的用具；也可用镀锡铁（马口铁）制成双层箱，下层放干燥剂（通常为生石灰），上层用于储藏，双层间以带孔搁板隔开。

6. 盛运器具

（1）提柜

提柜是用以储存泡茶用具及茶样罐的木柜，门为抽屉式，内分格或安放小抽屉，方便外出泡茶时携带。

（2）提篮

竹编的有盖提篮可放置泡茶用具及茶样罐等，方便外出泡茶时携带。

（3）提袋

提袋是携带泡茶用具及茶样罐、茶巾、坐垫等物的多用袋，是用人造革、帆布等制成的背带式袋子。

（4）包壶巾

包壶巾是用以保护壶、盅、杯等的包装布，以厚实而柔软的织物制成，四角缝有雌雄搭扣。

（5）杯套

杯套常用柔软的织物制成，套于杯外。

旅行包组合如图 4-32 所示。

图 4-32　旅行包组合

7. 泡茶席

（1）茶车

茶车是可以移动的泡茶桌子，不泡茶时可将两侧台面放下，搁架对向关闭，桌身即成一柜，柜内分格，放置必备的泡茶器具及用品。

（2）茶桌

茶桌是用于泡茶的桌子，长120~150厘米，宽60~80厘米。

（3）茶凳（椅）

茶凳（椅）是泡茶时的坐具，高低应与茶车或茶桌相配。

（4）坐垫

坐垫是在炕桌上或地上泡茶时用于坐、跪的柔软垫物，大多为60厘米×60厘米的正方形，或60厘米×45厘米的长方形，为方便携带，可制成折叠式。

8. 茶室用品

（1）屏风

屏风用于遮挡非泡茶区域或作为装饰。

（2）茶挂

茶挂是挂在墙上营造气氛的书画艺术作品。

（3）花器

花器是插花用的瓶、篓、篮、盆等物，如图4-33所示。

图4-33　花器

（4）香炉

香炉是点香用的香器，用于营造泡茶区域的意境。

不同时期，茶人对茶具的喜爱各不相同；在不同情境下，茶具的选择与使用也不一样。

培训项目 3

瓷器茶具的特色

瓷器是中国古代的伟大发明,是智慧与力量的结晶,是火与泥的艺术。瓷器茶具有艺术与实用的双重功效,与茶配合乃天作之合、锦上添花,提升了品茗的意境之美。

一、瓷器茶具发展历史

我国陶瓷业界普遍认为,3 000多年前的商代就已出现了原始青瓷,而成熟的青瓷烧制工艺应当出自东汉,其依据是在浙江省的上虞、宁波、慈溪、永嘉等地发现的东汉瓷窑遗址,以及在华东、华中各省的东汉墓葬中出土的青瓷器(见图4-34)。此后,在三国两晋南北朝时期的360多年间,南方的青瓷生产突飞猛进地发展。

图4-34 东汉青瓷储茶器

在出土的商代原始青瓷器中尚未发现碗，只有罐。经过1 000多年的发展，到春秋战国时期有了碗、盘、钵、盂、壶等。而中国文字史上第一次出现"瓷"字，是在晋代吕忱的《字林》一书中。晋代人们已经使用瓷器具饮茶了。在同一时期，黑瓷也在浙江德清兴起，远销四川。除了日用杯、碗以外，瓷器具的器形从矮胖向高瘦发展，并在单色中饰以褐彩，开始有了装饰。到公元581年，隋统一全国，结束了南北对峙几百年的战乱局面。尤其是大运河的开凿，使南方的茶叶源源北上，人们对瓷器茶具的需求也日益增长。隋代出现了瓷的匣钵烧造，摒弃了叠火烧造中黏附沙粒、釉色不纯等弊病，又利用印花、刻花技术丰富了瓷器装饰艺术。虽然隋代仅存在38年，但隋代南北瓷业飞速发展，各种花色、风格、样式的瓷器日渐丰富，出现了"南青北白"（南方越窑青瓷与北方邢窑白瓷），在中国瓷史上起着承前启后的作用。

秘色瓷是五代吴越国钱氏朝廷命令越窑烧造供奉，庶民不得使用的瓷器。从陕西法门寺塔唐代地宫中发掘出的13件越窑青瓷，可以印证在唐、五代及宋代文献中屡现的"秘色越器"记载。同时出土的五代越瓷中还有用金银装饰的。

宋代上层社会的饮茶方法、口味有了些改变。一是不在茶中加进盐、姜等作料，二是由饮江南的细芽茶改为品饮产于福建武夷山一带的岩茶。宋人把一种加工成半发酵状态的膏饼茶碾成细末，先注汤调匀，再加初沸的水点注，茶汤表面泛起一层白色的泡沫。品茶时先斗色，以色白为贵，又以青白胜黄白；其次是斗水痕，以茶汤先在茶盏周围沾一圈，有水痕者为负。这一品茶方式要求茶具是黑色的，建窑的兔毫盏由此声名鹊起。同时代还有江西吉州（今吉安县永和镇）永和窑产的黑釉瓷，在装饰上有风格独具的木叶、剪纸贴花等。

元代灭南宋统一中国后，设"浮梁瓷局"，免除了技能高的官匠的其他差役，并允许其职业世袭。这对景德镇瓷业的发展起到了很重要的作用。元代青花瓷大致可分为两类：一类为小件器物，胎轻薄，不甚精细，多为清白、乳白，半透明或影青釉；另一类以大件器物为多，其特征是形大、胎厚、体重，画面层次多，繁而不乱，而且题材极为广泛。釉里红和卵白釉瓷是元瓷的创新，前者多为瓶、罐类，后者则为碗、盘等，最典型的是一种小足、平底、敞口、浅腹的折腰碗，其内壁多印"枢府"二字，这种碗也是茶具。这一时期的瓷窑有钧窑、磁州窑、龙泉窑、德化窑、霍窑等。

在元代的基础上，明代将瓷业的工奴制和烧造工艺、管理制度进一步提高完善。该时期与茶有关的器具有压手杯：口平外撇，腹壁较直，自腹壁处内收，腹壁渐厚，握于手中有稳妥凝重之感；高足碗：碗下有高足，有青釉、卵白釉、青花、釉里红等；宫碗：口沿外撇，腹部宽深，丰圆端正；净水碗：有饼形足、圈足、高足之分，于佛前供茶用。此外，还有孔明碗、卧足碗、折腰碗、鸡心碗，以及各个地区产的壶等。明代青花六棱提梁壶如图4-35所示，明代成化青花花鸟杯如图4-36所示，明代隆庆朱红双龙杯如图4-37所示。

图4-35 明代青花六棱提梁壶

图4-36 明代成化青花花鸟杯　　　　图4-37 明代隆庆朱红双龙杯

二、瓷器茶具的特点

1. 从材质来看

瓷器茶具采用瓷土（高岭土）作为瓷器的胎料，含铁量一般在3%以下，比陶土的含铁量低；其烧成温度比陶土高，在1 200摄氏度以上。胎体坚固致密，断面基本不吸水，敲击时有清脆的声音。

2. 从功能来看

瓷器茶具的烧制工艺多种多样，特别是柴烧茶具，窑变多姿多彩，令人爱不释手。瓷器茶具上面往往都有绘画，名家作品更是独具特色，许多古代瓷器茶具现已成为博物馆的珍藏。因此，瓷器茶具艺术性与实用性的融合是一大特色，也使其具有收藏功能与实用功能并重的复合性价值。

3. 从实用来看

瓷器茶具由于材质的原因，不存在串味，任何茶都可以冲泡。而且，瓷器茶具有各种各样形制的产品，适合六大茶类的各种茶品。正因如此，茶叶审评时，也必须使用瓷器器具。

三、"瓷都"景德镇

说起瓷器茶具，不能不提到景德镇。宋以前景德镇叫新平、昌南。传说北宋景德年间昌南镇制瓷贡京，宋真宗赐以"景德"年号为名。自此，景德镇再未改名。

景德镇制瓷历史悠久，所产瓷器品质优良，以"白如玉、明如镜、薄如纸、声如磬"享誉中外，因而千百年来有中国"瓷都"之称。景德镇瓷器茶具如图4-38所示。

图4-38 景德镇瓷器茶具

文献资料记载，景德镇制瓷历史可追溯到东汉时期，当时生产的是陶瓷，至今有1 700年历史。六朝时期，景德镇瓷业已进入瓷器阶段，到了唐代，景德镇瓷业工人掌握了高温烧造瓷器的技术，所制瓷器"莹缜如玉"，被誉为"假玉器"，应诏贡献于宫廷。景德镇真正奠定瓷都地位是在宋代。当时，大江南北名窑林立，而景德镇的瓷器在胎质、造型、釉色、制作等方面更胜一筹，独创的影青瓷造型秀美、胎质细腻、体薄透光、釉色似玉，达到了时代的高峰。由于北方战乱，北方诸多名窑相继衰落，宋室南迁之后，瓷业精华逐步向景德镇集中，其工艺水平又有很大提高，景德镇瓷业生产规模越来越大。据说，当时有窑 300 余座，景德镇瓷业进入鼎盛时期。

元代是景德镇制瓷史上的一个创新时期，其成就主要表现为青花瓷和釉里红瓷的创制成功，把瓷器装饰推进到釉下彩的新阶段。

青花瓷是用青花色料在瓷胎上作画，然后罩上一层透明釉，经高温烧制而成。花纹呈蓝色，在洁白胎体的衬托下，有明净素雅之感。由于花饰在釉下，因而永不褪色。釉里红瓷在釉下呈现红色花纹，具有宝石般的富丽感，与青花瓷一样，也是一次烧成。如果将釉里红色料与青花色料一同绘制在瓷坯上，所制瓷器就称"青花釉里红"，画面别有风韵，被誉为"人间瑰宝"。青花瓷茶具如图 4-39 所示。

图 4-39　青花瓷茶具

明代"天下窑器所聚"，景德镇以多品种、多釉、多彩的瓷制品取得了卓越的成就，成为全国制瓷业的中心。景德镇出产的青花瓷器，成为全国瓷器生产的主流。与此同时，景德镇的能工巧匠成功创制了釉上五彩瓷器，开创了瓷器装饰釉上彩的新纪元，明永乐、宣德年间还烧成了铜红釉和其他单色釉瓷。景德镇作为瓷都，在规模、工艺和产品质量上都在全国独占鳌头，在国内外市场获得了极高的声望。

清代康熙、雍正、乾隆三朝，是景德镇瓷器生产的高峰期。虽然瓷器生产遍及全国各地，但景德镇始终代表着同时代的最高制瓷水平。清代景德镇瓷器生产在前代的基础上又有创新和发展，青花色彩更鲜艳纯净，釉上五彩更加丰富明丽，同时创制了很多名贵品种。

粉彩是清代发展起来的一种低温彩瓷工艺，是在五彩基础上吸收珐琅制作工艺而创制成功的。粉彩瓷色彩柔和丰富，技法多变，既可工笔勾画，又可挥洒写意，深受欣赏者喜爱。珐琅彩运用珐琅装饰瓷器，结合绘画、书法艺术，体现了古代景德镇瓷工的卓越才智。总之，清代景德镇瓷业空前繁荣，技艺水平冠绝一时，生产规模也是前所未有。当时，景德镇人口约10万，街长20里，窑户密集，商贾如云，是瓷业生产的黄金时代。

培训项目 4

陶器茶具的特色

陶器的发明,是人类最早利用化学变化改变天然物性的开端,是人类社会由旧石器时代发展到新石器时代的标志之一。用陶土烧制的茶具,称为陶器茶具。其中,最受人们喜爱、使用最广泛的是紫砂茶具。

一、紫砂茶具发展历史

备受人们喜爱的紫砂茶具产于我国江苏省宜兴市丁蜀镇(古时称阳羡),"人间珠宝何足取,岂如阳羡溪头一丸泥"的赞誉道出了紫砂陶的珍贵。

宜兴市位于江苏太湖西滨,南北分别与浙江省长兴县和江苏省常州市相邻,境内山岭起伏、河流纵横。宜兴市盛产陶器,有"陶都"之称。早在4 000年前,这里的原始居民就掌握了制陶技术。从宜兴发现的新石器时期的文化遗址中,发掘出大量的夹砂红陶、泥质红陶、白衣黑陶和灰陶的碎片。器皿的成型方法基本上是手制,在较晚的泥质红陶上面可以看到简单的方格纹。从商周时代遗址发掘的文物中已发现钵、盆、壶等盛储器皿。其中夹砂红陶均由手工制作,保留着简单粗糙的纹样。黑陶和灰陶多为轮制,器形匀整,并施以雕刻、镂空等新型装饰。这时火候较高的褐色陶也已烧成。褐色陶胎质坚硬,在烧制技术上,可能已从敞口烧进步到封闭烧,窑腔温度提高到100摄氏度左右。至此,宜兴制陶技术已经进入成熟阶段。

尽管宜兴地区有着数千年的制陶历史,但紫砂茶具究竟何时起源,何时形成一套独立完整的制作方法和体系却有多种说法。据说春秋时代的越国大夫范蠡是紫砂鼻祖,据此而论,紫砂茶具已有2 400多年的历史。

关于紫砂茶具,流传最广的典故当数金沙寺僧人与供春制壶的故事。相传明代时宜兴丁蜀镇西南十几里的地方有个金沙寺,金沙寺有一僧人善于炼土,身怀制壶绝技，平日娴静有致，将泥手捏成胎，然后掏空胎体中部，加上口盖，黏结上壶嘴和壶把，放在窑中烧成后自用。僧人制的壶，技法精巧，造型不俗，但他愤世嫉俗、性情孤僻，绝技不肯传人。当地有个叫吴颐山的书生在寺中借读，他的书童名叫供春。一日，供春偶见僧人制壶，便悄悄观看。天长日久，僧人制壶的方法被供春看在眼里，记在心头，闲暇时他用僧人洗手后沉淀在缸底的废泥，徒手捏成一把小茶壶。这把茶壶外形十分奇特，是供春以寺旁白果树的树瘤为鉴而制。其取法自然，形似"树瘤"，显得分外质朴古雅，烧成后砂质温润，令人喜爱，比僧人所制还略胜一筹。从此，供春便开始制壶，制壶方法也在当地流传开来，之后人们也将泥料沉淀后使用。供春所制的壶被称为供春壶，成了历史名壶，流传至今。明代供春小壶如图4-40所示。

图4-40　明代供春小壶

供春制壶的故事流传了数百年，然而紫砂成型技术的传统方法绝非偶然得之，紫砂制造的起源也必然不是从金沙寺僧人和供春开始的，它是经过历代能工巧匠辛勤劳作、揣摩实践总结出的工艺精华。有学者推论，紫砂茶具的起源应在北宋，主要依据是当时的一些文学作品，特别是北宋诗人梅尧臣所写《依韵和杜相公谢蔡君谟寄茶》。

明清时期，随着饮茶方法的转变，紫砂茶具也迎来了发展的高峰期。明代开始废除饼茶，而普遍饮用与现在的炒青绿茶相似的芽茶，饮茶的方法也一改煎煮为冲泡，逐渐形成用紫砂茶壶或瓷茶壶冲泡茶叶的风尚。这种饮茶方式的改变也促进了茶壶的发展。清代康熙宜兴胎珐琅彩花卉方茶壶如图4-41所示，清代康熙宜兴胎珐琅彩花卉茶壶如图4-42所示。

图4-41 清代康熙宜兴胎珐琅彩花卉方茶壶

图4-42 清代康熙宜兴胎珐琅彩花卉茶壶

紫砂色泽含蓄温雅,与文人的清雅气质相吻合,因而备受青睐。许多文人雅士竞相收藏紫砂茶壶,并且参与制作,相传现在被人们熟知的"东坡提梁大壶"就是当年苏东坡设计的。

明清时,许多著名文人都参与了紫砂茶壶的制作和书画,如董其昌、郑板桥、陈鸿寿、陈继儒等。这其中要首举清代金石书画家陈鸿寿(号曼生),是他推动了在紫砂茶壶上题铭画刻之举,极大地提高了紫砂陶的艺术和文化品位,将这种实用手工艺品演化成具有很高欣赏价值的实用艺术品。文人参与紫砂壶的制作,对紫砂陶的发展产生了极大的推进作用。不少文人在定做紫砂壶或提供图样后,不仅提出自己的看法和意见,甚至还亲自监制。他们的喜好意趣潜移默化地影响着制壶工匠，提高了他们的审美和鉴赏水平，使工匠受到文人的启发，在创作上展现出新貌。文人与工匠的交往协作，产生了一种商品化的紫砂文化。由文人设计或文人和工匠一起制作的紫砂壶的出现和流行，对世俗产生了很大的影响，民众也纷纷附庸风雅，具有文化色彩的商品茶壶大量面市。这进一步推动了紫砂壶艺的发展，并使这种实用工艺品跃上更高的台阶。

抗日战争爆发到1949年前，是宜兴紫砂业的急剧衰退时期，在抗日战争时期，丁山、蜀山窑业区的厂房和民房被毁者逾600间，陶窑完全被毁者12座，还有一些陶窑被侵略军改作炮台或碉堡。当时宜兴紫砂业情况是"大窑户逃往外地，中小窑户无意经营""每年曾以百万件紫砂供给全国和远销世界各地的蜀山窑场，那时全年所烧紫砂茶壶不满千把"。到20世纪40年代初期，宜兴紫砂业稍有恢复，但年产值最多时也只及战前最高年份的45%左右。

新中国成立后，政府重振紫砂业，大力组织生产与出口，老艺人出山带徒，为紫砂业提供充足的后备人才。1956年，江苏省人民政府任命任淦庭、朱可心、裴石民、吴云根、王寅春、顾景舟、蒋蓉七位紫砂艺人为技术辅导，培养新一代紫砂艺人，传承紫砂手工陶艺。

二、紫砂茶具的特点

紫砂茶具的坯质致密坚硬，里外不敷釉，取天然泥色，大多为紫砂，也有红砂、白砂焙烧而成。

紫砂茶具成陶火温为1 100～1 200摄氏度，烧结致密，胎质细腻，既不渗漏，又有肉眼看不见的气孔，长久使用能吸附茶汁、蕴蓄茶香。紫砂茶具传热缓慢，不易烫手，因它耐寒耐热，甚至还可以直接放在炉灶上煨炖。人们称紫砂茶具有三大特点：泡茶不走味，储茶不变色，盛暑不易馊。一件上好的紫砂茶具，必须具有三美，即造型美、制作美和功能美，三者兼备方称得上是一件完美之作。

三、紫砂茶具名家

据考古所知，紫砂壶始创于明代，开花于清代，结果于今朝。翻开紫砂发展史，可以看到中国紫砂器具的兴衰起落，无不紧紧围绕着一个又一个的紫砂艺人，所以紫砂发展史无疑是一部紫砂艺人与泥土的历史。

1. 明代壶艺名家

明代中晚期，宜兴紫砂业已正式形成较完整的工艺体系，此时紫砂器具已从日用陶器中独立出来，工艺讲究，名工辈出，已形成一支专业的工艺队伍。

（1）金沙寺僧人

紫砂壶的诞生，必须先从宜兴金沙寺中的一位僧人说起，此僧人姓名早已湮没无闻，只知道他的性情"娴静有致"，经常与陶工们往来。当时，陶工们仅仅只是用陶土来制作缸、瓮之类的日常用品，而陶土还需经过筛选，筛选后的土大都废弃不用，浪费很大。僧人看在眼里，记在心里，他常常驻足陶土堆前，耐心地再次加以淘洗，久而久之，积累了一些质地细腻、坚实的优质陶土。僧人试着将这些陶土手捏成胎，圆形中空，并安上底座、口、柄、盖，与陶工们制作的其他陶器一起放入窑中烧制，所成陶壶色泽乌紫，铿铿作声，显得十分精致。消息传开后，人们纷纷仿制，紫砂壶遂流行开来，这位不知名的僧人也因此被誉为紫砂壶的始祖，受到人们永久的怀念。据传，老僧常做圆形壶器，既不留款，也不钤印，仅以指纹为标识。

（2）供（龚）春

真正使紫砂壶走上艺术化道路并将其发扬光大的人是明弘治年间的供春，他曾是明代官吏吴仕（号颐山）的书童。供春也称龚春，生卒不详。他当时正陪伴主人在金沙寺里读书，适逢僧人在制作紫砂壶，好奇心极强的供春在劳役之暇，看僧人制壶看得入了迷，于是就偷偷地学习僧人的技艺，也去淘选了一些细泥作坯，用茶匙按压内壁，手指按压外壁，屡按屡压，反复不断，直压到壶坯非常紧密为止，可能是按压时手劲太大，以致在茶壶的腹部留下了清晰的指印，烧成后，茶壶质地相当出众。周高起评价道："今传世者栗色闇闇，如古金铁，敦庞周正，允称神明垂则矣。"此壶传开后，人们称之为"供春壶"。供春也因此成为一名点土成金的制壶宗师。一般认为供春是紫砂史上第一位留下姓名的作者。龚春款六瓣圆囊壶如图4-43所示。

供春制作的茶壶，造型新颖精巧，色泽古朴，光洁可鉴，温雅大方兼而有之，质地薄而坚实，是难得的艺术珍品，当时就享有"供春之壶，胜于金玉"的美誉。因年代久远，其传世作品近乎绝迹。现仅存的一把供春款树瘿壶，据说就是供春模仿金沙寺内老银杏树瘿而制成的。此壶造型就像树瘿（树上长的瘤）那样坑坑洼洼，壶色幽暗呈栗色，初入眼时好似金铁铸就，古香古色。仔细一瞧，才觉得通体质朴典雅，别具雅趣盎然之美。在壶把下镌有"供春"两字篆书款识，壶身已缺盖，后由制壶名家裴石民配制了壶盖。

图4-43 龚春款六瓣圆囊壶

（3）明代"四名家"

明代万历年间，出现了号称"四名家"的董翰、赵梁、元畅、时朋四大制壶高手。他们或以工巧著称，或以古拙闻名，"方非一式，圆不一相"的诸多紫砂壶式，就出自他们手中。

董翰，号后溪，明代嘉靖、万历年间宜兴制壶高手，生卒年不详。他最早创制菱花式紫砂壶，作品以文巧著称。

赵梁（一说赵良），明代嘉靖、万历年间宜兴制壶高手，生卒年不详。其所制茗壶，多为提梁式，以古拙朴实见长。提梁式紫砂壶有硬耳、软耳两种，其制作精美者，硬耳多见，软耳较罕见。

元畅，明代嘉靖、万历年间宜兴制壶高手，生卒年不详。有关他的姓字，诸说不一，有元锡、元畅、袁锡之说。其所制紫砂壶以古朴著称。

时朋（一说时鹏），明代嘉靖、万历年间宜兴制壶高手，生卒年不详。其所制茗壶以古拙见长。

（4）李养心

与"四名家"同时期的还有一个叫李养心的人，也值得一提。李养心，号茂林，江苏宜兴人，还有说是江西婺源人，明代嘉靖、万历年间制壶高手，生卒年不详。他制的壶以小圆式为主。他的一大突出贡献是在烧造时"另作瓦囊，闭入陶穴，故前此名壶，不免沾缸坛油泪"。瓦囊也就是匣钵，将紫砂壶坯放在匣钵里，烧造出来的壶表面光洁干净，没有油泪釉斑。而且，炉窑内温度通过匣钵传给壶坯，壶坯受热均匀，壶身颜色也因此均匀一致。因为紫砂壶一般都和缸、坛等日常用陶同窑而烧，而先前没有匣钵的保护，常造成受火不一致，壶身颜色也很容易斑驳陆离，大大影响了其美感。李养心的这一发明，很快就被众人采纳，并沿用至今。

（5）壶家"三妙手"

壶家"三妙手"时大彬、李仲芳、徐友泉的崛起，特别是时大彬对紫砂壶艺发展的影响最为深远。

时大彬，号少山，明代万历、崇祯年间宜兴制壶名家，史学家徐鳌润考其生卒约为1573—1662年，乃时朋之子，制壶技艺由其父所传。时大彬为人敦雅古穆，壶亦如此。时大彬对泥料配制、成型技法、造型设计、铭刻等方面均有深入研究，且成就卓著。他善用各色陶土，或在陶土中掺杂砂缸土、碎瓦片，其作品有"沙粗质古肌理匀"的赞语。时大彬制壶极认真，稍不满意就敲碎弃之，有时十不得一。其制壶的特点是紫泥中带有白点，壶盖与壶身周圆合缝、吻合、紧密。壶盖一经合上，随手拈盖提起，壶身不坠。时大彬还制有一种叫"六合一家"的壶，此壶更为神奇，把壶分开，就成了底、盖、前、后、左、右六片，合起来注茶却毫不滴漏，这种高超而神奇的技术只有时大彬能够掌握。后世制壶高手中只有清朝的陈曼生能勉强做到这一点，但较时大彬而言，还是相距甚远。明代时大彬僧帽壶如图4-44所示，明代时大彬葵花壶如图4-45所示。

图4-44　明代时大彬僧帽壶

图4-45 明代时大彬葵花壶

李仲芳，明代万历年间江苏宜兴人，也有说是江西婺源人。史学家徐鳌润考其生卒约为1578—1642年，乃李养心之子，时大彬的得意门生。李仲芳兼家学与师承，造诣颇深，是时大彬的学生中成就最高的一位。李仲芳的作品，以筋纹造型居多，尤其擅制小壶，风格上偏重于文巧精雅，陶业界戏称其为"老兄壶"。李仲芳对制壶技艺的追求非常认真，他的作品经常得到时大彬的赏识，以至"大彬见赏而自署款识"，大师敢于在他人作品上署上自己的名款，这无疑是最高的认可。这从一个侧面证明了李仲芳制壶技艺的高超，文献记载中就有"李大瓶，时大名"的传言，但这也给后人鉴别时大彬壶带来了很多不便。

徐士衡，字友泉，明代万历年间宜兴制壶名家，也有说是江西婺源人。史学家徐鳌润考其生卒约为1576—1643年。徐士衡题款喜作"友泉"二字，为时大彬的得意门生。他善配土色，变幻出海棠红、朱砂紫、定窑白、冷金黄等多种泥色。他还擅长仿制古器，创造了汉方、菱花等各种造型的壶，使紫砂工艺更进一步。

2. 清代壶艺名家

承接明代的良好势头，紫砂茶具的发展在清代达到了巅峰状态，最著名的壶艺大家当推惠孟臣、陈鸣远、陈曼生和邵大享。

（1）惠孟臣

惠孟臣，江苏宜兴人，生卒年不详，大致活动于明末清初。他壶技出众，独树一帜，以制小壶著称于世。他的作品大壶浑朴，小壶精妙；泥质朱紫者多，白泥者少；出品则小壶多，中壶少，大壶则极为罕见。其所制小壶容量仅有60~100毫升，形制有圆有扁，也有束腰平底者。后人把其作品称为"孟臣罐"，成为工夫茶饮场合不可缺少的"四宝"之一。惠孟臣的作品，因其小巧玲珑，很受欧洲人欢迎，对欧洲早期制壶工艺影响很大。作为"孟臣罐"的鼻祖，惠孟臣在闽、粤、港、台地区的名声最盛，且历久不衰。惠孟臣小壶如图4-46所示。

图4-46　惠孟臣小壶

（2）陈鸣远

陈鸣远，号壶隐、鹤峰、石霞山人，生卒年不详，清代康熙、雍正年间江苏宜兴人。陈鸣远是时大彬后一代大师，他聪慧好学，技艺精湛，雕镂兼长，善翻新样，富有独创精神。其所制壶、杯、瓶、盒，无一不巧，构思脱俗，调色巧妙；所镌款识，书法雅健，有晋唐之风。他擅长将茗壶制成瓜果样式，可以说是紫砂壶史上技艺最为全面精湛的名师。其代表作品有南瓜壶、莲形银配壶、束柴三友壶等。清代陈鸣远束柴三友壶如图4-47所示，包袱壶如图4-48所示，南瓜壶如图4-49所示。

图4-47　清代陈鸣远束柴三友壶

图 4-48　清代陈鸣远包袱壶

图 4-49　清代陈鸣远南瓜壶

陈鸣远对自然型砂壶的造诣相当之高，在这一层面，他的成就已超过了以时大彬为代表的明代紫砂器大家。在工艺发展的基础上，陈鸣远既能继承传统，吸取前人制壶的先进经验，又不囿于传统，敢于打破常规，把视野转向自然界，把树桩、梅枝等"搬"到紫砂器上，并充分吸收其意趣，刻意模仿，做成几可乱真的"象生器"。自此以后，自然造型的紫砂风靡一时，单纯的几何造型紫砂器逐渐走向没落，紫砂工艺发展的新局面至此由陈鸣远开创。

继陈鸣远之后，紫砂壶业出现了一股新潮。这股潮流将壶艺和诗词、书画、篆刻真正结合为一个整体，紫砂壶的艺术境界被推到了一个更高的层次。领导这股潮流的主要人物，却不是真正的陶业中人，他就是名噪一时的陈曼生。

（3）陈曼生

陈曼生，名鸿寿，字子恭，号曼生、曼公、恭寿、曼寿、曼龚、老曼、曼道人，别号种榆老人、种榆仙吏、种榆道人、种榆仙客、西湖渔者、西湖渔隐等，清代乾隆、嘉庆年间浙江杭州人。他是清代著名书法家、画家、篆刻家、诗人，又工竹刻，是当时著名的"西泠八家"之一。他酷爱紫砂,千方百计、不计成本地收藏。他曾在与宜兴县紧邻的溧阳县(今溧阳市)担任县令,当时紫砂业处于低落期,他着意振兴壶业,与制壶名手杨彭年、杨宝年、杨凤年兄妹交往甚密,见其所制紫砂壶精妙可爱,于是对紫砂壶的设计、制作产生了浓厚的兴趣。清代曼生壶如图4-50所示。

图4-50　清代曼生壶

陈曼生以其超众的审美能力和艺术修养,"自出新意,仿造古式",设计了众多壶式,后人把他参与设计、杨氏兄妹制作的紫砂壶称为"曼生壶"。曼生壶共有十八式,即后世所称"曼生十八式",它最主要的特点是去除烦琐的装饰和陈旧的样式,务求简洁明快;另外,在壶身上留有大块空白,在上面镌刻诗文警句等。这些诗文的作者大都是陈曼生,其余的为幕府之友江听香、郭频迦、高爽泉、查梅史等人创作,文字都是与茶事有关的诗句,清雅隽永,耐人寻味。

一般说来,"曼生壶"在任何一种样式上都有题识:

1)石铫式,上题:"铫之制,抟之工;自我作,非周种。"

2)汲直,上题:"苦而旨,直其体,公孙丞相甘如醴。"

3)却月,上题:"月满则亏,置之座右,以为我规。"

4)横云,上题:"此云之腴,餐之不臞,列仙之儒。"

5)百衲,上题:"勿轻短褐,其中有物,倾之活活。"

6)合欢,上题:"蠲忿去渴,眉寿无割。"

7)春胜,上题:"宜春日,强饮吉。"

8)古春,上题:"春何供,供茶事;谁云者,两丫鬟。"

9)饮虹,上题:"光熊熊,气若虹;朝闻阊,乘清风。"

10)瓜形,上题:"饮之吉,瓠瓜无匹。"

11）葫芦，上题："作葫芦画，悦亲戚之情话。"

12）天鸡，上题："天鸡鸣，宝露盈。"

13）合斗，上题："北斗高，南斗下；银河泻，阑干挂。"

14）圆珠，上题："如瓜镇心，以涤烦襟。"

15）乳鼎，上题："乳泉霏雪，沁我吟颊。"

16）镜瓦，上题："鉴取水，瓦承泽；泉源源，润无极。"

17）棋奁，上题："帘深月回，敲棋斗茗，器无差等。"

18）方壶，上题："内清明，外直方，吾与尔偕臧。"

其实，曼生壶远不止十八式，据考察，曼生壶的样式至少有40种之多，大概当初陈曼生设计初始确为十八式，而后不断创新发展，新的款式不断增多。

曼生壶制作数量较大，存世精品也较多。因为其名气大、身价高，民间仿制品也比比皆是，附庸风雅与趋利当为主要原因，但这正说明曼生壶在文人学士、平民显贵心目中的分量。曼生壶的问世，是陶业史上的一大创举。

（4）邵大亨

邵大亨，江苏宜兴上岸（上袁）里人，清代道光年间制壶高手。他少年得名，秉性刚烈，情趣闲逸，技艺超群，特别精于制作几何造型紫砂壶，作品浑厚庄重、气势宏伟；制作的自然造型作品也是结构谨严、技法流利，为宜兴砂艺一代巨匠。邵大亨性情孤傲，不畏权势，非他所愿，一壶千金也不可得。他的代表作鱼化龙壶，设计精巧不俗，其壶盖上有一龙头，举壶斟茶时，龙头及龙舌会向前伸出，改变了壶钮固定不动的传统做法，堪称邵壶之绝。邵大亨所制紫砂壶传世不多，致使他的名气也要比先前的杨彭年等人稍逊，但他的制壶技法对后世的影响相当之大。鱼化龙壶如图4-51所示。

图4-51　鱼化龙壶

3. 近现代壶艺名家

进入20世纪中期，紫砂器具生产逐步得到发展，相继涌现了一批近代壶艺大师。

（1）任淦庭（1889—1968年）

任淦庭，原名干庭，著名紫砂陶刻名家。他自幼喜爱书画，艺成后潜心钻研紫砂陶刻技艺，特别注重写意笔墨的线描变化，讲究各体书法、文学诗词、辞章与短句，使陶刻装饰与紫砂艺术风格和谐而又协调。

他善于在各种紫砂茶具、花盆、鼎罐上陶刻装饰山水、花卉、翎毛、人物等。任淦庭所雕刻书法，笔力遒劲，正草隶篆各领风骚，尤以大篆和古隶见长，图画随意刻绘，自成章法，为紫砂陶刻界杰出的代表人物之一。

他的代表作品有"和平幸福""母女种菜""八仙上寿""春到农村""田间归来""溪水罱泥""月月红""婆媳养猪"等。

（2）裴石民（1892—1976年）

裴石民，又名云庆、德铭，当代宜兴紫砂名师，宜兴蜀山南街人。他15岁开始学习陶器制坯技艺，22岁到陶器公司制作紫砂器，34岁时由江左臣介绍到上海，为古董商仿制紫砂古代作品。1955年，他参加宜兴蜀山陶业生产合作社，从事紫砂设计制作。他善制紫砂茗壶、文房清玩和花果小品，如水丞（水盂）、杯盘、炉鼎和蟹、蚕等，造型别致，形式典雅。

他善于不断变化款式，创新立异，其作品形态各异、生动有趣。他对修复古代紫砂作品具有丰富的经验，对泥色配置、形制的掌握有独到的功力，曾为供春树瘿壶配盖，为清代圣思紫砂桃形杯配托，是紫砂历史上不可多得的能工巧匠之一。

他的代表作品有"狮球""狮灯""狮座"系列壶，以及"松鼠葡萄壶"等。

（3）吴云根（1892—1969年）

吴云根，又名芝莱，当代宜兴紫砂名师，宜兴和桥人。他14岁师从紫砂制壶名工汪升义学艺，与汪宝根、朱可心为师兄弟。1915年，吴云根应邀去山西省平定县平民陶瓷厂任技师，返宜兴后在铁画轩工作；1929年，受聘于南京中央大学陶瓷科任技术员；1932年，受聘于江苏省宜兴陶瓷职校窑业科任技师；1954年，参加宜兴蜀山陶业生产合作社；1956年，被江苏省政府任命为技术辅导员，徒辈中名艺人有吕尧臣、吴震、何挺初、葛明仙等。吴云根擅长竹器制作，作品多次选送参加国内外大展,为各大博物馆、文物馆收藏。他的代表作品有孤菱壶、传炉壶、线云壶、柿子壶、线圆壶等。

(4) 王寅春 (1897—1977 年)

王寅春,当代宜兴紫砂名师,出生于江苏镇江一户贫民家庭。他 13 岁拜赵松亭为先生,在其陶坊随金阿寿为师,学习紫砂陶艺。1921 年起,他因制坯手艺特好而名扬上海。1935 年,王寅春在上海仿制古代紫砂制品;1937 年,他返乡以自产自销紫砂制品为生;1955 年参加宜兴蜀山陶业生产合作社。

王寅春制作的各式工夫茶壶十分有名,一天能做十多件,且件件佳品。因此,他以多产、速度快、质量好而著名。他技术全面,工艺卓越,不论花货、光货,各式皆精。其作品深受追捧,收藏价值非常高,人们将出自王寅春之手的紫砂壶称为"寅春壶",壶上都刻有"寅春"字样。他的代表作品有六方菱花壶、半菊壶、汉群壶、亚明方壶、小梅花壶等。

(5) 朱可心 (1904—1986 年)

朱可心,原名凯长,取名可心,为当代宜兴紫砂名师。他 15 岁拜紫砂名工汪升义(汪生义)为师,开始紫砂生涯;1931 年受聘于江苏省宜兴陶瓷职校窑业科任教员。他天资聪敏,勤奋好学,善众家之长,不拘一格,刻意求新。他擅长花货造型,喜以松、竹、梅为题材,所做茗壶生意盎然、韵神俱佳,代表作品有鱼化龙壶、竹段松梅壶等。

(6) 顾景舟 (1915—1996 年)

顾景舟,原名景洲,名号有曼晞、瘦萍、武陵逸人、荆南山樵及壶叟等,中国工艺美术大师,江苏省宜兴市川埠乡上袁村人。他少年读书时研读古文,18 岁时家道中落,随母邵氏制作紫砂陶器。他刻苦磨炼技法,20 岁时便跻身于紫砂名工之列。

他以邵大亨为楷模,深入钻研紫砂陶瓷工艺知识,以及相关书法、绘画、金石、篆刻等知识。他的作品有其独特的艺术风格,造型雄健严谨,线条流畅和谐,品格古朴高雅而深意无穷,散发浓郁的东方艺术特色。他对紫砂历史、传器的断代与鉴赏都有独到的见解,是近代紫砂陶艺大家中最杰出的一位代表,被誉为"壶艺泰斗""一代宗师"。他的代表作品有僧帽壶、汉云壶、三羊喜壶、汉铎壶等。顾景舟井栏壶如图 4-52 所示。

图 4-52　顾景舟井栏壶

(7) 蒋蓉 (1919—2008 年)

蒋蓉，别号林凤，女，中国工艺美术大师，江苏省宜兴市潜洛村人。她出身陶艺世家，11 岁就随父母学艺，1940 年到上海向其伯父蒋鸿高学习仿制古代紫砂技艺，1945 年回宜兴，1954 年被聘为紫砂生产工场技术辅导。

她擅长花货塑器制作，作品以陈设观赏性为主。其作品构思奇特、配色巧妙、工艺精细、形象逼真、生意盎然，且自成一格。紫砂果品是她的拿手杰作。她运用五彩斑斓的紫砂泥料，巧妙地制成核桃、花生、西瓜子、乌菱、荸荠、板栗、茨菇、白果、葵花子等形，表面纹理、形象色泽都做得十分自然生动、韵致怡人，足可以以假乱真。

她的代表作品有荷花壶、牡丹壶、金瓜壶、菱形壶、南瓜烟缸等。蒋蓉的荷叶青蛙壶如图 4-53 所示，藕壶如图 4-54 所示。

图 4-53　荷叶青蛙壶

图 4-54　藕壶

培训项目 5

其他茶具的特色

不同材质的茶具都有其出现与存在的理由,有其自身的特色,大多与不同时期的科技发展水平或当地特产有关。

一、玻璃茶具

玻璃茶具一般是将石英砂与石灰石、纯碱等混合后,在高温下熔化、成型,再经冷却后制成的。玻璃质地透明,光彩照人,可塑性大,用它制成的茶具,形态各异,用途广泛,加之价格低廉、购买方便,深受茶人好评。

在众多的玻璃茶具中,以玻璃杯最为常见,用它泡茶,便于欣赏茶汤色泽和茶叶的姿态,茶叶在整个冲泡过程中上下起浮,犹如跳舞,可以说是一种动态的艺术欣赏。特别是用玻璃杯来冲泡细嫩名优茶,最富欣赏价值。玻璃茶具用于家居待客,也不失为一种好的选择。但美中不足的是,玻璃茶具质脆,易破碎,导热快,较烫手。

二、金属茶具

从宋代开始,古人对金属茶具褒贬不一。元代以后,特别是从明代开始,金属茶具逐渐消失,少有人使用。但金属储茶器具如锡瓶、锡罐等,却屡见不鲜。

金属储茶器具的密闭性好,具有较好的防潮、避光性能,更有利于散茶的储藏。

三、漆器茶具

福州生产的脱胎漆茶具的制作精细复杂,先做成木胎或泥胎模型,其上用夏布或绸料以漆裱上,再连上几道漆灰料,然后脱去模型,再经填灰、上漆、打磨、装饰等多道工序，才最终成为脱胎漆茶具。

脱胎漆茶具多为黑色，并融书画于一体，饱含文化意蕴；且轻巧美观，色泽光亮，明净照人，又不怕水浸，能耐温、耐酸碱腐蚀。脱胎漆茶具除有实用价值外，还有很高的艺术欣赏价值。

四、竹木茶具

清代，在四川出现了一种竹编茶具，它由内胎和外套组成，内胎多为陶瓷类饮茶器具，外套用精选慈竹，经劈、启、揉、匀等多道工序，制成细如发丝的柔软竹丝，经烤色、染色，再按茶具内胎形状、大小编织嵌合，使之成为整体如一的茶具。

竹编茶具不但色调和谐、美观大方，而且能保护内胎，减少茶具损坏，泡茶后不易烫手，既是一种工艺品，又富有实用价值。人们购置竹编茶具，一般不在其用，而重在摆设和收藏。

培训模块 五

品茗用水知识

学习目标

1. 了解水质的分类。
2. 熟悉品茗用水的分类。
3. 掌握品茗用水的选择方法。

学习重点

水质和品茗用水的分类、品茗用水的选择方法。

关键词

软水　硬水　天水　地水　再加工水　择水

内容结构图

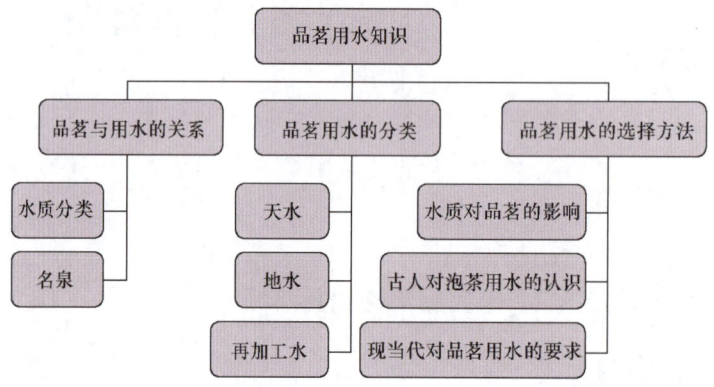

培训项目 1

品茗与用水的关系

"水为茶之母",泡茶离不开水,好茶要通过水的冲泡才能以一杯茶汤的形式呈现出来,从而被人们享用,水质的好坏往往能直接影响茶汤的质量。从古至今,但凡提到茶事,总是将茶与水联系在一起。中国传统茶艺历来认为泡茶的水质十分重要,茶叶的色、香、味都要靠水才能得以展现。有好茶,无好水,则难得真味。

一、水质分类

现代科学研究证明,水有软水和硬水之分。人们在选择泡茶用水时,要对水的软硬度与茶汤品质高低的关系进行了解。因为,不同的水质对茶汤有不同程度的影响,其中两个重要因素是水的软硬度和pH的大小。

1. 硬水

每升水中钙、镁离子的含量大于8毫克,称为硬水。硬水包括泉水、江河水、溪水、自来水和一些地下水。用硬水泡茶,茶汤发暗,滋味发涩。这是因为硬水中含有大量矿物质,使茶叶有效成分的溶解度降低,导致茶味偏淡,而且水中的一些矿物质与茶发生作用,也对茶汤品质产生了不良影响。水的硬度还会影响茶汤的酸碱度,进而影响茶汤的颜色和滋味。

(1)暂时硬水

暂时硬水的硬度是由碳酸氢钙与碳酸氢镁引起的,煮沸后可被去除,这种水称为暂时硬水。实践证明,用暂时硬水泡茶有损茶汤的滋味。但是,在饮用水条件有限的情况下,只要将水静置一段时间或者煮沸后再来泡茶,同样也能冲泡出一杯相对好喝的茶汤。

(2)永久硬水

永久硬水是指经过煮沸处理后还不能软化的水。永久硬水中的钙、镁、铁等离子与硫酸根离子及氯离子共存，生成溶解性盐从而不能沉淀分离，即不能变成软水。永久硬水不宜用来泡茶。

2. 软水

每升水中钙、镁离子的含量小于 8 毫克，称为软水。用软水泡茶，茶汤明亮，滋味鲜爽，所以软水适宜泡茶。软水中所含的溶解物质少，茶中的有效成分能迅速溶出，溶解度高，因此茶味浓厚。

大部分硬水经高温煮沸后，水中的部分钙镁离子会转化为水垢，使硬水变为软水。平时用铝壶烧开水，壶底上的白色沉淀物质就是碳酸盐。

二、名泉

1. 名泉的概念

名泉是指能被大众认可，具有一定知名度的泉水。这些名泉，大多水质清澈、水源理想，而且往往有文人墨客题诗撰文赞颂，锦上添花，令其誉满中外。

2. 名泉的特点

（1）水质：活、清、轻。"活"是指水源要活，如山涧流动的山泉。"清"是指水质要清，要求无杂质、无色、透明、无沉淀物。"轻"是指水体要轻，水的比重越大，说明溶解的矿物质就越多。

（2）水味：甘、洌。"甘"是指水味要甘甜，入口之后，舌尖顷刻便会有甜滋滋的感觉，咽下去后，喉中也有甜爽的回味。"洌"是指水要有冷寒之意，因为寒洌之水大多出于地层深处的泉脉之中，受污染的机会较少，泡出来的茶汤滋味醇正。

3. 古今名泉

中国历代古人为名泉好水做出了判定，为后人对泡茶用水的研究提供了非常丰富的历史资料。

（1）"七水""二十水"之说

张又新的《煎茶水记》一书中提到刘伯刍所品七水："扬子江南零水第一，无锡惠山寺石泉水第二，苏州虎丘寺石泉水第三，丹阳县观音寺水第四，扬州大明寺水第五，吴松江水第六，淮水最下第七。"

《煎茶水记》中还提到陆羽曾品评二十水："庐山康王谷水帘水第一；无锡县惠山寺石泉水第二；蕲州兰溪石下水第三；峡州扇子山下有石突然，洩水独清冷，状如龟形，俗云虾蟆口水第四；苏州虎丘寺石泉水第五；庐山招贤寺下方桥潭水第六；扬子江南零水第七；洪州西山西东瀑布水第八；唐州柏岩县淮水源第九，淮水亦佳；庐州龙池山岭水第十；丹阳县观音寺水第十一；扬州大明寺水第十二；汉江金州上游中零水第十三，水苦；归州玉虚洞下香溪水第十四；商州武关西洛水第十五，未尝泥；吴松江水第十六；天台山西南峰千丈瀑布水第十七；郴州圆泉水第十八；桐庐严陵滩水第十九；雪水第二十，用雪不可太冷。"

（2）"七十二泉"之说

世人常以七十二名泉，描述古城济南泉水之多。

此说来源于《齐乘》一书，书中记载了金代《名泉碑》所列七十二泉，有趵突、百脉、黑虎、金线、皇华、柳絮、卧牛、漱玉、无忧、石湾、酒泉、湛露、满井、散水、溪亭、濯缨、灰泉、知鱼、朱砂、刘氏、登州、望水、浅井、马跑、香泉、鉴泉、杜康、金虎、东蜜脂、西蜜脂、孝感、玉环、罗姑、混沙、灰池、南珍珠、芙蓉、滴水、灰湾、悬清、双桃、温泉、汝泉、龙门、染池、悬泉、都泉、柳泉、车泉、炉泉、白虎、甘露、林汲、白泉、金沙、白龙、花泉、独孤、醴泉、浆水、苦苣、熨斗、鹿泉、龙居等。

（3）"天下十大名泉"之说

"茶圣"陆羽在游历大江南北、访遍天下名泉后，根据所品泉水特色，评选出"天下十大名泉"。它们分别是：天下第一泉——江西庐山的水帘水（谷帘泉），天下第二泉——江苏无锡惠山寺石泉水，天下第三泉——湖北浠水县兰溪石下水，天下第四泉——江西上饶陆羽泉，天下第五泉——江苏扬州大明寺水，天下第六泉——江西庐山招隐泉，天下第七泉——安徽蚌埠白乳泉，天下第八泉——南昌湾里"洪崖瀑布"，天下第九泉——鄂豫交界桐柏山的淮水源，天下第十泉——安徽六安龙池水。

（4）"天下第一泉"之说

"天下第一泉"有七处，分别是：庐山的水帘水（谷帘泉）、镇江的中泠泉、北京的玉泉、济南的趵突泉、峨眉山的玉液泉、安宁的碧玉泉和敦煌的月牙泉。

培训项目 2

品茗用水的分类

水质分类，是指按照水的品质特征进行分类。而品茗用水分类，则是从适宜冲泡茶叶的角度来考量，将水分为天水、地水和再加工水。

一、天水

古人称用于泡茶的雨水和雪水为天水，也称天泉。用这些天然水泡茶应该注意水源、环境、气候等因素。

1. 雨水

雨水是比较纯净的，虽然雨水在降落过程中会碰上尘埃、二氧化碳等物质，但其含盐量和硬度都很小，历来就被用来煮茶。另外，不同季节的雨水用来泡茶会有很大差异。秋季，天高气爽，尘埃较少，雨水清冽，用来泡茶滋味爽口回甘；梅雨季节，和风细雨，温湿度有利于微生物滋生，雨水用来泡茶品质较次；夏季，雷阵雨常伴飞沙走石，水质不净，雨水用来泡茶茶汤混浊，不宜饮用。

2. 雪水

雪水历来受到古代文人和茶人的喜爱。唐代白居易《晚起》中的"融雪煎香茗"，宋代辛弃疾词中的"细写茶经煮香雪"，元代谢宗可《雪煎茶》中的"夜扫寒英煮绿尘"，清代袁枚文中的"就地取天泉，扫雪煮碧茶"，清代曹雪芹《红楼梦》中"扫将新雪及时烹"等，都是描述用雪水烹茶的。尤其《红楼梦》中"贾宝玉品茶栊翠庵　刘姥姥醉卧怡红院"一回，将取雪烹茶描绘得更加有声有色。这一回说的是贾母带了刘姥姥等人至栊翠庵，要妙玉拿好茶来饮。妙玉用旧年蠲的雨水，泡了一杯"老君眉"给贾母。随后妙玉拉宝钗、黛玉进了耳房去吃"梯己茶"，宝玉也悄悄跟了来。妙玉用梅花上的雪水泡茶给他们品，"宝玉细细吃了，果觉轻淳无比，赞赏不绝"。黛玉问妙玉："这水也是旧年的雨水？"妙玉回答：

"……这是……收的梅花上的雪……"《冷庐杂识》中也有乾隆皇帝"遇佳雪,必收取,以松实、梅英、佛手烹茶,谓之三清"的记载。可见,乾隆对雪水也是颇有好感的。

二、地水

在自然界中,山泉、江、河、湖、海、井水统称为"地水"。

1. 泉水

明代《茶笺》一书认为"山泉为上,江水次之"。泉水水源多出自山岩壑谷或地层深处,流出地面的泉水经多次渗透过滤,水质一般比较稳定,所以有"泉从石出情宜冽"之说。但是,在渗透过程中泉水溶入了较多的矿物质,不同的泉水,其含盐量、硬度等就有较大的差异。所以,不是所有的泉水都是上等的,有的泉水如硫黄矿泉水甚至不能饮用。

《茶经》还指出:"其山水,拣乳泉,石池漫流者上。"这是说,从岩上石钟乳滴下,在石池里经过沙石过滤的而且是缓慢流动的泉水为最好。泉水,清澈宜茶。古人有不少茶诗都吟咏了泉水,如宋代《赏茶》诗曰:"自汲香泉带落花,漫烧石鼎试新茶",蔡廷秀的《茶灶石》曰:"仙人应爱武夷茶,旋汲新泉煮嫩芽",都是清新绝佳的咏泉诗作。

2. 江、河、湖水

江、河、湖水均为地面水,所含矿物质不多,通常有较多杂质,混浊度大,受污染较重,情况较复杂,所以江水一般不是理想的泡茶用水。但我国地域广阔,有些未被污染的江河湖水澄清后用于泡茶,也很不错。

宋代诗人杨万里曾写诗描绘船家用江水泡茶的情景,诗云:"江湖便是老生涯,佳处何妨且泊家,自汲松江桥下水,垂虹亭上试新茶。"明代许次纾在《茶疏》中说:"黄河之水,来自天上,浊者土色也。澄之既净,香味自发。"说明有些江河之水,尽管混浊度高,但澄清之后,仍可饮用。通常靠近城镇之处的江河水易受污染。《茶经》中提道:"其江水,取去人远者。"也就是到远离人烟的地方去取江水。千余年前况且如此,如今环境污染更为严重,因此许多江水需要经过净化处理后才可饮用。

3. 井水

井水属于地下水,是否适宜泡茶不可一概而论。有些井水水质甘美,是泡茶好水,如北京故宫博物院文华殿东"大庖井",曾经是皇宫里的重要饮水来源。但是，一般浅层地下水易被地面污染，水质较差，所以深井比浅井好。此外，城市里的井水受污染多，多咸味，一般不宜泡茶；而农村井水受污染少，水质好，适宜饮用。

三、再加工水

再加工水是指将天水、地水经过再次加工的水品。再加工方式主要有两种：一是进行水质纯净，二是进行物质添加。

1. 自来水

自来水为最常见的生活饮用水，属于加工处理后的天然水，为暂时性硬水。《生活饮用水卫生标准》（GB 5749—2006）明确生活饮用水中不得含有病原微生物，不得含有危害人体健康的化学物质和放射性物质，生活饮用水应经消毒处理，且感官性状良好。

2. 纯净水

纯净水指的是不含杂质的水，简称净水或纯水，是纯洁、干净、不含有杂质或细菌的水。纯净水通过电渗析法、离子交换器法、反渗透法、蒸馏法及其他适当的加工方法制得，不含任何添加物，无色透明，可直接饮用。

3. 矿物质添加水

矿物质添加水一般以城市自来水为原水，经过净化加工、添加矿物质、杀菌处理后灌装而成。也就是说，所谓矿物质添加水，就是先把自来水加工成纯净水，再添加氯化钾等食品添加剂勾兑出来的。不同的企业添加的矿物质及含量不同，如果添加过多，或长期大量饮用这种含有添加剂的所谓矿物质添加水，很可能会对健康造成不良影响。

4. 瓶装矿泉水

除了用天然山泉水泡茶之外，还可以选择用瓶装矿泉水泡茶。矿泉水原料取自山泉，运用现代工艺技术进行灭菌处理，通过食品安全检测再灌装销售。

培训项目 3　品茗用水的选择方法

品茗，既要讲究茶叶，也要选择用水。明代张源在《茶录》中就明确指出："茶者水之神，水者茶之体。"所以，选好品茗用水是茶艺的基本功夫。

一、水质对品茗的影响

选择泡茶用水时，要尽量使用适合于泡茶的软水。因为软水中的钙、镁离子含量较低，有利于茶叶有效物质浸出。在自然界，雪水、雨水，以及人工加工而成的纯净水、蒸馏水是软水；而泉水、江水、溪水、湖水、井水等水源中有一部分是软水，另外一部分是硬水。由于现代工业排出的废水和废气造成环境污染，使得泉水、江水、溪水、湖水、井水也都受到了不同程度的污染，因此不适合直接泡茶；而雨水和雪水，虽然未曾落地，但是也因受大气污染而含有大量的尘埃和其他溶解物，因此也不适合直接用于泡茶。不同的水质对茶汤会产生不同影响。

1. 对茶味的影响

水的软硬度对茶味的影响至关重要。用软水泡茶，茶味浓厚；用硬水泡茶，茶味偏淡。同时，水中的一些物质会与茶发生作用，对茶味产生不良影响。

2. 对汤色的影响

水的软硬度还会影响水的酸碱度，从而影响茶汤的颜色。

3. 对溶解有效成分的影响

水的软硬度会影响茶叶有效成分的溶解度。软水含其他溶质少，茶叶有效成分的溶解度高。而硬水中含有较多的钙、镁离子和矿物质，茶叶有效成分的溶解度低。由此可见，泡茶用水以选择软水或暂时硬水为宜。

二、古人对泡茶用水的认识

茶叶必须通过水的冲泡才能被人们享用,水的好坏直接影响茶汤的色、香、味。杭州的"龙井茶、虎跑水"俗称杭州"双绝"。"扬子江心水,蒙顶山上茶"闻名遐迩。佳茗须有好水匹配,方能相得益彰。

古往今来,但凡提到茶事,总是将茶与水联系在一起,不少古籍茶书中对于古人对水的认识及选择都有专门记载和论述。古人品茗,必到野外寻好泉、找好茶。

1. 唐代

关于宜茶之水,陆羽在其所著《茶经》中便曾详加论证。他说:"其水,用山水上,江水中,井水下。其山水,拣乳泉、石池漫流者上;其瀑涌湍濑勿食之,久食令人有颈疾。又多别流于山谷者,澄浸不泄,自火天至霜郊以前,或潜龙蓄毒于其间。饮者可决之,以流其恶,使新泉涓涓然,酌之。其江水,取去人远者;井水,取汲多者。"陆羽对水的要求,首先是要远市井,少污染;重活水,恶死水。故其认为山中乳泉、江中清流为佳。而沟谷之中,水流不畅又在严夏者,有各种毒虫或细菌繁殖,当然不宜饮。而究竟哪里的水好,哪里的水劣,还要经过茶人反复实践与品评。其实,陆羽早在撰写《茶经》之前,便十分注重对水的考察研究。《唐才子传》记载,他曾与崔国辅"相与较定茶水之品"。崔国辅早在天宝十一年便到竟陵为太守,此时的陆羽刚及弱冠,可见陆羽此时已开始在研究茶品的同时研究水品。

在陆羽水品研究的基础上,后代茶人对水的鉴别一直十分重视,以至于出现了许多鉴别水品的专门著述,最著名的当数唐代张又新的《煎茶水记》,其他茶学专著也大多兼有对水品的论述。

2. 宋代

宋代大诗人苏东坡的《汲江煎茶》诗中有"活水还须活火烹,自临钓石取深清",宋代唐庚的《斗茶记》中有"水不问江井,要之贵活",南宋末年政治家、文学家文天祥有"扬子江心第一泉,南金来此铸文渊。男儿斩却楼兰首,闲品茶经拜羽仙"的诗句。另外,北宋蔡襄在《茶录》中指出"水泉不甘,能损茶味";宋代欧阳修的《大明水记》、宋人叶清臣的《述煮茶小品》等,都有对泡茶用水的描述。宋代斗茶强调茶汤以白取胜,注重山泉之清者。水中上品济南之趵突泉,早在郦道元于北魏时期所著的《水经注》中即有记述;据说宋时曾巩就曾以之试茶，盛赞其味；后经《老残游记》的艺术渲染，更吸引多少名士和游人前来观赏品味。

3. 明代

明代田艺蘅的《煮泉小品》认为"味美者曰甘泉，气芳者曰香泉"，强调了品茶之水在于甘，只有甘美之水才能烹出茶味。云南安宁碧玉泉，据说为明代著名地理学家徐霞客认定的"天下第一泉"。此泉为温泉，景既奇，水又甘，故可烹茶，徐氏认为其"虽仙家三危之露，伟地八巧之水，可以驾称之，四海第一汤也"。明代张大复在《梅花草堂笔谈》中提出："茶性必发于水，八分之茶遇水十分，茶亦十分矣；八分之水，试茶十分，茶只八分耳。"说明茶的色、香、味都是借水性而发，告诉我们如要享受茶汤的香醇美味，水的选择是极其重要的，直接影响了茶汤的品质、香气和滋味。

4. 清代

酷爱喝茶的乾隆皇帝对水质也有自己的独到见解。他曾游历南北名山大川，每次出行常令人特制银质小斗，严格称量每斗水的不同质量。最后得的结果是：北京西郊玉泉山和热河（今承德地区境内）的水质最轻，皆斗重一两；而济南珍珠泉斗重一两二厘，扬子江金山泉斗重一两三厘。有无更轻于玉泉山者，乾隆说："有，乃雪水也"。但雪水不易恒得，故乾隆以轻重为首要标准，认为京西玉泉山为天下第一泉。玉泉山被称为"天下第一泉"，其实不仅仅因为泉水水质好，一是乾隆皇帝偏爱；二是京师当时多苦水，明清宫廷用水每年取自玉泉；三是玉泉山景色当时确实幽静佳丽。当时玉泉位于玉泉山南麓，泉水自高处"龙口"喷出，琼浆倒倾，碧水清澄如玉，故得"玉泉"之名。可见，被视为好水者，除水品确实高美外，与茶人的审美情趣也有很大关系。

三、现当代对品茗用水的要求

由于环境和生活节奏的改变，现当代人一般选用方便、洁净的自来水、纯净水、矿泉水泡茶。为了提高茶汤品质，如选用自来水，需设法去除氯气；选用矿泉水，则应选择钙、镁离子含量少的软水。

1. 现当代鉴水标准

现当代人在选择泡茶用水时，有条件的可以通过测定水的物理性质和化学成分来鉴定水质。鉴定水质常用的主要指标如下 5 类。

（1）悬浮物含量

悬浮物含量是指经过过滤分离出来的不溶于水的固体混合物的含量。

（2）溶解固形物含量

溶解固形物含量是指水中溶解的全部盐类的总含量。

（3）硬度

硬度通常是指天然水中最常见的钙、镁离子的含量。

（4）碱度

碱度是指水中能与强酸发生中和作用的物质的总量。

（5）pH

pH 表示溶液酸碱度。

如没有条件进行检测，应选用清洁、无色、无味的水泡茶，现代城市中很容易购得的矿泉水、纯净水都是上好的泡茶用水，被广大的茶艺馆经营者所青睐。

2. 现当代品茗用水选择

现当代品茗用水选择必须符合国家饮用水的卫生标准，以软水泡茶为好。另外，在选水用水过程中应把握"生态、节能"的原则。

（1）自来水

凡能达到国家饮用水卫生标准的自来水都可以用来泡茶。自来水中含有较多的氯气，氯离子会使茶叶中的多酚类物质氧化，影响汤色，破坏茶味，如一定要用，使用前应经过过滤器过滤，或静置后再用来泡茶。

（2）矿泉水

矿泉水中含有锂、锶、锌、硒、溴化物、碘化物、偏硅酸、游离二氧化碳和溶解性总固体。人们一般会认为，矿泉水是最好的泡茶用水，但事实上市场上销售的矿泉水并非全是软水，其中有一部分属于硬水。所以，我们最好选择钙、镁离子含量小于 8 毫克/升的软水来泡茶。

（3）纯净水

用纯净水泡茶能较好地使茶汤呈现出其应有的滋味和香气，但是纯净水并不适合长期用来泡茶。因为纯净水在净化过程中，在消除有害物质的同时，也除去了人体所需的矿物质和微量元素。更值得注意的是，用纯净水泡茶，茶叶中的有益物质不但不能被人体吸收，还会部分流失。所以不要经常使用纯净水泡茶，偶尔选用清洁的自来水泡茶也是不错的。

（4）矿物质添加水

矿物质添加水中含有多种矿物质，用于泡茶有益有弊。例如，矿物质添加水中往往含有氯离子和较多的铁离子。泡茶时如果水中铁离子含量大于0.5‰，就会使茶汤变色呈褐色，茶里面的茶多酚和氯化物发生反应会在茶汤表面产生"锈油"，使茶叶中的多酚类物质被氧化，影响汤色，破坏茶味，让茶汤有苦涩味。

因此选用矿物质添加水泡茶应视情况而定，如果矿物质含量过高建议不要直接用来泡茶，而是经过过滤或者净化处理后再使用。

（5）桶装水

桶装水是采用城市自来水为原水，再经过净化处理后的纯净水，或者进行再添加的再加工水，采用桶装的方式便于运输和储存。

用桶装水来泡茶，出汤较慢，且桶装水含氧量较低，缺乏活性，所以冲泡茶叶时香气表现不充分，影响茶水口感，泡出的茶汤效果不好。虽然它有方便实用的优点，但在条件允许的情况下最好不要用桶装水泡茶。

培训模块 六

茶艺基本知识

学习目标

1. 熟悉品饮要义。
2. 掌握冲泡技巧。
3. 了解合理选配茶点的方法。

学习重点

品茶要义、冲泡技巧。

关键词

品饮　冲泡　茶点

内容结构图

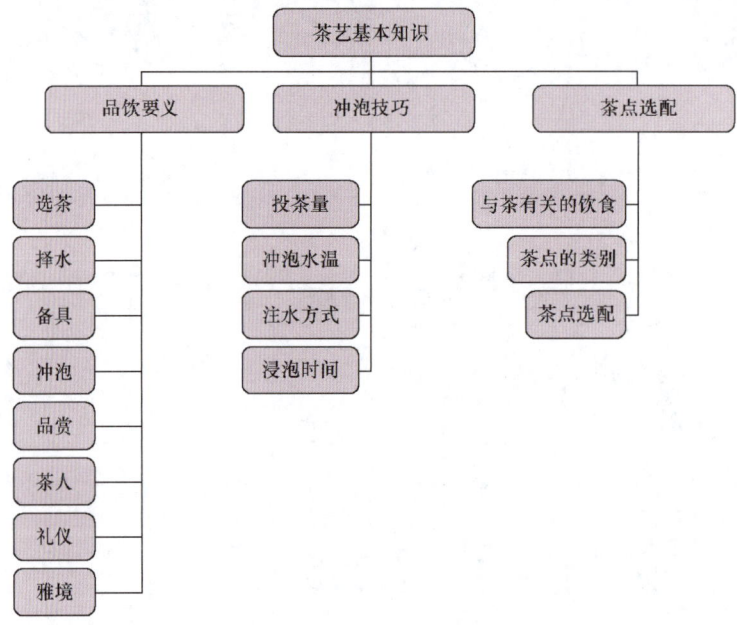

培训模块六　茶艺基本知识

培训项目 1　品饮要义

茶艺，按照狭义的理解即泡茶及品茗的技艺。要想品到一杯（壶）好茶，首先要泡好一杯（壶）茶，而要泡好一杯（壶）茶，享受好一杯（壶）茶，则需要掌握八个要点：选茶、择水、备具、冲泡、品赏、茶人、礼仪、雅境。

一、选茶

选茶即选好茶叶，但好茶的标准却因个人口味偏好和季节的不同，没有绝对的定义。例如，有人喜欢喝清醇的绿茶，有人喜欢喝馥郁的乌龙茶，有人喜欢喝甘香的花茶，有人喜欢喝厚滑的普洱茶，饮茶者各有各的爱好，各有各的追求。除却口味偏好和季节的不同，一般来说，好茶还是有客观标准的。选茶如图6-1所示。

图6-1　选茶

1. 外形

从外形来看，好茶叶必须满足整齐划一，色泽、大小、长短都一致的要求。

255

茶叶外表形状，大体有长圆条形、卷曲形、扁条形、针形、花叶形、颗粒形、圆珠形、砖形、饼形、片形、粉末形等。如果长短不一、色泽各异，不能算作好茶。其产生的原因，可能是采制时粗制滥造所造成的；也可能是零售商掺进低劣的茶叶，以此牟利。此外还要观察茶叶的色泽，好的茶叶带有油润的光泽。如果储存时间过长或保存不当，茶叶颜色就会变得暗淡。例如，放在玻璃瓶中的茶叶由于光线的照射而产生不正常的发酵，便会发生上述现象。

2. 净度

好茶应是干净匀整的，如果发现茶叶中夹有制茶后挑选不严遗留的杂物，如茶果（小如绿豆）、枝梗、沙粒、石屑等，就算不得好茶。

3. 香气

好茶具有一股清幽宜人的香气，或淡雅，或浓烈，闻之使人神闲意远。爱茶者认为好茶之香胜过花木之香。好茶要求其香气有丰富多彩的变化，有高雅脱俗的气质，有深厚的内涵，有和谐的层次。如果达到这些要求，那么无论香气属于何种类型，都具有欣赏和回味的价值。

茶叶之香包括经开水冲泡后散发出来的香气，也包括干茶的香气。香气的产生与鲜叶所含的芳香物质及茶叶制法有关。鲜叶含有的芳香物质约50种，绿茶含100多种，红茶含300多种。按香气类型可将茶叶分为毫香型、嫩香型、花香型、果香型、清香型、甜香型等。到茶叶店买茶叶，要注意茶叶的香气。因为任何品种的茶叶都带有香气，如果闻到了霉湿之气，说明茶叶已经开始变质。

4. 时间

如果是已经包装好的茶叶，要先看纸盒和金属罐上的标签，生产日期最好不要超过半年。没有标签的则看纸盒的边角是否残破，金属罐的底部是否带有锈迹或墨点，有此现象都不应选购。

二、择水

茶叶必须通过开水冲泡才能供人们享用，水质直接影响茶汤的质量，所以中国人历来非常讲究泡茶用水。

1. 水质

古人历来提倡用山上的泉水泡茶。陆羽《茶经》指出："其水，用山水上，江水中，井水下。"杭州虎跑泉、无锡惠山泉、庐山谷帘泉等都是历史上有名的泉水。在没有泉水的情况下，可以用井水，只要周围环境清洁卫生，深层且常用的井水用来泡茶也是不错的。此外，雨水、雪水、江河湖泊中的活水都可用来泡茶。自来水因含较多的氯气，需要储存在水缸和水桶中过夜，待氯气挥发后，再煮沸泡茶，或者适当延长煮沸时间，然后泡茶。现在有些茶艺馆也会使用矿泉水、纯净水来泡茶，效果也不错。

2. 用火

与水密切相关的是用火问题。明代田艺蘅《煮泉小品》即说："有水有茶，不可无火。非无火也，有所宜也。"苏轼诗云"活火仍须活水烹"，所谓活火，即炭火之有焰者。现在城市里木炭不易购到，电壶（也称随手泡）和酒精灯茗炉已成为主要的烧水器具，具有清洁卫生、简单方便的优点，又能达到活火急烧的要求，因而受到欢迎，在各茶艺馆中被普遍采用。

三、备具

要冲泡茶叶，必须有泡茶器具，这是不言而喻的。但到底需要备什么样的器具，要视具体情况而定。备具如图6-2所示。

图6-2 备具

一是看场合确定泡茶器具。根据场合明确是在家中独饮还是待客，是三五知己品茗聊天，还是聚会商谈要事。如果是一人独饮，随个人爱好，想要什么茶具就用什么茶具，有的人独饮时甚至连茶杯都不用，直接对着壶嘴啜饮。如果待客，就要选用可供客人鉴赏的器具并根据宾客口味选择的上好茶叶，两者相得益彰，使人在品茗过程中得到美的享受。如果是多人聚会商谈要事，注意力不在茶上，对茶具的要求可以适当降低。但是在茶艺馆里，则一律要求提供给客人的都是档次较高的茶具，并且要配套，不能随便拼凑组合。

二是看人数确定泡茶器具。根据品茶的人数选择泡茶壶的大小，4 人以下可用标准壶泡茶，4 人以上则要选用较大的茶壶，茶叶的投放量也要相应增加。

三是看茶叶确定泡茶器具。所选茶叶不同，茶具当然也不相同。通常饮用普通绿茶可用浙江的龙泉青瓷杯或景德镇青花瓷盖杯。饮用上等名茶（特别是明前或雨前绿茶）则用无花纹玻璃杯或景德镇白瓷、龙泉青瓷敞口杯，以便观赏茶芽的优美形态和碧绿晶莹的茶汤。饮用红茶可用广州织金彩瓷盖杯，也可用宜兴紫砂壶或涂白釉的紫砂杯。饮用乌龙茶则要求使用广东潮州工夫茶具或福建乌龙茶具。现在一些城市里的茶艺馆流行港台冲泡乌龙茶的工夫茶艺，其要求比较严格，茶具讲究实用、便利，其次才追求美观。茶具或典雅，或古朴，或现代，各有韵味，不需追求奢华高贵，更不要红红绿绿、奇形怪状，否则有喧宾夺主之嫌。

四、冲泡

冲泡是茶艺最关键的环节，能否把茶叶的最佳状态表现出来，全看冲泡技巧掌握得如何。冲泡如图 6-3 所示。

图 6-3　冲泡

冲泡不同的茶叶，要使用不同的茶具，其泡法也不相同。但是其中有几个环节却是在绝大多数茶叶冲泡过程中要共同做到的，其要求大体相同。

1. 备具

根据即将冲泡的茶叶和饮茶人数，将茶具摆放在茶桌上。

2. 煮水

根据茶叶品种及水质的选择，将水烹煮至所需温度，或是将水煮沸后再晾至所需的温度。

3. 备茶

从茶罐中取适量茶叶至茶荷中备用，如果选用的是外形美观的名茶，可让品茗者先欣赏茶叶的外形和闻干茶香。如不需赏茶，也可以从茶罐中取茶后直接入壶（杯）。

4. 温壶（杯）

将开水注入茶壶、茶杯（盏）中，以提高壶、杯（盏）的温度，同时使茶具得到再次清洁。

5. 置茶

将待冲泡的茶叶置入壶或杯中。

6. 冲泡

将温度适宜的开水注入壶或杯中，如果冲泡重发酵或茶形紧实的茶类如红茶、乌龙茶、黑茶等，第一次冲水数秒后立即将茶汤倒掉，称之为温润泡（也称润茶）。如果是名优、有机、无公害的新茶，温润泡的茶汤也可品饮。温润泡是让茶叶有一个舒展的过程，然后将开水再次注入壶中，等待片刻，即可将茶汤倒出。

7. 奉茶

无论何种泡茶方法，最终泡茶人都要将盛有香茗的茶杯奉到品茗人面前，一般应双手奉茶，以示敬意。

8. 收具

品茶活动结束后，泡茶人应将茶杯收回，壶（杯）中的茶渣倒出，将所有茶具清洁后归位。

以上是泡茶共性，但不同的茶叶和茶具，其冲泡方法各有特点，不尽相同，我们将在后面的冲泡技巧中再进行具体讲述。

五、品赏

品茶与喝茶不同。喝茶主要是为了解渴，品茶则是为了追求精神上的满足，重在意境，将饮茶视为一种艺术欣赏。唐代诗人皎然的《饮茶歌诮崔石使君》诗中就描写了他在品茗时的美妙感受："一饮涤昏寐，情思朗爽满天地。再饮清我神，忽如飞雨洒轻尘。三饮便得道，何须苦心破烦恼。"卢仝的《走笔谢孟谏议寄新茶》中也描写了喝七碗茶的不同感受。当然，我们不可能像大诗人那样浮想联翩，也未必能达到他们那种境界，但是只要具有一定的文化修养，注意品饮艺术，从品茗中获得真趣，陶冶自己的情操，是完全可能的。

一杯茶汤至少可从三个方面去欣赏：一赏茶色，二闻茶香，三品茶味。品赏如图6-4所示。

图6-4　品赏

1. 赏茶色

（1）茶的汤色

赏茶色主要是观察茶汤的颜色和茶叶的形态。冲泡后，茶叶几乎恢复到自然形态，汤色也由浅转深，晶莹澄清。各类茶叶，各有其特色，即便是同类茶叶也有各自不同的颜色。例如，绿茶汤色就有浅绿、嫩绿、翠绿、杏绿、黄绿之分，以嫩绿、翠绿为上品，黄绿为下品；红茶汤色有红艳、红亮、深红之别，以红艳为好；黄茶汤色有杏黄、橙黄之分；乌龙茶汤色有金黄、橙黄、橙红、橙绿之分。

（2）茶的形状

茶叶的形状也千差万别、各有风致，特别是一些名优绿茶，嫩度高，加工考究，芽叶成朵，在碧绿的茶汤中徐徐伸展，亭亭玉立，婀娜多姿，令人赏心悦目。有的芽头肥壮，芽叶在水中上下浮沉，最后簇立于杯底，犹如枪戟林立，让人好似回到茶林之中，重沐茶乡风光。

（3）茶汤的明亮度

茶汤以清澈明亮为最好（清澈是指无沉淀、无浮游物，明亮是指有光泽），混浊不佳，灰暗最差。

饮茶之前，先将茶汤审视一番，好好欣赏一下，是懂得品茶的表现，切勿接过茶杯，未加观察就一口吞下。

2. 闻茶香

（1）茶类闻香

好茶的香气自然醇正，闻之沁人心脾，令人陶醉；低劣的茶叶则有股烟焦味和青草味，甚至夹杂着馊臭味。

绿茶带有兰花香；红茶带有苹果香；工夫红茶则带有干果香（枣香、桂圆香）、蜜糖香；祁门红茶具有玫瑰香；武夷岩茶因原料较老含梗较多，制造时火工足，糖类焦糖化而形成一种火香，如米糕香、锅巴香等。乌龙茶则属于花香型，散发出各种类似鲜花的香气，具体又可分为清花香和甜花香两种。清花香有兰花香、栀子花香、珠兰花香、米兰花香、金银花香等；甜花香有玉兰花香、桂花香、玫瑰花香等，铁观音、包种、乌龙、水仙等茶均属于花香型。花茶因窨制用花不同，各具独特的花香，如茉莉花香、珠兰花香、米兰花香、白兰花香、玫瑰花香、栀子花香、桂花香等。

以上只是大概而言，具体到某种茶时并非如此绝对，如有些轻发酵的乌龙茶（特别是台湾地区出产的高山茶）就具有绿茶的清香，与铁观音、大红袍等有明显的区别。

（2）芳香物质闻香

茶叶香气是由多种芳香物质综合而成的，不同的茶叶有不同的香气，泡成茶汤后，会出现清香、栗子香、果味香、花香等，仔细辨认，乐趣无穷。一般而言，原料细嫩、制作精良的名优绿茶，具有清香型（香气清纯，缓缓散发，令人有愉快感）和嫩香型（香气高洁细腻、新鲜悦鼻，有的似熟板栗、熟玉米香）的香气。

总之，嗅闻茶香是品尝茶叶时最难的一环，需具备一些常识，细心品尝，并经过长期的实践才能掌握。

3. 品茶味

嗅闻茶汤的香气之后，就可开始品尝茶汤的滋味。与茶的香气一样，茶的滋味也是复杂多样的，外行人一时难以体会。不论何种茶叶泡出来的茶汤，初入口时，都有或浓或淡的苦涩味，但咽下之后，很快就口里回甘，韵味无穷。这是茶叶中所含化学成分刺激口腔各部位感觉器官（其中最主要的是舌头）的结果。

茶叶中对味觉起主导作用的物质是茶多酚（包括儿茶素及各种多酚类物质）、氨基酸，起辅助作用的是咖啡因、还原糖等化合物；红茶中还有茶黄素和茶红素等物质。在不同的条件下，这些物质的含量与组成比例的变化，表现出不同茶类的滋味特征。

茶汤入口之后，舌面上的味蕾受到各种呈味物质的刺激而产生兴奋波，经由神经传导到中枢神经，经大脑综合分析后产生不同的滋味感。舌头各部位的味蕾对不同滋味的感受不一样，如舌尖易感受甜味，舌面对鲜味最敏感，近舌根部位则易辨别苦味。所以，茶汤入口后，不要立即下咽，而要在口腔中停留，使之在舌的各部位打转，充分感受茶中的甜、酸、鲜、苦、涩五味，才能充分欣赏茶汤的美妙滋味。

六、茶人

"茶人"一词源自唐代白居易的《谢李六郎中寄新蜀茶》"不寄他人先寄我，应缘我是别茶人"。茶人实际上是喝茶、生产、销售、鉴别、爱茶等各个方面人员的统称。而在品茗过程中，人们所说的"茶人"主要是指泡茶人和饮茶人。

1. 泡茶人

人是茶艺最根本的要素，也是主导要素。在茶艺演示过程中，人之美主要表现在两个方面：一是外在表现出来的可见的仪态美；二是非直接可见但体现于各方面的心灵美。仪态美是指茶艺者形体、服饰、发型等综合的美。得体的服饰、发型能够有效地衬托茶艺演示的主题，与茶具相协调，并使观众尽快进入特定的饮茶氛围，理解、认同茶艺。例如，服饰，禅茶演示以着禅衣为宜，白族三道茶演示则宜选用具有白族特色的服装；男士的茶服以青色、灰色、黑色居多，宽松自然，上衣为长衫或对称式搭扣盘领衫，裤子一般色调较深。又如发型，个性化的发型不适宜传统的茶艺内容。天生丽质固然是人之美不可多得的因素，但较高的文化素养、得体的举止、自信的技艺、天然的灵气、优美的风度、规范的艺术语言，也是构成茶艺中人之美的重要因素。泡茶人如图6-5所示。

图6-5 泡茶人

2. 饮茶人

苏东坡在扬州石塔寺试茶时，曾在诗中云"坐客皆可人，鼎器手自洁"，所谓可人的坐客就是指与自己爱好相投的人；又云"饮非其人茶有语"，意为如果茶能说话，会对不适当的茶侣提出抗议。文人心中的茶侣往往都是超然物外的高人，如徐渭《煎茶七类》云："茶侣。翰卿墨客，缁流羽士，逸老散人或轩冕之徒，超然世味者。"在他看来，一起喝茶的人应是人品高洁之士，那些名利之徒是不配一起喝茶的。

明代茶人陆树声作《茶寮记》，在论述茶品之前先论人品，将"人品"列为第一。其中提及了人品与茶品的关系："煎茶非漫浪，要须其人与茶品相得。故其法每传于高流隐逸，有云霞泉石、磊块胸次间者。"又说："凉台静室，明窗曲几，僧寮道院，松风竹月，晏坐行吟，清谭把卷。"唯文人雅士与超凡脱俗的逸士高僧，在松风竹月、僧儒道院之中品茗赏饮，才算是与茶品相融相得，才能品尝到真茶的趣味。

人与人、人与自然万物是和谐一体的。所谓"物我两忘，栖神物外"，其实说的是人与人、人与自然和谐统一的最高境界。品茶作为一种艺术修养，也是以主客体的相合统一作为最高境界，因此对环境的选择、对人品的挑剔都是圆满完成品茶艺术的必要手段。

七、礼仪

一个人的仪容仪态是其修养和文明程度的表现。在茶艺活动中，礼仪是对泡茶人、茶艺师的要求，也是对品茶人和所有参与者的规范。任何一位人员的礼仪不端都会影响茶艺活动的雅兴与效果。这里着重谈谈茶艺师的礼仪。

礼仪在茶事服务中占有重要地位。茶艺师的身体姿态和行为举止是表达其内心世界的一个重要窗口，它比口头语言的作用更深刻、更亲切、更有说服力。在日常工作和服务中，茶艺师通过端正的仪态来传达茶艺精神，因此仪态及服务礼仪的学习和训练对茶艺师而言是非常重要的。茶艺师除了要提高自身内在修养，还要在日常生活中对行为举止进行训练，才能拥有优雅的姿态。礼仪接待贯穿茶事服务的全过程。在各个环节的服务中，礼仪接待得到具体的体现与落实，茶艺师才能最大限度地为顾客提供优质服务。

1. 姿态

茶艺师坐、站、行、施礼的身体姿势与仪态都关系到礼仪的要求。茶艺从本质上来说也是礼法的美好展示，是茶道高雅精神的具体体现。茶艺中有多种施礼方式，现代较为熟悉的是鞠躬礼，古代的拱手、作揖在茶艺中也有所体现。茶艺礼仪要与人的真实情感和恭敬态度紧密结合起来。茶艺师要有一颗挚爱茶艺，真诚、正直的心，才能展示出发自内心的、虔诚恭敬的礼仪。

茶艺师也可以有活泼、端庄、宁静、热情等不同风格的仪态。只是，在茶艺师的手接触到茶具、茶席的那一瞬间，茶艺师所有的气息、情感、精神都要依附在茶具之上，目光要柔和，气息要平稳，达到心技一体的境界。此时茶艺师的身体姿态要顺势而动，自然真实。有的茶艺师注水冲泡时，会不自觉地低头或歪头去看注水情况，这就破坏了整体的韵律感和画面的美感。

2. 动作

茶艺动作的每一个步骤、冲泡时每拿一件器具都有严格的规范，主要是手的动作。首先是归位，所有的冲泡器具都有规定的位置，要严格按照规定的要求摆放，冲泡时才能得心应手。其次是规范，冲泡时动作要符合要求，表达准确，认真严谨地完成所有程序。最后是恭敬，对宾客态度要恭敬，对茶也要有恭敬虔诚之心。另外，手的动作还表现出不同茶艺流派的特征。有的是兰花指，有的是并指，所体现的分别是活泼与端庄两种不同风格。有的流派提出用左手持水壶，用右手持茶壶，这样能使人体均衡。也有流派认为，冲泡时要以右手为主、左手相辅，有侧重点才是均衡。无论左手还是右手都涉及手的动作习惯性，并且直接影响到茶具的摆放位置。因此，茶艺师在开始学习时，要确定方向和方法，形成适合自己的习惯。待技能熟练时，茶艺师也可以尝试不同流派的冲泡方法。本书统一为右手原则，即沏茶时以右手为主、左手为辅，泡茶的器具方向均朝左。

3. 茶礼

端杯、奉茶体现出茶艺师对茶汤和宾客的尊敬，是茶艺作品的最后呈现，这个步骤很关键。因为有茶汤呈现，所以要注意的是，茶汤要安全地递送给宾客。除了保证安全，主宾之间礼节的完美也是关键。首先，奉茶时距离不要太近，也不要太远。以宾客端杯时手臂弯曲的角度为准，小于90度太近了，而手臂伸直才能拿到杯子则太远了。其次，茶盘太高或太低都不合适，以宾客能45度俯角看到杯中的茶汤为宜。最后，奉茶时茶盘要端稳，给人以安全感。如果宾客才端到杯子，茶艺师就急着要离开，倘若宾客尚未拿稳或想调整一下手势，就容易打翻杯子了。奉茶时，茶艺师要先行礼，再走近奉茶，接着行伸掌礼并示意"请喝茶"，奉完茶先退后半步再转身离开。

奉茶时还要注意着装，要将头发盘起或束紧，不浓妆艳抹，不喷洒香水，尤其要注意在奉茶时不要妨碍到旁边的宾客。

4. 语言

语言是沟通和交流的工具。掌握并熟练运用礼貌用语是提供优质服务的保证。语言是从事任何一种职业都要具备的基本能力。礼貌用语主要包括问候语、应答语、赞赏语、迎送语等。

八、雅境

雅境包括三个方面：一是品茶的场所，环境要幽雅；二是品茶的心性，心情要淡雅；三是品茶的追求，境界要高雅。

1. 品茶环境

茶优、水好、器精和恰到好处的冲泡技巧，造就了一杯好茶，再加上一个品茶的幽雅环境，饮茶便不是单纯的饮茶了，而成为一门综合的生活艺术。因此，营造品茶环境很重要。

关于适宜的品饮环境，历代文人墨客都对此有过相关叙述。清静幽雅的茶室也是文人雅士聚会活动的理想场所。幽雅茶室如图6-6所示。

（1）室内

家庭饮茶可以在有限的空间里寻找适宜的位置。一般宜选择向阳、靠窗处，配以茶几、沙发或台椅。窗台上可摆放盆花，上方宜悬垂藤蔓植物。总之，家庭饮茶要求安静、清新、舒适、干净，尽可能利用一切有利条件，如阳台、门庭小花园甚至墙角等，只要布置得当，窗明几净，同样能创造出一个良好的品茶环境。家庭茶室如图6-7所示。

图6-6 幽雅茶室

图6-7 家庭茶室

（2）户外

自然风光美不胜收，在山涧、泉边、林间、石旁品茶赏景，可以使人们在忙于生计之余休养怡情，意趣盎然。将茶室移至室外，置身于乡村、野外，有一种清新的感觉。这类品茶环境将茶人与绿水、青山、蓝天融为一体，充满山野的质朴与自然。相对而言，这类环境中饮茶的硬件设施会简陋一些，如简单搭起茶亭，支起太阳伞、帐篷，或直接将石桌、石凳、竹椅、板凳放置在林间、溪边，再配以简单的茶具。

（3）专业茶艺馆

专业茶艺馆主要是指那些专门设立的收费茶室、茶楼、茶坊、茶艺馆等，它们提供茶水、茶食，供茶客饮茶休息或观赏表演。大众茶楼一般采光要好，使茶客能感到明快爽朗；室内装饰可以简朴，桌椅整齐、干净即可。高档茶馆则要讲究一些，装修宜精致。茶艺馆如图6-8所示。

图6-8　茶艺馆

2. 品茶心境

有了好的茶侣，更要有好的茶境，才能"天人合一"。欧阳修认为："泉甘器洁天色好，座中拣择客亦嘉。新香嫩色如始造，不似来远从天涯。"茶新、泉甘、器洁，是器物美；座中有嘉客，是人事美；天色好，是环境美。明代徐渭也对品茶之境作了概括性的说明："茶宜精舍，宜云林，宜瓷瓶，宜竹灶，宜幽人雅士，宜衲子仙朋，宜永昼清谈，宜寒宵兀坐，宜松月下，宜花鸟间，宜清流白石，宜绿藓苍苔，宜素手汲泉，宜红妆扫雪，宜船头吹火，宜竹里飘烟。"

对茶境的拟人化，平添了茶人品茶的乐趣。如郑板桥品茶邀请"一片青山入座"，陆龟蒙品茶"绮席风开照露晴"，齐己品茶"谷雨初晴叫杜鹃"，白居易品茶"野麋林鹤是交游"。在茶人眼里，月有情、山有情、风有情、云有情，大自然的一切都是茶人的好朋友。

唐代以前，人们认为喝茶者就是品行高洁的人，于是很多名士在各种场合用茶来招待朋友及下属。

明代陈继儒的《岩栖幽事》特别强调"品"，他指出"一人得神，二人得趣，三人得味，七八人是名施茶"。

3. 品茶追求的境界

明代冯可宾不仅在《岕茶笺》中提出了13个"宜茶"条件，即"无事""佳客""幽坐""吟咏""挥翰""倘佯""睡起""宿醒""清供""精舍""会心""赏鉴""文僮"。同时，他还提出了不适宜品茶的7条"禁忌"。

（1）"不如法"，指烧水、泡茶不得法。

（2）"恶具"，指茶器选配不当，或质次、有污垢。

（3）"主客不韵"，指主人和宾客口出狂言，行动粗鲁，缺少修养。

（4）"冠裳苛礼"，指官场间不得已的被动应酬。

（5）"荤肴杂陈"，指大鱼大肉、荤油杂陈，有损茶的"本质"。

（6）"忙冗"，指忙于应酬，无心赏茶、品茶。

（7）"壁间案头多恶趣"，指室内布置零乱，垃圾满地，令人生厌，俗不可耐。

培训项目 2 冲泡技巧

在各种茶叶的冲泡过程中,茶叶的投茶量、冲泡水温、注水方式和浸泡时间是冲泡技巧中的四个基本要素。在泡茶时,还有三种不同的投茶方法,分别为上投法、中投法和下投法。

一、投茶量

冲泡不同类别的茶叶,或使用不同的茶具时,茶叶的投放量稍有差异。一般来说,冲泡同样的茶叶,在冲泡水温和浸泡时间相同的前提下,茶水比越小,水浸出物的绝对量就越大。当茶水比过小时,茶叶内含物被溶出的量虽然较大,但由于用水量大,茶汤浓度相对较低,于是茶味淡、香气薄。相反,当茶水比过大时,由于用水量少,茶汤浓度过高,滋味苦涩,而且不能充分利用茶叶的有效成分。

1. 绿茶类

冲泡绿茶时,一般每克茶用水量为50毫升左右,也就是说1克绿茶,冲入开水50毫升左右。通常一只容量为100~150毫升的玻璃杯,投茶量为2~3克。当然也可视品饮者的需要稍作调整。

2. 白茶类

冲泡白茶时,分为新茶冲泡和老茶冲泡。新茶冲泡与绿茶冲泡相仿,每克茶用水量为50毫升左右,老茶每克用水量可以为30毫升左右。

3. 黄茶类

冲泡黄茶时,用水量与绿茶相仿,每克茶用水量为50毫升左右。需要注意的是,在冲泡黄芽茶时,每杯茶的投放量应恰到好处,如冲泡君山银针时,太多、太少都不利于欣赏杯中茶的形态。

4. 乌龙茶类

我国乌龙茶品种丰富，茶叶外形差异较大，如有条索形的凤凰单丛、武夷岩茶、文山包种茶，卷曲成螺的铁观音，紧结为半球状的冻顶乌龙茶，因此投茶量也有所不同。通常情况下，冲泡乌龙茶时每克茶用水量为20毫升左右。

5. 红茶类

红茶品饮主要有清饮和调饮两种。清饮冲泡时，每克茶用水量为50毫升左右，如选用红碎茶则每克茶用水量为70毫升左右。调饮冲泡时，要在茶汤中加入调料，如加入糖、牛奶、柠檬、蜂蜜等，茶叶的投放量可随品饮者的口味而定。

6. 黑茶类

一般来说，冲泡黑茶时，每克茶用水量为20毫升左右。根据茶叶产地、制作工艺等的不同来增减投茶量。

7. 再加工茶类

冲泡花茶时，每克茶用水量为50毫升左右。冲泡紧压茶时，由于茶叶紧压，每克茶用水量为40毫升左右。

试验表明，由于茶类、泡法不同，香味成分含量及其溶出比例不同，饮茶习惯不同，对香味的要求不同，对茶水比例的要求不同，因此投茶量也可作适当调整。

二、冲泡水温

泡茶水温的高低与茶的老嫩、条形松紧有关。大致说来，茶叶原料粗老、紧实、整叶的，比茶叶原料细嫩、松散、碎叶的浸出茶汁要慢得多，所以冲泡水温要高。

一般来说，外形细嫩的名优茶冲泡水温应在80摄氏度左右，外形粗老的茶冲泡水温应在95摄氏度以上。

1. 绿茶类

普通绿茶用80～85摄氏度的水冲泡，但极细嫩的名优绿茶一般用70～75摄氏度的水冲泡。这样泡出来的茶汤色清澈不混浊，香气醇正，滋味鲜爽，叶底明亮，使人饮之可口。如果水温过高，汤色就会变黄；茶芽因"泡熟"而不能直立，失去欣赏性；维生素遭到大量破坏，营养价值降低；咖啡因、茶多酚快速浸出，使茶味淡薄，还会降低饮茶的功效。

2. 白茶类

白茶未经揉捻，茶汤不易析出，冲泡的水温应相对高一些，如当年产的新白茶可以用 90~95 摄氏度的水冲泡；陈年白茶的冲泡水温可适当提高到 100 摄氏度，还可以进行煮饮。

3. 黄茶类

黄茶多采用细嫩的茶芽为原料加工而成。一般较为细嫩的黄芽茶和黄小茶适合用 80~85 摄氏度的水冲泡，这样才不至于泡熟茶芽，而是使茶芽条条挺立，犹如雨后春笋，饮茶者可通过玻璃杯观赏茶芽的形态。如果是原料较粗老的黄大茶，宜以 100 摄氏度的水进行冲泡，这样茶的内含物更容易析出。

4. 乌龙茶

乌龙茶制作所选用的是成熟的芽叶，属半发酵茶，加之用茶量较大，一般情况下，采用 90~100 摄氏度的沸水冲泡。在乌龙茶壶泡时，为了避免温度降低，泡茶前要用开水烫热茶壶，冲泡后还要用开水淋壶加温，这样才能使茶汁充分浸泡出来。

5. 红茶类

外形细嫩的红茶，冲泡水温一般掌握在 80~85 摄氏度。大宗红茶或红碎茶可用 90~100 摄氏度的水冲泡。

6. 黑茶类

黑茶由于原料及加工工艺的因素，一般采用 100 摄氏度的沸水冲泡。

7. 再加工茶类

冲泡花茶的水温应根据花茶所搭配的茶类选择冲泡水温，如桂花龙井茶，应根据冲泡绿茶的水温来冲泡。紧压茶多以粗老原料加工而成，如砖茶，即使用 100 摄氏度的沸水冲泡，也很难将茶汁浸泡出来。所以，喝砖茶时，须先将打碎的砖茶放入容器，加入一定量的水后煎煮，方能饮用。

需要说明的是，泡茶用水通常是煮沸后再自然冷却至所需的温度。

三、注水方式

注水是泡茶过程中需要由人工完全控制的环节，水流的急缓及水线的高低、粗细等，对茶汤质量都有一定影响。

每种茶叶根据其特征不同都有其对应的冲泡方法，应遵从"实用、科学、美观"的原则，同时根据实际情况进行茶叶冲泡。以下几种注水方式较为普遍。

1. 单边定点低斟

单边定点低斟是指顺着容器边缘固定位置定点低位注水，细流慢斟，使茶的内含物释放舒缓、协调。

2. 中间定点低斟

中间定点低斟是指在容器中间位置注水，茶底只有中间的一小部分能够和水线直接接触，使茶叶浮在水面缓缓上升，让茶叶通过水的热气浸润慢慢舒展。

3. 环圈式低斟

环圈式低斟是指环绕容器边缘一圈或数圈均匀慢斟，注水时要根据"注水速度"配合以相应的"旋转速度"，水线细就慢旋，水线粗就快旋。

4. 单边定点高冲

单边定点高冲是指顺着容器边缘固定位置定点注水，水流高冲使茶叶翻滚，避免水流直接击打茶叶，利于茶叶的舒展，使茶的内含物快速释放。

5. 螺旋式高冲

螺旋式高冲是指从容器内任意一点开始注水，螺旋绕圈上升扩展至容器边缘。此法让茶叶能直接接触到注入的水，上下层茶叶基本上能同时浸出茶叶内含物。

6. 环圈式高冲

环圈式高冲是指注水时沿着容器边缘高位旋满一周，收水时正好回归出水点。这种注水方式可令茶的边缘部分在第一时间接触到水，而面上及中间部分的茶要靠水位上涨才能接触到水，注水时的茶水融合度没有那么高。

四、浸泡时间

泡茶时间必须适中，时间短了，茶汤淡而无味，香气不足；时间长了，茶汤太浓，茶色过深，茶香也会因散失而变得淡薄，茶汤的滋味随着冲泡时间延长而逐渐增浓。

1. 绿茶

绿茶采用单杯单饮时，第一泡茶以冲泡30~50秒饮用为好，若想再饮，当杯中剩有1/3茶汤时，再续热水。如果是小壶冲泡，投量大，出汤时间快，冲泡15~30秒为宜。

2. 白茶

白茶冲泡分新白茶冲泡和老白茶冲泡，各自冲泡时间不同。新白茶内含物溶解较慢，浸泡时间稍长些，以60~90秒为宜；老白茶内含物溶解较快，出汤时间快，冲泡 30~60 秒为宜。

3. 黄茶

黄茶的浸泡时间与绿茶相似，单杯单饮时，冲泡 30~50 秒饮用为好。采用小壶冲泡时，浸泡 15~30 秒为宜。

4. 乌龙茶

冲泡乌龙茶时，由于用茶量较大，应经过"温润泡"，如果是岩茶类，第一泡 5~10 秒，之后根据茶叶的冲泡情况逐渐增加浸泡时间；如果是卷曲形的茶叶，浸泡的时间要长一些，第一泡以 45~60 秒（视茶而定）为宜，第二泡的浸泡时间比第一泡要缩短，往后每泡可逐渐增加浸泡时间，这样可使茶汤浓度均匀一致。

5. 红茶

红茶的浸泡时间，第一泡以 30~45 秒（视茶而定）为宜，第二泡的浸泡时间相对缩短些，往后每泡可逐渐增加浸泡时间。

6. 黑茶

黑茶的冲泡水温高，内含物溶解快，所以出汤较快，基本是冲水后 5 秒左右出汤，4 泡过后，可逐渐增加浸泡时间。

7. 再加工茶类

为了更好地展现茶的韵味和花的香气，花茶的浸泡时间一般以 30~45 秒为宜。紧压茶经润茶后，茶汤析出较快，浸泡时间一般在 5 秒左右，往后每泡可逐渐增加浸泡时间。

当然，上面所说的"冲泡技巧四要素"是一个整体，应该综合考量，互相协调。同时，还要因时、因事、因地进行调整，才能达到冲泡最佳效果。

培训项目 3 茶点选配

品茶之际吃些茶点有利于科学饮茶，增加茶艺情趣，还有利于增添茶文化的品位与精彩。合理搭配茶与茶点，能够使二者互相促进，相得益彰。

一、与茶有关的饮食

茶点是和茶有关的饮食之一，也是品茗时的主要配伍。要了解茶点，先要熟悉与茶相关的饮食。

1. 茶食

茶食是指经过精巧制作，用以佐茶的食品，一般可分为茶楼里经过烹制的茶食和茶艺馆里的品茗茶食两类。前者往往有"喧宾夺主"之嫌，如广式早茶、杭州提供自助茶点的茶馆，以食为主，许多茶客以填饱肚子为前提，茶叶的冲泡技艺和品饮则退为其次了。而在茶艺馆品茗，茶的品质是最重要的，茶食只扮演了调剂的角色，是填补空当和防止空腹饮茶的点心。茶食如图6-9所示。

图6-9 茶食

2. 茶菜

茶菜也叫茶肴,是指以茶叶或以茶叶作为辅料制作的菜肴。人类对于茶的应用,自古以来经历了生吃药用—熟吃当菜—烹煮饮用—冲泡饮用的历史阶段。在人类认识茶的原始阶段,人们把采摘的茶叶鲜叶放在阳光下晒干,以便随时取用,但干叶吃时难以下咽,人们便将干叶和稻米一起放在陶制的釜鼎内熬煮成稀粥食用。而遇下雨天鲜叶无法晒干时,就将摊晾过的叶子压紧在瓦罐里。过了一段时间便成了"腌茶",不用煮,可以直接食用,这可能就是最早的茶菜了。现在西南地区一些少数民族还保留着远古的吃茶习惯,除了直接咀嚼茶叶外,有的将茶叶鲜叶压紧储藏在竹筒里,经自然氧化,茶香溢出,吃时用盐、醋等调味,即成一道美味的凉拌茶菜。

茶菜好吃,但翻遍描述食品烹饪的古籍,用茶入菜的菜肴只是凤毛麟角,究其缘由,无非是一经烹、煮、炸、熘,茶叶特有的色、香、味、形都难以保持。例如,绿茶一经煮过,会立刻呈现菜色,香气溢发无剩,味甘苦,难以下咽,形态也各异。因此,茶菜的制作并不比烹制其他菜肴简单,须掌握茶叶的特性,合理地将其和菜肴结合起来,使得烹饪后仍能展示茶叶的香、形等特色。目前,广为人知的著名茶菜,如杭州的龙井虾仁、孔府名菜茶烧肉、四川的樟茶鸭,以及最大众化、最流行的五香茶叶蛋、茶叶豆腐干等深受人们的青睐。茶虾仁如图6-10所示,茶香鸭如图6-11所示,茶烧肉如图6-12所示。

图6-10 茶虾仁

图 6-11　茶香鸭

图 6-12　茶烧肉

3. 茶宴

以茶宴客，即茶宴。"茶宴"一词正式出现是在唐代钱起所写的《与赵莒茶宴》："竹下忘言对紫茶，全胜羽客醉流霞。尘心洗尽兴难尽，一树蝉声片影斜。"唐代饮茶风气遍及全国，朝野上下无不将茶视为风雅之物。邀请亲朋好友聚在庭院或雅洁的厅堂举行品茶宴会成为一种风尚，而文人雅士则更喜欢在花木扶疏、精致幽雅的场所聚会，一边品尝名茶，一边吟诗作赋，或谈古论今，或叙谈趣事，主人还拿出各种名茶果品供大家享用。有时除了品茶吟诗之外，还有歌舞助兴，盛况引人注目。

茶宴形式有多种，可以豪华盛大，也可以俭约朴素；可以在家里举行，也可以在庭院或野外举行。好茶和茶食应是茶宴中的主角，茶食也应以素食为主，如干果、鲜果、羹点，或以米、面、茶粉等制作而成的茶食，也可有少量荤食，同时还应讲究盛器，使其和茶食相得益彰，体现茶食的色、形之美。

4. 茶点和与茶有关饮食的关系

茶点和与茶有关的饮食呈现出如下三种关系。

（1）茶点是茶食的组成部分。茶食是指佐茶的食品，品茗时所吃的点心正归于此类。

（2）茶点不属于茶菜。茶菜是指用茶与肉类、蛋类、蔬菜制作的熟食，而茶点是指糕饼之类的食品，二者自然不是同类。

（3）茶点不属于茶宴，但又和茶宴密切相关。茶宴是大餐，正餐之前或之后，往往会有小食，茶点就是这类食品。

二、茶点的类别

从不同的角度，茶点可以被分成不同的类别。现代茶点大致可以分为五大类。

1. 干果类

干果类包括瓜子、花生、栗子、杏仁、松子、梅子、枣、杏干、山楂、橄榄、开心果等。

2. 鲜果类

鲜果类包括橙子、苹果、香蕉、提子、菠萝、猕猴桃、西瓜等。

3. 糖果类

糖果类包括芝麻糖、花生糖、贡糖、软糖、酥糖等。

4. 西点类

西点类包括蛋糕、曲奇、凤梨酥、吐司等。

5. 中式点心类

中式点心类包括包子、粽子、汤圆、豆腐干、茶叶蛋、笋干、各式卤品等。

其中，有的茶点不仅可在喝茶时佐食，而且可以在餐饮时作为食物充饥；有的茶点是使用茶叶制作的，也有更多的茶点与茶叶无关；有的茶点属于需要制作的糕点，也有很多鲜果与干果同样可当作茶点。茶点种类繁多，品饮时可根据茶叶种类和个人喜好进行选择。

三、茶点选配

精致的茶点可以补充能量，还可以为茶席增添美感。但应注意茶点是佐茶之用，不宜选择过于油腻、辛辣和有怪味的食品，以免影响味觉而喧宾夺主。

1. 不同茶类的茶点搭配

清新的绿茶搭配甜食，二者相得益彰；醇厚的红茶配上酸甜可口的话梅，回甘更持久；乌龙茶甘爽醇和，搭配口味重的咸味瓜子等茶点可以使茶的香气和茶汤口感保持得更久。

2. 不同季节的茶点搭配

随着地方和季节的变化，茶的内含物会有所变化，而人的体质状况也会因节气、时间有所调整，因此茶食的准备无论就茶的内质还是人的体质来说，都要依节气、时间的不同而异。春天的茶食要多一些艳色，夏天要准备味道较清淡的茶食，秋天时茶食宜以素雅为主，冬天就得准备味道较重的茶食。茶食的颜色、种类、数量，宜少不宜多，适可而止。

3. 不同人群的茶点搭配

面对不同的人群，选择茶点时也应作相应的调整。老年人宜选用容易咀嚼且易消化的茶点；年轻人可选用色彩鲜艳的茶点，品种可适当多一些。

培训模块 七

茶与健康及科学饮茶

学习目标

1. 了解茶叶的主要成分。
2. 熟悉茶与健康的关系。
3. 掌握科学饮茶常识。

学习重点

茶与健康的关系、科学饮茶常识。

关键词

茶的成分　茶健康　饮茶常识

内容结构图

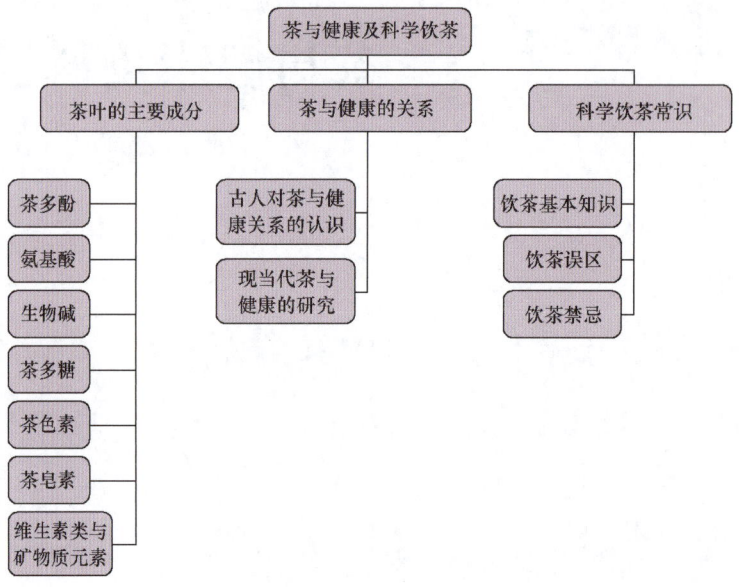

培训项目 1 茶叶的主要成分

目前，已经鉴定出茶叶所含化学成分有 1 400 多种，它们对茶叶的色、香、味，以及营养和保健起着重要的作用。茶叶从茶树上采摘之后经测试，一般含有 75%～78% 的水分和 22%～25% 的干物质。

茶叶中的功能性成分主要有以下几种。

一、茶多酚

茶多酚是茶叶中多酚类物质的总称，是茶叶的特征性生化成分之一，也是茶叶医疗价值最主要的物质基础，它们在鲜叶中的含量一般在 15% 以上，最高可达 40%。茶叶中多酚类物质主要由儿茶素类（黄烷醇类）、黄酮类和黄酮醇类、花青素和花白素类、酚酸和缩酚酸类组成，以儿茶素类化合物含量最高，占茶多酚总量的 70%～80%。儿茶素类中，以表儿茶素（EC）、表没食子儿茶素（EGC）、表儿茶素没食子酸酯（ECG）和表没食子儿茶素没食子酸酯（EGCG）最为重要。茶多酚是一种活性物质，具有氧化还原性，能提供质子清除过多的自由基，并阻断自由基的传递，提高人体内源性抗氧化能力，被誉为"人体的保鲜剂"。鲜叶加工成干茶后，不同的加工方法使多酚类物质发生不同程度的变化。绿茶的茶多酚含量在所有茶类中是最高的；红茶的茶多酚含量在所有茶类中是最低的，但红茶含有大量多酚氧化产物，有很好的医疗保健功效；乌龙茶介于绿茶与红茶之间，保留了一定数量的茶多酚，同时也含有一些多酚氧化产物。

多酚类物质具有杀菌抗病毒、清除自由基、保护和修复 DNA 结构等生化活性，这些生化性质使得茶叶具有降血脂、抗肿瘤、抗脂质过氧化、抗菌、抗病毒、抗衰老、抗辐射损伤、解毒、增强免疫功能等生理功效。

二、氨基酸

氨基酸是茶叶中的主要的功能性成分，与茶叶的保健功能关系密切。氨基酸在茶汤中的浸出率可达80%，所以它对茶汤品质和对人体的药理作用影响较大。茶叶中已被发现的氨基酸有26种，除了组成蛋白质的20种氨基酸外，还含有6种非蛋白质组成的游离氨基酸，氨基酸的总量约占茶叶干重的1%~4%。与茶叶保健功效关系最大的氨基酸是茶氨酸和γ-氨基丁酸。茶氨酸可以促进神经生长和提高大脑功能，从而增进记忆力和学习功能，并对帕金森病、阿尔茨海默病及传导神经功能紊乱等疾病有预防作用；可以降压安神，能明显抑制由咖啡因引起的神经系统兴奋，改善睡眠；可以增加肠道有益菌群，降低血浆胆固醇含量；可以保护人体肝脏，增强人体免疫机能，有改善肾功能、延缓衰老等功效。γ-氨基丁酸具有显著的降血压效果，它能改善大脑的血液循环，增加氧气供给，改善大脑细胞代谢功能，有助于治疗脑中风、脑动脉硬化后遗症等；有改善脑机能、增强记忆力的功效，能改善视力，降低胆固醇含量，调节激素分泌，解除氨毒，增强肝功能，活化肾功能，改善更年期综合征等。

三、生物碱

茶叶中的生物碱主要有咖啡因、茶碱和可可碱，三种生物碱都属于甲基嘌呤类化合物，是一类重要的生理活性物质，也是茶叶的特征性化学物质。它们均具有兴奋中枢神经的功效。由于茶叶中茶碱含量较低，而可可碱在水中的溶解度不高，因此，在茶叶生物碱中起主要作用的是咖啡因。

茶叶中的咖啡因含量约为鲜叶干重的2%~4%，每150毫升茶汤中含有约40毫克咖啡因。咖啡因具有弱碱性，易溶于水，通常在80摄氏度即能溶解，它对茶汤滋味的形成有重要作用。咖啡因和茶多酚常呈络合状态存在，在人们正常饮用剂量下，咖啡因对人无致畸、致癌和致突变作用。茶叶中的咖啡因还有兴奋大脑中枢神经、强心、利尿等多种药理功效。茶叶的许多功效都与咖啡因有关，如消除疲劳、提高工作效率、抵抗酒精和尼古丁等的毒害、减轻支气管和胆管痉挛、调节体温、兴奋呼吸中枢等。当然，咖啡因也存在负面效应，主要表现为晚上饮茶可影响睡眠，对神经衰弱者、心动过速者等有不利影响。

四、茶多糖

茶多糖也叫茶叶多糖复合物,包括单糖、双糖和多糖三类。其含量随茶叶原料的老化而增多,一般来说,六级茶中茶多糖含量是一级茶的2倍左右。同样嫩度的鲜叶加工成红茶、绿茶和乌龙茶后,茶多糖含量以乌龙茶最高,绿茶次之,红茶最低。

中医用泡饮粗老茶治糖尿病就是发挥了茶多糖的作用。茶多糖具有降血糖、降血脂、防辐射、抗凝血及血栓、增强机体免疫功能、抗氧化、抗动脉粥样硬化、降血压、保护心血管等药理功效。

五、茶色素

茶叶中的色素包括脂溶性色素和水溶性色素两部分,含量仅占茶叶干物质总量的1%左右。脂溶性色素不溶于水,有叶绿素、叶黄素、β-胡萝卜素等。水溶性色素有黄酮类物质、花青素及茶多酚氧化产物茶黄素、茶红素、茶褐素等。脂溶性色素是形成干茶色泽和叶底色泽的主要成分。尤其是绿茶,干茶色泽和叶底的黄绿色主要取决于叶绿素的含量。

叶绿素是一种优异的食用色素,具有抗菌、消炎、除臭等作用。β-胡萝卜素具有抗氧化、清除体内自由基、增强免疫力、提高人体抗病能力等作用。

在茶叶中,茶多酚及其衍生物经过氧化缩合可以形成茶黄素和茶红素,它们是红茶的主要品质成分,也是红茶色泽显示的主要成分,还具有很好的生理活性,在红茶中含量一般约为1%。在黑茶、乌龙茶、黄茶中也存在少量茶黄素和茶红素。茶黄素具有类似茶多酚的作用,是一种有效的自由基清除剂和抗氧化剂,具有抗癌、抗突变、抑菌抗病毒、治疗糖尿病、改善和治疗心脑血管疾病等作用。

六、茶皂素

茶皂素是一种天然的表面活性剂,可以让茶汤起泡沫。它存在于茶树的种子、叶、根、茎中,茶根中含量最多。茶皂素除了最主要的表面活性外,还具有溶血、降低胆固醇、抗生育、抗菌作用及抗炎、镇静(抑制中枢神经、镇咳、镇痛等)等生物活性。近年来研究发现,茶皂素可能还具有降血压的功能。

七、维生素类与矿物质元素

茶叶中含有多种维生素,分为水溶性维生素(以维生素 B、维生素 C 为最重要)与脂溶性维生素(以维生素 A、维生素 E 为最重要)两类。绿茶的维生素含量高于红茶,高级别绿茶中维生素 C 的含量约为 0.5%。春茶的维生素含量高于夏秋茶。研究证明,维生素 C 有很强的还原性,在体内具有抗细胞物质氧化、解毒等功能,还能增加机体抵抗力、促进创口愈合等。茶叶中的维生素 C 与茶多酚之间存在协同作用,在正常饮食情况下,每天饮用高级别绿茶 3~4 杯可基本满足人体对维生素 C 的需求。B 族维生素对癞皮病、消化系统疾病、眼病等有显著疗效。

茶叶中还含有多种矿物质,其中磷与钾含量最高,其次为钙、镁、铁、锰、铝,微量成分有铜、锌、钠、硫、氟、硒等,大多数矿物质对人体健康是有益的。其中,氟对预防龋齿和防治老年人骨质疏松有明显效果;硒能刺激免疫球蛋白及抗体的产生,增强人体对疾病的抵抗力,可防治某些地方病,如克山病的发生,并对治疗冠心病有效,还能抑制癌细胞的发生与发展;锌可增强抗病能力及益智;铁和铜都与人体的造血功能有关。

培训项目 2

茶与健康的关系

茶叶中含有丰富的有利于身体健康的功能性成分,被公认为是健康的饮品。从古至今,饮茶可以使人身心健康,可以放松心情、陶冶情操、净化心灵,还可以提高人们的生活品位。

一、古人对茶与健康关系的认识

茶叶与健康的关系,古书中多有记载。早在科学尚未出现的古代中国,茶叶的药用保健价值就被记录和传颂了。古人对茶的保健功能早有认识,如《神农食经》称:"茶茗久服,令人有力、悦志。"三国华佗《食论》有"苦茶久食,益意思"之说。晋代张华《博物志》称:"饮真茶,令人少眠。"唐代,人们已普遍认识到茶的药用价值,药学家陈藏器称"茶为万病之药"。此说虽显夸张,但茶的药理成分之多和药效作用之广却是事实。

关于茶叶的药用,在历代关于茶的论述中,类似的例子还可以找出许多。陶弘景《杂录》:"苦茶轻身换骨,昔丹丘子、黄山君服之。"《本草·木部》:"茗,苦茶。味甘苦,微寒,无毒。主瘘疮,利小便,去痰渴热,令人少睡。秋采之苦,主下气消食。"陆羽《茶经》:"茶之为用,味至寒,为饮,最宜精行俭德之人。若热渴凝闷、脑疼目涩、四肢烦、百节不舒,聊四五啜,与醍醐、甘露抗衡也。"许次纾《茶疏》:"其(茶)韵致清远,滋味甘香,清肺除烦,足称仙品。"自唐至清,可收集到论述茶效的古籍,不下近百种。

以上资料足以证明古人对茶的认识,茶与健康的关系主要体现在茶的药用价值,如安神除烦、下气消食、祛风解表、生津止渴、疗痢止泻、清热解毒、清肺祛痰、醒酒解酒、利水通便等。

茶最早用于药,在历史演变中逐渐成为世界三大无酒精饮品之一。根据《中国药典》相关内容，可以明确得知茶不是药，但在一定条件下，茶具有药用功能和功效，茶用于治疗一定要在医生的指导下进行。

二、现当代茶与健康的研究

随着科学技术的发展，关于茶的很多不解之谜日渐清晰。只有正确认识和科学应用才能真正实现茶养生保健的功效。尽管饮茶有利健康，但是还须做到科学饮茶。同时，必须明白茶不是"药"，而是一种对人体有生理调节作用的功能性饮品，通过饮茶可以提高人体对疾病的免疫力，预防许多对人体有很大威胁的疾病，并且有一定的治疗效果。

现代医学研究表明，人体罹患的百余种疾病与体内过量的自由基毒性反应相关，过量的自由基是致病因子。茶叶中多酚类物质是一种高效低毒的自由基清除剂，保护了人体的健康，这是对茶叶的现代医疗研究的理论依据。

在现代社会中，茶叶在抗疲劳、预防和治疗心理疾病中也发挥着非常重要的作用。其功能的发挥主要体现在两个方面：一是茶叶自身所具有的化学成分对心理疾病有预防和治疗的作用；二是饮茶所营造的舒适环境对心理疾病起到缓解作用。

中国茶道精神提倡和诚处世、以礼待人、奉献爱心，建立和睦相处、相互尊重、互相关心的新型人际关系，以利于社会风气的净化。在当今现实生活中，由于商潮涌动、物欲剧增、生活节奏加快、竞争激烈，所以人心浮躁，心理容易失衡，导致人际关系紧张。而茶道、茶文化是一种雅静、健康的文化，它能使人们紧绷的心灵之弦得以松弛，倾斜的心理得以平衡。

茶与人们的生活密不可分，人们以茶待客、以茶代酒、以茶馈赠，茶已渗透到人们的生活中。茶能陶冶人的情操，提升人的精神境界，驱散内心阴影，减轻心理障碍。喝茶不仅有利于身体健康，更是对心理、审美的提升。人们通过品茶来放松心情、调整心理压力，更好地形成积极的心态，这能营造一种更加健康的心理状态，在促进心理健康发展的同时提升内在的气质和修养。

培训项目 3 科学饮茶常识

要做到科学饮茶，首先要能够正确地选择茶叶。一是要根据季节、气候、个人喜好、体质等来选择相应的茶叶；二是在选购时还应注意尽量选择品质优良同时又安全卫生的茶叶产品，如绿色食品茶或天然有机茶。

生产绿色食品茶的生产单位，必须经申报获得国家绿色食品管理机构批准，在生产全过程中进行严格的环境控制，制定生产产品标准，按标准进行生产和控制，保证最终的上市产品符合绿色食品的要求，并在产品包装上标示"绿色食品"标志字样。天然有机茶是指在无任何污染的茶叶产地，按有机农业生产体系和方法生产出的鲜叶原料，在加工、包装、储运过程中不受任何化学物品污染，并经有机茶认证机构审查颁证的茶叶。

一、饮茶基本知识

喝茶是一门学问，会喝茶才能喝出健康来。了解一些正确饮茶知识可以帮助人们科学饮茶。

1. 根据不同的茶叶特性选茶

不同的茶有着不同的特性，应依据不同的茶叶特性来选茶。茶可以分为凉性和温性，按照加工工艺不同，我们把六大茶类分成不同特性的茶，如绿茶、白茶、黄茶属于凉性的茶类，乌龙茶属于中性的茶类，红茶和黑茶属于温性的茶类。

2. 根据不同的人选茶

一般来说，初始饮茶或平日不大饮茶的人，最好品尝清香醇和的名优绿茶，如西湖龙井、黄山毛峰、信阳毛尖、庐山云雾等；有饮茶习惯、嗜好清淡口味的人，可以选择高档烘青和一些地方优质茶，如君山银针、霍山黄芽、旗枪、茉莉烘青等；喜欢茶味浓醇的人，则以半发酵的乌龙茶为佳，如铁观音、武夷岩茶、台湾地区乌龙茶等。

3. 根据不同体质选茶

每个人都有其特有的体质,《中医体质分类与判定》将人分为九种不同的体质。人的体质还会随季节、气候、心情等因素发生变化,人们应实时关注体质的变化,以便选择不同的茶品。

4. 根据不同季节选茶

一年四季,气候变化不一,不但寒暑有别,而且干湿各异,在这种情况下,人的生理需求是各不相同的。因此,从人的生理需求出发,结合茶的品性特点,最好能做到四季选择不同的茶叶饮用,使饮茶达到更高的境界。

在春季,严冬已经过去,气温回暖,大地回春,这时宜饮些清香四溢的花茶,一则可以祛寒除邪,二则有助于理郁,去除胸中浊气,促进人体阳刚之气回升。夏天,天气炎热,饮上一杯清莹碧翠的绿茶,可给人清凉之感,还能起到降暑之效。秋天,天高气爽,饮上一杯属性平和的乌龙茶,不凉不热,取红、绿两种茶的功效,既能消除盛夏灼热,又能恢复津液和神气。冬天,天气寒冷,饮杯味甘性温的红茶,或者将它调制成奶茶,可以起到生热暖胃之效,也可以增强人体对寒冷的抗御能力。此外,冬季人们的食欲增强,进食油腻食品增多,饮用普洱茶可以去油腻、开胃口、助养生。

5. 根据不同特殊环节选茶

一般来说,冬天不适合饮用性寒凉的茶类,但如果在有暖气房的北方或是在空调房里,空气较为干燥,这时可以选择偏凉的茶类,以达到降燥、降热的效果。

另外,患有疾病的人应根据病况选择有利于身体恢复的茶品,而用药时应慎饮茶。

二、饮茶误区

一般的饮茶者往往喜欢根据个人的趣味爱好饮茶,一旦形成习惯则很难改变。如果是良性的习惯,自然是好事。如果是不好的习惯,就有可能产生负面效果。养成良好的饮茶习惯之前,我们首先要对饮茶误区有所了解。

1. 茶治百病

在实践中,人们发现茶能解毒,但解毒功效并不强,只能应对一些毒性小的情况。茶能治病,但只能治一些小毛病。茶的药理研究证明,与其说茶能治病,不如说茶能防病。"治"与"防"是两个概念。而且,茶的防病功能也只限于一定范围，只对某些疾病有预防作用。鼓吹"茶治百病"，错误在于偷换了"防"与"治"的概念，同时夸大了茶的作用。因此，不管哪一种茶，由于所含的药理成分基本相同，防病的功效也大致相同，根本不存在某类茶防治功能特别强的情况。当然，不同的茶，茶性有差别，如绿茶、白茶性寒凉，红茶、岩茶性温和，对不同的人所产生的作用也有差别。尽管如此，各类茶在基本功能方面都大致相同。

2. 茶米等同

关于"茶米等同"的典型说法是"开门七件事，柴米油盐酱醋茶""饭可以不吃，茶不可以不喝"。简单地把茶在日常生活中的重要性与柴米油盐等同化，甚至强调其比吃饭还重要，这种说法实际上是民间对茶的重视与强调。其实，茶始终是农业中的副业，只能在保证粮食生产的前提下有节制地发展。对于个人来说，只有在吃饱了饭之后，才会考虑喝茶。从某种角度来说，好茶永远是一种奢侈品。大多数人是粗茶淡饭，只将其作为解渴之物。

3. 越陈越香

"越陈越香"的说法，是近年来针对普洱茶提出来的。有的人还引申开来，说茶叶"越陈越好"。实际上，只要稍加理性思考，就会发现这种简单划一的观点既不符合事实，也缺乏逻辑。可以存放的茶除了普洱茶外，还有岩茶、白茶、红茶等。在适宜的保藏环境下，在一定的时间内，这些茶不但不会变质，而且还有可能变得更好喝。但是究竟在多长时间内茶的品质能保持不变？根据品赏经验和现在所见的茶叶，普洱有百年的，岩茶、红茶、白茶有50年的。经历这些年份的茶叶可以喝，但其品质已发生变化，都有陈年老味了，香气味道实在难得一提。当然，有人会将"陈味"雅称为"书卷气"，说白了，就是古书的气息。所以，简单的"越陈越香"无法概括千变万化的茶叶，事实上，也根本不存在"越陈越好"的茶叶。

4. 越早越好

这种观点主要是在绿茶圈内流行。很多人认为绿茶要抢早，最好是明前茶，也就是清明节前采摘的茶叶。从科学的角度来看，"越早越好"要做具体分析。根据专家们分析研究，一般来说，内含物最好的绿茶并非在明前，而是在明后至谷雨之间。原因很简单，明前的茶芽虽然萌发得早，但是芽头细小，太幼嫩，内质含量单薄。而明后至谷雨间的茶芽比较成熟，内质含量较为丰富。而从感官审评的角度来看，明前茶无论香气、滋味都不及稍迟一些的雨前茶。当然，明前茶同样具有自身优势。明前茶芽叶细嫩，色清香绝，产品很少，物以稀为贵，因此成为茶中上品，也成为追捧的佳品。但是，不要让"越早越好"的言论误导。科学的饮茶原则不是赶"早"而是赶"好"。

5. 茶能醒酒

饮酒后，酒中的乙醇经胃肠道进入血液，在肝脏中先转化为乙醛，再转化为乙酸，然后分解成二氧化碳和水经肾脏排出体外。而酒后饮浓茶，茶中的咖啡因会迅速发挥利尿作用，从而导致尚未分解成乙酸的乙醛（对肾有较大刺激作用）过早进入肾脏，对肾脏产生损害。但这也不是说酒后绝对不能喝茶，如果只是稍稍喝一些酒，并没有到醉的地步，适当地喝一些淡茶，使口腔清洁舒适，也未尝不可。需要把握的一个界限是"醉"与"不醉"。

三、饮茶禁忌

饮茶的"禁忌"是不容忽视的。茶叶虽是健康饮料，但与其他任何饮料一样，也是饮之有度，过量有害。明代许次纾在《茶疏》中说："茶宜常饮，不宜多饮。常饮则心肺清凉，烦郁顿释。多饮则微伤脾肾，或泄或寒。"说明饮茶必须适量。喝茶过多，特别是暴饮浓茶，对身体健康不但无益反而有害。

根据人体对茶叶中药效成分和营养成分的合理需求，以及考虑到人体对水分的需求，成年人饮茶量以每天泡饮干茶 5~15 克、8~10 杯为宜。喝茶并不是"多多益善"，如过度饮浓茶，茶中的生物碱将使人体中枢神经过于兴奋，心跳加快，增加心、肾负担，晚上饮茶还会影响睡眠。而且，高浓度的咖啡因和多酚类物质会对肠胃产生刺激，抑制胃液分泌，影响消化功能。

合理的饮茶量只限于对普通人群每天用茶总量的建议，具体还须考虑人的年龄、饮茶习惯、所处生活环境、气候状况、本人健康状况等。例如，运动量大、营养消耗多、进食量大或是以肉类为主食的人群，可增加每天饮茶量；而身体虚弱或患有神经衰弱、缺铁性贫血、心率过高等疾病的人，一般应饮淡茶或少饮甚至不饮茶。

饮茶时茶汤的温度也要特别注意，一般情况下饮茶提倡热饮或温饮，避免烫饮，因过热的茶水不但会烫伤口腔、咽喉及食道黏膜，长期的高温刺激还是口腔和食道肿瘤的发病诱因。所以，茶水温度过高是有害的，建议人们饮用水温为 50~60 摄氏度的茶水。

培训模块 八

食品与茶叶营养卫生

学习目标

1. 了解食品与茶叶卫生基础知识。
2. 掌握国内现行茶叶标准。
3. 掌握茶叶卫生质量国家标准和行业标准。
4. 掌握茶馆卫生标准。

学习重点

国内现行茶叶标准、茶叶卫生质量国家标准、茶馆卫生标准。

关键词

茶叶　卫生　质量　标准

内容结构图

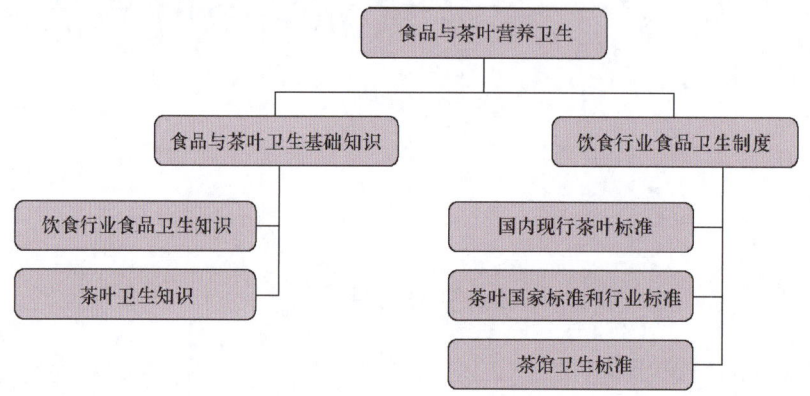

培训项目 1 食品与茶叶卫生基础知识

茶叶作为食用品，卫生是其食用条件与基础。一般认为，卫生是指物品的干净、清洁。其实，食品卫生有更深刻的含义，是指为了防止食品污染和有害因素危害人体健康采取的综合措施。世界卫生组织对食品卫生的定义非常明确：在食品的培育、生产、制造直至被人摄食为止的各个阶段中，为保证其安全性、有益性和完好性而采取的全部措施。食品卫生是公共卫生的组成部分，也是食品科学的内容之一。

一、饮食行业食品卫生知识

任何饮食相关行业都要做到卫生清洁，待加工原材料应确保新鲜和安全。

1. 食品采购、储存的卫生要求

（1）一定要问清货物来源，不采购来路不明的食品。

（2）严格把关食品卫生质量，不采购不新鲜、变质、生虫、有毒、有害或过期食品。

（3）采购有包装标识的食品。对定型包装食品索取检验合格证，不要采购无证明和商标标志、标识不全的食品。

（4）储存食品的场所、设备应当保持清洁，无霉斑、鼠迹、苍蝇、蟑螂等。仓库应当通风良好，禁止存放有毒、有害物品及个人生活物品。食品应当分类、分架、隔墙、离地存放，并定期检查、处理变质或超出保质期限的食品。

2. 食品生产经营过程的卫生要求

（1）内外环境必须保持干净、整洁。

（2）器皿使用前必须洗净、消毒，须符合国家有关卫生标准要求。

（3）食品工作人员应保持个人卫生，在生产、销售食品时，必须将手洗净，穿戴清洁的工作衣、帽。销售直接入口食品时，必须使用售货工具。食品生产经营人员每年必须进行健康检查。

二、茶叶卫生知识

茶叶卫生一直备受社会大众的关注。本书根据《茶叶卫生管理办法》，就茶叶卫生相关知识做如下介绍。

1. 鲜叶、毛茶收购应严格执行验收标准，不得收购掺假、含有非茶类物质及有异味、霉变、劣变等不符合卫生要求的茶叶。

2. 茶叶加工厂应远离污染源，要有防尘、防烟设施。加工场地要用水泥地面，保持清洁。加工器具应符合卫生要求，做好保洁，防止污染。

3. 装运茶叶的运输工具必须清洁、无毒、无异味，运输途中要注意防雨、防潮、防污染。

4. 茶叶在储存、销售过程中要注意防潮、防毒、防污染等。不得销售不符合卫生要求的茶叶。茶叶包装材料必须符合卫生要求。

5. 茶叶应符合相应的卫生标准。生产加工部门应建立健全产品检验机构，加强卫生检查，逐步开展对有毒、有害物质的检验，保证产品合格出厂。

6. 食品卫生监督机构对生产经营单位应加强经常性卫生监督。

培训项目 2

饮食行业食品卫生制度

为了加强饮食行业的卫生管理，保障消费者身体健康，饮食行业会对食品卫生管理制定相应的制度。这些制度，有国家制定的，也有省、市、县政府的规定，还有各级行业协会与企业的标准。茶叶行业的卫生制度同样如此。

一、国内现行茶叶标准

21世纪以来，中国大力开展茶叶标准体系的建立工作，逐步覆盖到茶树品种、产地环境、生产加工、产品等级、质量安全、包装储运等茶叶生产全过程，基本建立起以国家标准、企业标准为主体，以行业标准、地方标准为补充的茶叶标准体系，形成了"横向到边，纵向到底"的标准体系框架。

1. 横向标准系列

从横向来说，茶叶标准按茶叶生产过程或茶叶质量控制阶段划分为以下八大类。

（1）生产、加工和管理标准，包括茶树种子、苗木、生产加工标准。

（2）质量安全标准。

（3）产品标准。

（4）包装、标签和储运标准。

（5）检测方法标准。

（6）机械标准。

（7）实物标准。

（8）其他相关标准。

这八大类标准覆盖整个茶叶产业链，从茶园到最终茶叶产品，基本实现了全程标准化管理的目标。

2. 纵向标准系列

从纵向来说，中国茶叶标准分四个层次，即国家标准、行业标准、地方标准和企业标准。这四个层次的标准构成了相互支撑、配套和补充的中国茶叶标准体系框架。

（1）国家标准

截至 2016 年年底，我国涉及茶叶的国家标准主要有 160 余项。其中生产、加工和管理标准 28 项，质量安全标准 4 项，产品标准 50 项，包装、标签和储运标准 7 项，检测方法标准 56 项，其他相关标准 17 项。

（2）行业标准

行业标准由各行业主管部门制定和发布，包括农业行业、供销行业、商业行业、进出口检验检疫行业、轻工行业、环境保护行业、林业行业、机械行业等涉及茶叶管理职能或管理权限的主管部门制定的规范茶叶生产加工和贸易的各种标准。

截至 2016 年年底，我国涉及茶叶的主要行业标准有 130 余项。其中茶叶生产、加工和管理标准 29 项，质量安全标准 4 项，产品标准 16 项，包装、标签和储运标准 5 项，检测方法标准 39 项，机械标准 27 项，其他相关标准 11 项。

（3）地方标准

地方标准是由全国各茶叶主产区和主销区所在的省、市、地区制定和颁布的各类茶叶标准，约有 500 余项。其中，浙江省就有近 100 项。茶叶地方标准一般都是综合性标准，包括茶树种苗、栽培、加工等一系列标准。另外，《中华人民共和国食品安全法》实施后，各地相继出台了不少关于食品安全的地方标准。

（4）企业标准

根据《中华人民共和国食品安全法》规定，企业标准应当上报省级卫生行政部门备案，在本企业内部使用。因此，如茶叶企业根据生产和销售的需要，制定相应的企业标准，应根据《食品安全企业标准备案办法》和各省、自治区及直辖市的相关规定，到省级相关行政部门备案。据全国茶叶标准化技术委员会估计，目前中国茶叶生产企业制定的企业标准约有 1 万余项。

二、茶叶国家标准和行业标准

我国茶产业涉及的主要国家标准和行业标准有：茶叶生产加工和管理标准，茶叶质量安全标准，茶叶产品标准，茶叶包装、标签和储运标准，茶叶检测方法标准，茶叶机械标准，其他相关标准，茶叶实物标准样等。

1. 茶叶生产加工和管理标准

截至2016年年底，国家标准中关于茶叶生产、加工和管理的标准有28项，如《食品安全国家标准 食品生产通用卫生规范》（GB 14881—2013）、《茶叶加工良好规范》（GB/T 32744—2016）等。行业标准中关于茶叶生产、加工和管理的标准有29项，如《绿色食品 产地环境质量》（NY/T 391—2013）、《绿色食品 农药使用准则》（NY/T 393—2020）等。

2. 茶叶质量安全标准

截至2016年年底，国家标准中关于茶叶质量安全的标准有4项，如《食品安全国家标准 食品中污染物限量》（GB 2762—2017）、《食品安全国家标准 食品中农药最大残留限量》（GB 2763—2019）等。行业标准中关于茶叶质量安全的标准有4项，如《绿色食品 茶叶》（NY/T 288—2018）、《有机茶》（NY 5196—2002）等。

3. 茶叶产品标准

截至2016年年底，国家标准中关于茶叶产品的标准有50项，如《绿茶 第1部分：基本要求》（GB/T 14456.1—2017）、《绿茶 第6部分：蒸青茶》（GB/T 14456.6—2016）等。行业标准中关于茶叶产品的标准有16项，如《富硒茶》（NY/T 600—2002）、《碧螺春茶》（NY/T 863—2004）等。

4. 茶叶包装、标签和储运标准

截至2016年年底，国家标准中关于茶叶包装、标签和储运的标准有7项，如《食品安全国家标准 食品接触用纸和纸板材料及制品》（GB 4806.8—2016）、《茶叶贮存》（GB/T 30375—2013）等。行业标准中关于茶叶包装、标签和储运的标准有5项，如《绿色食品 包装通用准则》（NY/T 658—2015）、《绿色食品 贮藏运输准则》（NY/T 1056—2006）等。

5. 茶叶检测方法标准

截至2016年年底，国家标准中关于茶叶检测方法的标准有56项，如《食品安全国家标准 食品微生物学检验菌落总数测定》（GB 4789.2—2016）、《食品安全国家标准 食品中灰分的测定》（GB 5009.4—2016）等。行业标准中关于茶叶检测方法的标准有39项，如《出口茶叶中六六六、滴滴涕残留量的检测方法》（SN/T 0147—2016）、《绿色食品 产品检验规则》（NY/T 1055—2015）等。

6. 茶叶机械标准

截至2016年年底，行业标准中关于茶叶机械的标准有27项，如《茶树修剪机》（JB/T 5674—2007）、《茶叶炒干机》（JB/T 8575—2007）等。

7. 其他相关标准

截至 2016 年年底，国家标准中与茶叶相关的其他标准有 17 项，如《生活饮用水卫生标准》（GB 5749—2006）、《茶叶分类》（GB/T 30766—2014）等。行业标准中与茶叶相关的其他标准有 11 项，如《茶粉》（NY/T 2672—2015）、《绿色食品代用茶》（NY/T 2140—2015）等。

8. 茶叶实物标准样

茶叶实物标准样也是一种重要的标准形式，是茶叶产销各方对茶叶质量共同制定和遵守的实物依据。茶叶实物标准样按照茶叶产品加工阶段的不同，一般可分为毛茶标准样、加工标准样和贸易标准样三种，分别供工厂收购初制茶、产销双方验货、市场贸易计价使用，其中毛茶标准样需要每年更换一次，加工标准样可以隔几年更换一次。

（1）毛茶标准样

毛茶标准样是收购毛茶的质量标准。按照茶类不同，有绿茶、红茶、乌龙茶、黑茶、白茶、黄茶六大类。其中红毛茶、炒青、毛烘青均分为 6 级 12 等，逢双设样，设 6 个实物标准样；黄大茶分为 3 级 6 等，设 3 个实物标准样；乌龙茶一般分为 5 级 10 等，设 1~4 级 4 个实物标准样；黑毛茶及康南边茶分 4 级，设 4 个实物标准样；六堡茶分为 5 级 10 等，设 5 个实物标准样。

（2）加工标准样

加工标准样又称加工验收统一标准样，是毛茶加工成各种外销、内销、边销成品茶时对样加工，使产品质量规格化的实物依据，也是成品茶交接验收的主要依据。各类茶叶加工标准样按品质分级，级间不设等。

（3）贸易标准样

贸易标准样又称销售标准样，主要有外销标准样和内销标准样。外销标准样是根据我国外销茶的传统风格、市场需要和生产可能，由主管茶叶出口经营部门制定的出口茶叶标准样，是茶叶对外贸易中成交计价和货物交接的实物依据。各类、各花色按品质质量分级，各级编以固定号码，即茶号。例如，特珍特级、特珍一级、特珍二级，分别是 41022、9371、9370；珍眉一至五级分别为 9369、9368、9367、9366、9365，珍眉不列级为 3008；珠茶特级为 3505，珠茶一至五级分别为 9372、9373、9374、9375、9475。

内销标准样一般是各种茶叶销售企业按企业经营范围和国内市场销售需要自行制定的，适合本企业组织经营销售活动的茶叶销售标准样。

三、茶馆卫生标准

根据《中华人民共和国食品安全法》规定，与茶艺馆业有关的卫生要求有以下几项。

1. 茶具的消毒

茶具常用的消毒方法有以下三种。

（1）蒸煮消毒

蒸煮消毒是指将茶具用清洁剂洗净，接着放入消毒容器中（100摄氏度，20~30分钟），或使用流通蒸汽（100摄氏度，15~20分钟）消毒，最后置于保洁柜备用。

（2）消毒柜消毒

消毒柜消毒是指采用电子、紫外线及微波进行消毒。先将茶具用清洁剂洗净，然后置入消毒柜，再按说明书设置消毒程序（保证足够的消毒时间），最后置于保洁柜备用。

（3）药物消毒

药物消毒是指将茶具用清洁剂洗净，然后浸入配制好的消毒液中，等待15分钟后，再取出经净水冲洗消除残留药物，最后用消毒后的干毛巾擦干或烘干后置于保洁柜备用。

2. 茶叶的保存

（1）茶叶的储藏保管以干燥、冷藏、无氧和避光保存为最好。

（2）茶叶的含水量都不能过高，一般应控制在6%以下。

（3）不同茶类，如绿茶、红茶、乌龙茶等应分别储藏，不能混藏。

（4）不宜使茶叶与有异味的物品接触。

3. 用水的清洁

现代人们经常饮用的是经过净化消毒后的自来水，自来水必须满足《生活饮用水卫生标准》（GB 5749—2006）的要求。检验水质有以下四个指标。

（1）感官指标

色度不超过15度，无其他异色。混浊度不超过1度（水源与净水技术条件限制时为3度），无异臭、异味，无肉眼可见物。

（2）化学指标

pH为6.5~8.5，氯化物含量低于250毫克/升，硫酸盐含量低于250毫克/升，溶解性总固体含量低于1 000毫克/升，总硬度含量低于450毫克/升（以$CaCO_3$计）。铝含量低于0.2毫克/升，铁含量低于0.3毫克/升，锰含量低于0.1毫克/升，铜含量低于1.0毫克/升，锌含量低于1.0毫克/升，挥发酚类含量低于0.002毫克/升（以苯酚计），阴离子合成洗涤剂含量低于0.3毫克/升等。

（3）毒理指标

氟化物含量低于1.0毫克/升，氰化物含量低于0.05毫克/升，硝酸盐含量低于10毫克/升（以N计，地下水源限制时为20），三氯甲烷含量低于0.06毫克/升，四氯化碳含量低于0.002毫克/升，砷含量低于0.01毫克/升，镉含量低于0.005毫克/升，铬含量低于0.05毫克/升，铅含量低于0.01毫克/升，汞含量低于0.001毫克/升，硒含量低于0.01毫克/升等。

（4）微生物指标

菌落总数低于100个/升。不得检出总大肠菌群、耐热大肠菌群和大肠埃希氏菌。

符合以上四个指标的自来水为合格的饮用水。但是，为了使自来水符合以上四个指标，常会使用漂白粉等氯化物加以消毒，而自来水中存在的氯离子过多，会使酚类物质氧化，影响茶的品质。因此如果使用自来水泡茶的话，必须先消除氯气。简单的方法是将自来水储存在一个稍大的容器中，静置一昼夜后，取用上层水，然后再煮水泡茶，效果会比较好。当然，为了使水质纯净卫生，储存静置的水一次不可过多，应随用随存。

4. 卫生管理

（1）严格执行卫生标准

严格执行《公共场所卫生管理条例》《公共场所卫生管理条例实施细则》等规章，服从卫生监督部门的监督。

（2）从业人员健康检查

从业人员须取得健康证后方可从事茶艺师的工作，每年应进行一次健康检查。

（3）日常卫生保洁制度

应建立日常卫生保洁制度，并应有专人负责督促检查。

（4）环境整洁美观

内、外环境应整洁、美观，地面无果皮、痰迹和垃圾。座位套应定期清洗，保持清洁。

（5）做好消毒工作

应安排专人负责消毒工作。

（6）室内空气流通

经营场所必须设有机械通风装置及空调设备，保持空气流通。厕所应设有洗手设施和机械通风装置。

（7）茶艺师个人卫生

饮茶环境和个人也要求干净卫生，茶艺师不仅要做到仪表整洁、身体健康，还特别要求保持手的洁净。手要勤洗净、勤剪指甲，不佩戴过于复杂的饰品，不涂护手霜等有气味的物质。

茶艺师感冒、咳嗽，患有传染性疾病，手部患病或有伤口时，不宜沏茶招待宾客，沏茶时尽量不要说话，以免唾沫或口气污染茶叶、茶汤。

培训模块 九

劳动安全基本知识

学习目标

1. 掌握茶艺师操作安全知识。
2. 掌握茶艺师安全防护知识。
3. 掌握安全生产事故报告知识。

学习重点

安全生产与防护知识。

关键词

安全　生产　防护

内容结构图

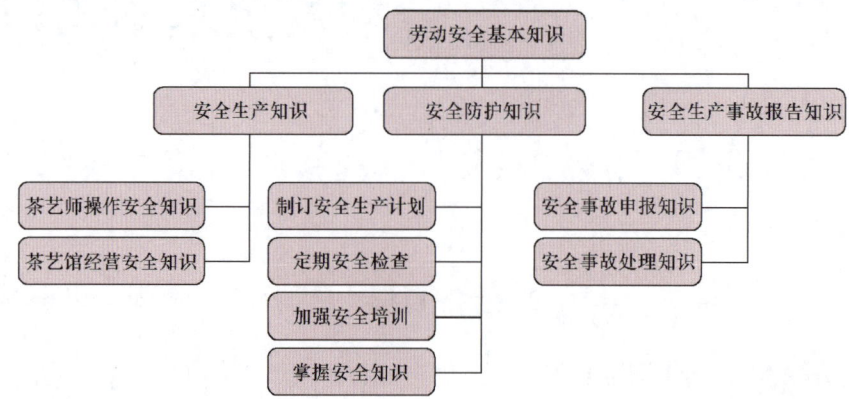

培训项目 1 安全生产知识

在生产经营活动中,整个过程应符合规定,采取相应的事故预防和控制措施,以保证从业人员的人身安全与健康,保证设备和设施免受损坏,保证环境免遭破坏。确保生产经营活动得以顺利进行的相关环节与措施称为劳动安全,或安全生产。

安全生产是安全与生产的统一,其宗旨是安全促进生产,生产必须安全。因此,做好安全生产工作是一切生产经营活动的首要条件,具有重要的意义。

虽说相对于一些高危产业,茶艺师这项职业的劳动危险性不大,但是任何一个职业的从业人员都必须清楚我国的劳动安全法规常识,茶艺师也不例外。

一、茶艺师操作安全知识

茶艺师作为茶艺馆的工作服务人员,要把安全知识摆在首要位置来对待,在冲泡过程中严格按照规范程序步骤操作,注意安全操作,防止烫伤、打碎茶碗、割破手等危险事件发生,同时也要注意照顾宾客的人身安全。

二、茶艺馆经营安全知识

茶艺馆经营安全关系到人民群众的生命财产安全,关系到社会稳定。为加强安全生产,茶艺馆的经营者要贯彻"安全第一、预防为主"的方针,要按照"企业负责、行业管理、国家监察、群众监督和劳动者遵章守纪"的劳动安全法的总要求,以及谁主管谁负责的原则,建立健全经营安全的责任制并实行严格的目标管理。在茶艺馆的经营中,应严格把控水、电、火等容易造成安全事故的因素,时时监督、时时检查,排查危险环节,把安全经营作为头等大事。

培训项目 2

安全防护知识

安全生产要把防止事故、保证安全放在第一位，也就是说，不能等问题出现才来解决，而是位置前移，未雨绸缪，防护为先。

一、制订安全生产计划

要制订详尽周密的安全生产计划，健全各项规章制度和安全操作规程，落实全员安全生产责任制。要加强安全生产管理机构建设，按照国家规定保证对安全生产的资金投入。

二、定期安全检查

要经常提醒茶艺师，定期进行安全检查，对存在的事故隐患应按规定及时排除。

三、加强安全培训

要加强对职工的安全生产教育和培训，教育员工严格遵守有关法律、法规及规章制度和操作规程，增强安全生产意识。

四、掌握安全知识

帮助员工学习并掌握必要的安全生产知识，使其熟练掌握岗位安全操作技能，提高自我保护和处理突发事件的能力。

培训项目 3 安全生产事故报告知识

安全生产事故出现之后,要及时发现、及时报告、及时应对、及时处理、及时解决,这些都要符合法律规定与政策要求。

一、安全事故申报知识

1. 逐级上报

安全事故发生后,负伤者或事故现场有关人员应当立即直接或者逐级报告企业负责人。企业负责人接到重伤、死亡、重大死亡事故报告后,应当立即报告企业主管部门和企业所在地的劳动部门、公安部门、人民检察院和工会。企业主管部门和劳动部门接到重伤、死亡、重大死亡报告事故后,应当立即按系统逐级上报,死亡事故报至省、自治区、直辖市企业主管部门和劳动部门,重大死亡事故报至国务院有关主管部门、劳动部门。

2. 保护现场

发生死亡、重大死亡事故的企业应当保护事故现场,并迅速采取必要措施抢救人员和财产,防止事故扩大。

二、安全事故处理知识

1. 事故调查

轻伤、重伤事故,由企业负责人或其指定人员组织生产、技术、安全等有关人员以及工会成员参加的事故调查组,进行调查。死亡事故,由企业主管部门会同企业所在地设区的市(或者相当于设区的市一级)劳动部门、公安部门、工会组成事故调查组,进行调查。重大死亡事故,按照企业的隶属关系由省、自治区、直辖市企业主管部门或国务院有关主管部门会同同级劳动部门、公安部门、监察部门、工会组成事故调查组，进行调查。

2. 事故处理

调查组提出的事故处理意见和防范措施建议，由发生事故的企业及其主管部门负责处理。

培训模块 十

相关法律、法规知识

学习目标

1. 掌握《中华人民共和国劳动法》相关知识。
2. 掌握《中华人民共和国劳动合同法》相关知识。
3. 掌握《中华人民共和国食品安全法》相关知识。
4. 掌握《中华人民共和国消费者权益保护法》相关知识。
5. 掌握《公共场所卫生管理条例》相关知识。

学习重点

相关法律、法规知识。

关键词

法律　法规　权益　履行

内容结构图

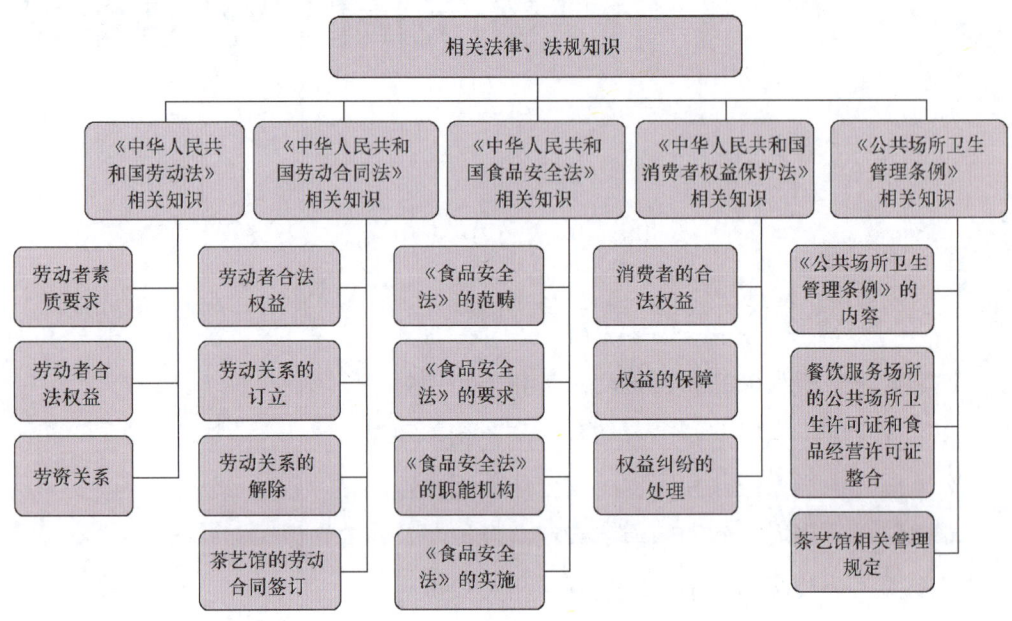

培训项目 1

《中华人民共和国劳动法》相关知识

《中华人民共和国劳动法》（以下简称《劳动法》）的制定旨在保护劳动者的合法权益，调整劳动关系，建立和维护适应社会主义市场经济的劳动制度，促进经济发展和社会进步。《劳动法》于1994年7月5日第八届全国人民代表大会常务委员会第八次会议通过，根据2018年12月29日第十三届全国人民代表大会常务委员会第七次会议《关于修改〈中华人民共和国劳动法〉等七部法律的决定》进行第二次修正。

作为茶艺师，应该掌握《劳动法》中有关劳动者本人权益、用人单位利益以及劳资关系协调与仲裁的内容。

一、劳动者素质要求

劳动者的素质是指作为一名劳动者应具备的条件，它直接关系劳动者本人和用人单位的利益。

《劳动法》在总则中规定了一些对劳动者素质的要求。

1. 完成劳动任务

完成劳动任务是劳动者最基本的素质要求。只有完成劳动任务，劳动者和用人单位的工作需求才能够得到实现。

2. 提高职业技能

提高职业技能是对劳动者职业素质方面的要求。劳动者素质的提高将有助于劳动者和用人单位更好地实现自身利益。

3. 执行劳动安全卫生规程

执行劳动安全卫生规程是对劳动者安全卫生方面的素质要求。只有严格执行劳动安全卫生规程，才能防止在劳动过程中出现的事故，减少职业危害。

4. 遵守劳动纪律和职业道德

遵守劳动纪律和职业道德是对劳动者纪律和道德观念方面的素质要求，是检验一个劳动者素质是否全面的重要标准。

二、劳动者合法权益

保护劳动者的合法权益，是《劳动法》的根本宗旨。《劳动法》主要通过规定劳动者享有一系列权利来达到保护劳动者合法权益的目的。

1. 平等的权利

劳动者享有平等就业和选择职业的权利。劳动者就业，不因民族、性别、宗教信仰不同而受歧视。妇女享有与男子平等的就业权利。求职者与用人单位均有权选择对方，即求职者有权自由选择用人单位，用人单位有权自主选择录用求职者。

2. 取得劳动报酬的权利

劳动者有取得劳动报酬的权利。工资分配应当遵循按劳分配原则，实行同工同酬。国家实行最低工资保障制度。用人单位支付劳动者的工资不得低于当地最低工资标准。工资应当以货币形式按月支付给劳动者本人，不得克扣或者无故拖欠劳动者的工资。劳动者在法定休假日和婚丧假期间以及依法参加社会活动期间，用人单位应当依法支付工资。

3. 休息休假的权利

劳动者享有休息休假的权利。用人单位应当保证劳动者每周至少休息一日。应当在元旦、春节、国际劳动节、国庆节以及法律、法规规定的其他休假节日期间安排劳动者休假。劳动者连续工作一年以上的，享受带薪年休假。

4. 接受职业技能培训的权利

劳动者享有接受职业技能培训的权利。用人单位应当建立职业培训制度，按照国家规定提取和使用职业培训经费，根据本单位实际，有计划地对劳动者进行职业培训。

5. 获得劳动安全卫生保护的权利

用人单位必须建立、健全劳动安全卫生制度，严格执行国家劳动安全卫生规程和标准，对劳动者进行劳动安全卫生教育。同时，还必须为劳动者提供符合国家规定的劳动安全卫生条件和必要的劳动防护用品，对从事有职业危害作业的劳动者应当定期进行健康检查。劳动者对用人单位管理人员违章指挥、强令冒险作业，有权拒绝执行；对危害生命安全和身体健康的行为，有权提出批评、检举和控告。

6. 享受社会保险和福利的权利

用人单位和劳动者必须依法参加社会保险，缴纳社会保险费。劳动者在退休、患病、负伤、因工伤残或者患职业病、失业、生育情况下，依法享受社会保险待遇。

三、劳资关系

用人单位与劳动者发生劳动争议时，当事人可以依法申请调解、仲裁或提起诉讼，也可以协商解决。解决劳动争议，应当根据合法、公正、及时处理的原则，依法维护劳动争议当事人的合法权益。

1. 调解

劳动争议发生后，当事人可以向本单位劳动争议调解委员会申请调解。

2. 仲裁

如劳动争议调解委员会调解不成，当事人一方要求仲裁，可以向劳动争议仲裁委员会申请仲裁。当事人一方也可以直接向劳动争议仲裁委员会申请仲裁。

3. 诉讼

对仲裁裁决不服的，可以向人民法院提起诉讼。

培训项目 2

《中华人民共和国劳动合同法》相关知识

《中华人民共和国劳动合同法》（以下简称《劳动合同法》）的制定旨在完善劳动合同制度，明确劳动合同双方当事人的权利和义务，保护劳动者的合法权益，构建和发展和谐稳定的劳动关系。《劳动合同法》由第十届全国人民代表大会常务委员会第二十八次会议于2007年6月29日修订通过，自2008年1月1日起施行；根据2012年12月28日第十一届全国人民代表大会常务委员会第三十次会议《关于修改〈中华人民共和国劳动合同法〉的决定》进行修正，自2013年7月1日起施行。

一、劳动者合法权益

1. 合同订立原则

《劳动合同法》规定，遵循合法、公平、平等自愿、协商一致、诚实信用的原则。依法订立的合同具有约束力，用人单位与劳动者应当履行劳动合同约定的义务。

2. 明确双方权利义务

用人单位依法建立和完善劳动规章制度，保障劳动者享有劳动权利、履行劳动义务。劳动者也应依法履行自己的工作职责和劳动义务。

3. 构建和谐劳动关系

县级以上人民政府劳动行政部门会同工会和企业方面代表，建立健全协调劳动关系三方机制，共同研究解决有关劳动关系的重大问题。

二、劳动关系的订立

用人单位自用工之日起即与劳动者建立劳动关系。

1. 遵守法律

用人单位与劳动者都应遵守《劳动合同法》的准则要求。

2. 平等自愿

用人单位与劳动者之间应是平等自愿的相互协作关系。

3. 诚实守信

用人单位与劳动者之间的合作应是坦诚相待、遵守信用的。

三、劳动关系的解除

用人单位与劳动者协商一致，可以解除劳动合同。

1. 劳动者解除

劳动者解除劳动合同的情况有：用人单位未按劳动合同约定提供劳动保护或劳动条件；未及时足额支付劳动报酬；未依法为劳动者缴纳社会保险费；损害劳动者利益。劳动者提前三十日以书面形式通知用人单位，可以解除劳动合同。劳动者在试用期内提前三日通知用人单位，可以解除劳动合同。

2. 用人单位解除

用人单位可以解除劳动合同的情况有：劳动者在试用期间被证明不符合录用条件；严重违反用人单位的规章制度；严重失职，营私舞弊，给用人单位造成重大损害；劳动者同时与其他用人单位建立劳动关系，对完成本单位的工作任务造成严重影响，或者经用人单位提出，拒不改正。

3. 合同终止

劳动合同自然终止的情况有：劳动合同期满；劳动者开始依法享受基本养老保险待遇；劳动者死亡，或者被人民法院宣告死亡或者宣告失踪；用人单位被依法宣告破产；用人单位被吊销营业执照、责令关闭、撤销或者用人单位决定提前解散。

四、茶艺馆的劳动合同签订

茶艺馆与应聘人员签订的劳动合同，必须严格遵循《劳动合同法》的相关规定。在符合国家法律法规的前提下，还应明确以下事项。

1. 茶艺馆履行的职责

（1）用人单位真实名称

用人单位应将真实名称告知劳动者。

（2）工作内容和地点

茶艺馆在招用茶艺师等服务人员时，应当如实告知工作内容、工作地点、工作条件、职业危害、安全生产状况等。

（3）工作时间和休息时间

茶艺馆应当严格执行劳动定额标准，不得强迫或者变相强迫劳动者在固定工作时间之外加班。如在休息时间加班，茶艺馆应按照国家有关规定向劳动者支付加班费。

（4）劳动报酬

茶艺馆应当按照劳动合同约定和国家规定，向茶艺师及时支付劳动报酬。

2. 茶艺师履行的职责

（1）履行合同

茶艺师应当按照劳动合同的约定，履行自己的工作义务。

（2）按时工作

茶艺师应按照劳动合同要求按时准点工作，不得无故迟到、旷工，有事需事先请假。

（3）提高技能

茶艺师应不断提高服务技能。茶艺馆可为茶艺师提供专项技能培训费用，对其进行专业技能培训。

（4）遵守制度

作为茶艺馆的职员，茶艺师应严格遵守单位的规章制度，履行自己的工作职责，不违反用人单位的各项制度。

此外，茶艺馆与应聘人员双方还应认定劳动关系解除、未尽事项解决的方式。

培训项目 3

《中华人民共和国食品安全法》相关知识

《中华人民共和国食品安全法》（以下简称《食品安全法》）是全国人民代表大会常务委员会批准的国家法律文件，于 2009 年 2 月 28 日通过，2015 年 4 月 24 日修订。现行的《食品安全法》于 2018 年 12 月 29 日修正。

一、《食品安全法》的范畴

在中华人民共和国境内从事下列活动，应当遵守本法：

1. 食品生产和加工（以下称食品生产），食品销售和餐饮服务（以下称食品经营）。
2. 食品添加剂的生产经营。
3. 用于食品的包装材料、容器、洗涤剂、消毒剂和用于食品生产经营的工具、设备（以下称食品相关产品）的生产经营。
4. 食品生产经营者使用食品添加剂、食品相关产品。
5. 食品的储存和运输。
6. 对食品、食品添加剂、食品相关产品的安全管理。

供食用的源于农业的初级产品（以下称食用农产品）的质量安全管理，应遵守《中华人民共和国农产品质量安全法》的规定。但是，食用农产品的市场销售、有关质量安全标准的制定、有关安全信息的公布和本法对农业投入品作出规定的，应当遵守本法的规定。

二、《食品安全法》的要求

1. 食品安全工作实行预防为主、风险管理、全程控制、社会共治，建立科学、严格的监督管理制度。

2.食品生产经营者对其生产经营食品的安全负责。食品生产经营者应当依照法律、法规和食品安全标准从事生产经营活动，保证食品安全，诚信自律，对社会和公众负责，接受社会监督，承担社会责任。

3.制定食品安全标准，应当以保障公众身体健康为宗旨，做到科学合理、安全可靠。食品安全标准是强制执行的标准。

三、《食品安全法》的职能机构

1.国务院设立食品安全委员会

国务院食品安全监督管理部门依照本法和国务院规定的职责，对食品生产经营活动实施监督管理。

国务院卫生行政部门依照本法和国务院规定的职责，组织开展食品安全风险监测和风险评估，会同国务院食品安全监督管理部门制定并公布食品安全国家标准。国务院其他有关部门依照本法和国务院规定的职责，承担有关食品安全工作。

2.县级以上地方人民政府监管

县级以上地方人民政府对本行政区域的食品安全监督管理工作负责，统一领导、组织、协调本行政区域的食品安全监督管理工作以及食品安全突发事件应对工作，建立健全食品安全全程监督管理工作机制和信息共享机制。

县级以上地方人民政府依照本法和国务院的规定，确定本级食品安全监督管理部门、卫生行政部门和其他有关部门的职责。有关部门在各自职责范围内负责本行政区域的食品安全监督管理工作。县级人民政府食品安全监督管理部门可以在乡镇或者特定区域设立派出机构。

县级以上地方人民政府实行食品安全监督管理责任制。上级人民政府负责对下一级人民政府的食品安全监督管理工作进行评议、考核。县级以上地方人民政府负责对本级食品安全监督管理部门和其他有关部门的食品安全监督管理工作进行评议、考核。

县级以上人民政府应当将食品安全工作纳入本级国民经济和社会发展规划，将食品安全工作经费列入本级政府财政预算，加强食品安全监督管理能力建设，为食品安全工作提供保障。县级以上人民政府食品安全监督管理部门和其他有关部门应当加强沟通、密切配合，按照各自职责分工，依法行使职权，承担责任。

3.食品行业协会督促

食品行业协会应当加强行业自律，按照章程建立健全行业规范和奖惩机制，提供食品安全信息、技术等服务，引导和督促食品生产经营者依法生产经营，推动行业诚信建设，宣传、普及食品安全知识。

消费者协会和其他消费者组织对违反本法规定，损害消费者合法权益的行为，依法进行社会监督。

四、《食品安全法》的实施

1. 宣传引导

各级人民政府应当加强食品安全的宣传教育，普及食品安全知识，鼓励社会组织、基层群众自治组织、食品生产经营者开展食品安全法律、法规以及食品安全标准和知识的普及工作，倡导健康的饮食方式，增强消费者食品安全意识和自我保护能力。

新闻媒体应当开展食品安全法律、法规以及食品安全标准和知识的公益宣传，并对食品安全违法行为进行舆论监督。有关食品安全的宣传报道应当真实、公正。

2. 研究开发

国家鼓励和支持开展与食品安全有关的基础研究、应用研究，鼓励和支持食品生产经营者为提高食品安全水平采用先进技术和先进管理规范。

国家对农药的使用实行严格的管理制度，加快淘汰剧毒、高毒、高残留农药，推动替代产品的研发和应用，鼓励使用高效、低毒、低残留农药。

茶艺馆、茶楼、茶室是比较特殊的服务场所，它们不仅是欣赏茶艺的舞台，还是人们品茶、用餐的地方。这就要求茶艺师对我国《食品安全法》的相关规定了解并遵照执行。

培训项目 4

《中华人民共和国消费者权益保护法》相关知识

　　《中华人民共和国消费者权益保护法》(以下简称《消费者权益保护法》)的制定旨在保护消费者的合法权益,维护社会经济秩序,促进社会主义市场经济健康发展。《消费者权益保护法》于1993年10月31日第八届全国人民代表大会常务委员会第四次会议通过,自1994年1月1日起施行;根据2009年8月27日第十一届全国人民代表大会常务委员会第十次会议《关于修改部分法律的决定》进行第一次修正;根据2013年10月25日第十二届全国人民代表大会常务委员会第五次会议《关于修改〈中华人民共和国消费者权益保护法〉的决定》进行第二次修正,自2014年3月15日起实施。

　　茶艺师在日常服务工作当中,必须把握自身工作的特点,对于来到茶艺馆、茶楼、茶庄消费的宾客,既要礼貌待客,又要对消费者的合法权益有所了解,这样才能成为一个合格的茶艺师。

一、消费者享有的权益

　　消费者权益是指消费者在购买、使用商品或接受服务时依法享有的权利和该权利受到保护时给消费者带来的利益。

1. 安全保障权

　　消费者在购买、使用商品和接受服务时,享有人身、财产安全不受损害的权利。

2. 知情权

　　消费者享有知悉其购买、使用的商品或者接受的服务的真实情况的权利。

3. 自主选择权

消费者享有自主选择商品或者服务的权利。

4. 公平交易权

消费者享有公平交易的权利。

5. 获取赔偿权

消费者因购买、使用商品或者接受服务受到人身、财产损害的，享有依法获得赔偿的权利。

6. 结社权

消费者享有依法成立维护自我合法权益的社会组织的权利。

7. 获取相关知识权

消费者享有获得有关消费和消费者权益保护方面的知识的权利。

8. 尊重权

消费者在购买、使用商品和接受服务时，享有人格尊严、民族风俗习惯得到尊重的权利，享有个人信息依法得到保护的权利。

9. 监督权

消费者享有对商品和服务以及保护消费者权益工作进行监督的权利。

二、权益的保障

消费者与经营者是消费活动中相对应的主体，消费者权利的实现有赖于经营者义务的履行。因此，《消费者权益保护法》通过严格规定经营者的义务来实现对消费者权益的保障。

1. 履行义务

经营者向消费者提供商品或者服务时，应当依照本法和其他有关法律、法规的规定履行义务。双方有约定的，应按照约定履行义务，但约定不得违法。

2. 接受监督

经营者应当听取消费者对其提供的商品或服务的意见，接受消费者的监督。

3. 保证安全

经营者应当保证其提供的商品或服务符合保障人身、财产安全的要求。

4. 信息真实

经营者应当向消费者提供有关商品或者服务的真实信息，不得作虚假或引人误解的宣传。

5. **名称和标记真实**

经营者应当标明其真实名称和标记。租赁他人柜台或者场地的经营者，应当标明其真实名称和标记。

6. **出具凭证**

经营者提供商品或者服务，应当按照国家有关规定或者商业惯例向消费者出具发票等购货凭证或者服务单据；消费者索要发票等购货凭证或者服务单据的，经营者必须出具。

7. **质量保证**

经营者应当保证在正常使用商品或者接受服务的情况下，其提供的商品或者服务应当具有的质量、性能、用途和有效期限。

8. **售后服务**

经营者提供商品或者服务，应当按照国家规定或者与消费者的约定，承担包修、包换、包退或者其他责任的，应当按照国家规定或者约定履行。

9. **公平交易**

经营者不得以格式合同、通知、声明、店堂告示等方式，作出对消费者不公平、不合理的规定，或者减轻、免除其损害消费者合法权益应当承担的民事责任。

10. **维护消费者人格权**

经营者不得对消费者进行侮辱、诽谤，不得搜查消费者的身体及其携带的物品，不得侵犯消费者的人身自由。

三、权益纠纷的处理

消费者与经营者发生权益纠纷，可与经营者协商和解；可请求消费者协会调解；可向有关行政部门投诉；可根据与经营者达成的仲裁协议提请仲裁机构仲裁；可向人民法院提起诉讼。

培训项目 5 《公共场所卫生管理条例》相关知识

《公共场所卫生管理条例》的制定旨在创造良好的公共场所卫生条件，预防疾病，保障人体健康，本条例于2019年4月23日修订并实施。

一、《公共场所卫生管理条例》的内容

《公共场所卫生管理条例》的内容主要包括：本条例适用的公共场所的范围，公共场所应符合国家卫生标准和要求的项目，公共场所的"卫生许可证"制度，公共场所的主管部门的卫生管理制度，公共场所经营单位的卫生责任制度，卫生防疫机构对本辖区范围内的公共场所的卫生监督职责，公共场所经营者违反本条例应承担的法律责任，公共场所卫生监督机构和卫生监督员违法应承担的法律责任。

二、餐饮服务场所的公共场所卫生许可证和食品经营许可证整合

2016年2月29日，《国务院关于整合调整餐饮服务场所的公共场所卫生许可证和食品经营许可证的决定》（国发〔2016〕12号）为贯彻落实简政放权、放管结合、优化服务协同推进的部署，减少对餐饮企业重复发证、重复监管，切实减轻企业负担，同时进一步明确和强化监管责任，保障食品安全，作出如下决定。

1. 取消餐饮服务场所公共场所卫生许可证

取消地方卫生部门对饭馆、咖啡馆、酒吧、茶座4类公共场所核发的卫生许可证，有关食品安全许可内容整合进食品药品监管部门核发的食品经营许可证，由食品药品监管部门一家许可、统一监管。

2. 规范和改进食品经营许可证管理

取消餐饮服务场所的公共场所卫生许可证后,各级食品药品监管部门要切实落实对餐饮企业的监管责任,进一步规范食品经营许可证审批和发放行为,依法、依规、依标准进行事前审查,编制服务指南,制定内部审查细则,优化审批流程,缩短审批时限,实行办理时限承诺制,着力提高办证效率。

3. 加强对餐饮服务场所的事中事后监管

地方食品药品监管部门要加强对餐饮服务场所的监管,改进监管方式,建立信用体系,完善科学的抽查制度、责任追溯制度、黑名单制度和市场退出机制等,确保餐饮服务场所食品安全。食品药品监管部门接到传染病疫情及隐患的报告后,要及时向卫生部门通报。卫生部门要主动监测、收集、分析、调查、核实相关传染病疫情,依据传染病防治法等法律法规指导采取预防和应对措施。

茶艺师工作的场所人来人往,公共场所卫生管理的法律常识自然也是茶艺师需要了解和掌握的。

三、茶艺馆相关管理规定

作为公共场所的茶艺馆,必须遵守《公共场所卫生管理条例》的相关规定。

1. 国家卫生标准和要求

(1)空气、微小气候(湿度、温度、风速)。

(2)水质。

(3)采光。

(4)噪声。

(5)顾客用具。

(6)卫生设施。

2. 卫生知识的培训与考核

经营单位应当负责所经营的公共场所的卫生管理,建立卫生责任制度,对本单位的从业人员进行卫生知识的培训和考核工作。

3. 茶艺馆服务人员的要求

公共场所直接为宾客服务的人员,持有"健康合格证"方能从事本职工作。

患有痢疾、伤寒、病毒性肝炎、活动期肺结核、化脓性或者渗出性皮肤病以及其他有碍公共卫生的疾病，治愈前不得从事直接为宾客服务的工作。

对于国家和地方性的法律、法规，茶艺馆和从业人员必须无条件地遵照执行。同时，有的法律、法规会进行修订，应当及时了解，切实按照新的法规执行。

参考文献

[1] 陈文华,余悦.茶艺师：基础知识[M].北京：中国劳动社会保障出版社，2004.

[2] 余悦,叶静.中国茶俗学[M].西安：世界图书出版公司，2014.

[3] 余悦.茶路历程——中国茶文化流变简史[M].北京：光明日报出版社，1999.

[4] 余悦.茶趣异彩——中国茶的外传与外国茶事[M].北京：光明日报出版社，1999.

[5] 余悦.中华茶艺（上）——茶艺基础知识与基本技能[M].北京：中央广播电视大学出版社，2014.

[6] 程启坤.古今名茶[M].北京：中央广播电视大学出版社，2015.

[7] 陈宗懋.中国茶叶大辞典[M].北京：中国轻工业出版社，2000.

[8] 李少林,王达林.中国茶话全书[M].北京：北京燕山出版社，2007.

[9] 程启坤,姚国坤,张莉颖.茶及茶文化二十一讲[M].上海：上海文化出版社，2010.

[10] 王岳飞,徐平.茶文化与茶健康[M].北京：旅游教育出版社，2014.

[11] 杨亚军,梁月荣.中国无性系茶树品种志[M].上海：上海科学技术出版社，2014.

[12] 周国富,姚国坤.世界茶文化大全[M].北京：中国农业出版社，2019.

[13] 王岳飞,周继红,潘建义,徐平.第一次品绿茶就上手——图解版[M].北京：旅游教育出版社，2016.

[14] 余悦.图说中国茶文化[M].西安：世界图书出版公司，2014.

[15] 余悦.茶宴与茶点[M].北京：中央广播电视大学出版社，2016.